C. LIZEAUX / R. TAVERNIER

Sciences de la Vie et de la Terre

4e

Programme 2007

Ce livre a été écrit par une équipe de professeurs de collège et de lycée :

Vincent AUDEBERT
Denis BAUDE
Claude LIZEAUX
Clarisse MARTINEZ
Aurélie NARBONNE
Claudine PEYRIDIEU
Stéphane RABOUIN
Madeleine SAUTEREAU
Raymond TAVERNIER

BORDAS APPREND À PROTÉGER LA PLANÈTE

Bordas

Le livre de l'élève est un outil pédagogique

• Une présentation claire et une lecture facile

Les différents chapitres ont une structure identique (voir p. 4 et 5) pour que l'élève se repère facilement dans son manuel.

Les auteurs ont apporté un soin particulier à la présentation des documents et à l'écriture des textes (phrases courtes et simples à comprendre) pour en faciliter l'exploitation.

• Un outil qui s'intègre au travail en classe

L'étude de la biologie doit évidemment reposer, à chaque fois que cela est possible, sur l'observation du réel et sur la réalisation de manipulations concrètes. Le manuel constituera alors une source de documents toujours disponibles, identiques pour tous les élèves et immédiatement utilisables, pouvant servir selon le cas de point de départ pour poser un problème biologique, de guide pour une manipulation ou bien de complément à l'observation du réel grâce notamment à des documents iconographiques de grande qualité.

Le manuel constituera donc une aide pour franchir telle ou telle étape de la progression ou du raisonnement, ou encore pour réaliser une évaluation formative.

• Un outil pour le travail en dehors de la classe

Les **synthèses** en fin de chapitre, écrites avec des mots simples accessibles à tous et illustrées par un schéma-bilan facilitant la mémorisation, permettent aux élèves de faire le point sur les activités réalisées en classe.

Les exercices **« Je teste mes connaissances »,** dont le corrigé figure en fin de manuel, permettent une « auto-évaluation ».

Les exercices **« J'utilise mes connaissances »**, peuvent, à la demande du professeur, être utilisés en classe ou à la maison et servir de support à une évaluation formative ou sommative.

Les pages **« Découvrir »** pourront naturellement être utilisées en classe dans le cadre d'une pédagogie différenciée mais elles pourront aussi, à la maison, satisfaire la « curiosité » des élèves qui n'auront pas eu le temps de les analyser en classe.

Édition : Karine Routier
Fabrication : Jean-Marie Jous
Conception de la maquette : Fiat Lux
Mise en page : Michèle Andrault
Conception, réalisation des pages « Découvrir » : miz' en page
Composition : CGI
Iconographie : Fabrice Lucas
Dessins : Hélène Fournié et Domino
Illustrations : Frantz Rey
Couverture : YIN
Direction artistique : Pierre Taillemite

ISBN : 978-2-04-732224-6

SOMMAIRE

Découvrez votre manuel

Ce nouveau livre de SVT 4e est simple et attrayant. Il se présente sous forme de chapitres courts, richement illustrés et dans lesquels des activités variées sont proposées : manipulations, expériences, analyse de photographies et de textes...

Les rappels d'acquis

• Des documents sélectionnés pour susciter la curiosité et rappeler les acquis fondamentaux de l'école primaire et des classes précédentes.

L'ouverture des chapitres

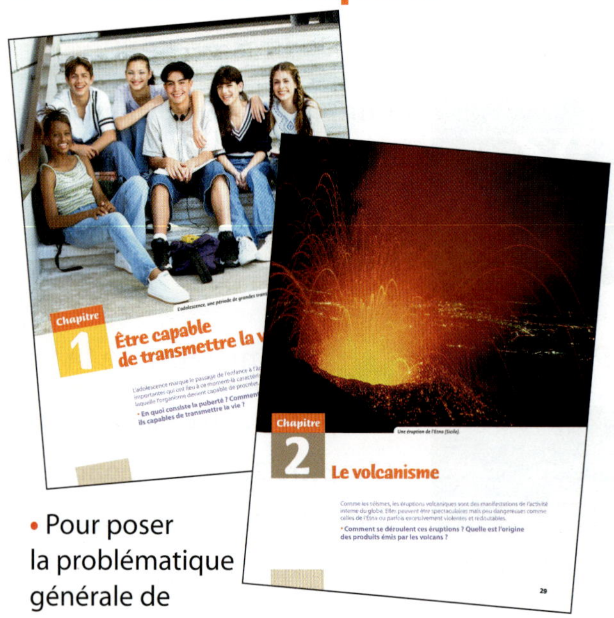

• Pour poser la problématique générale de chaque chapitre.

Les activités

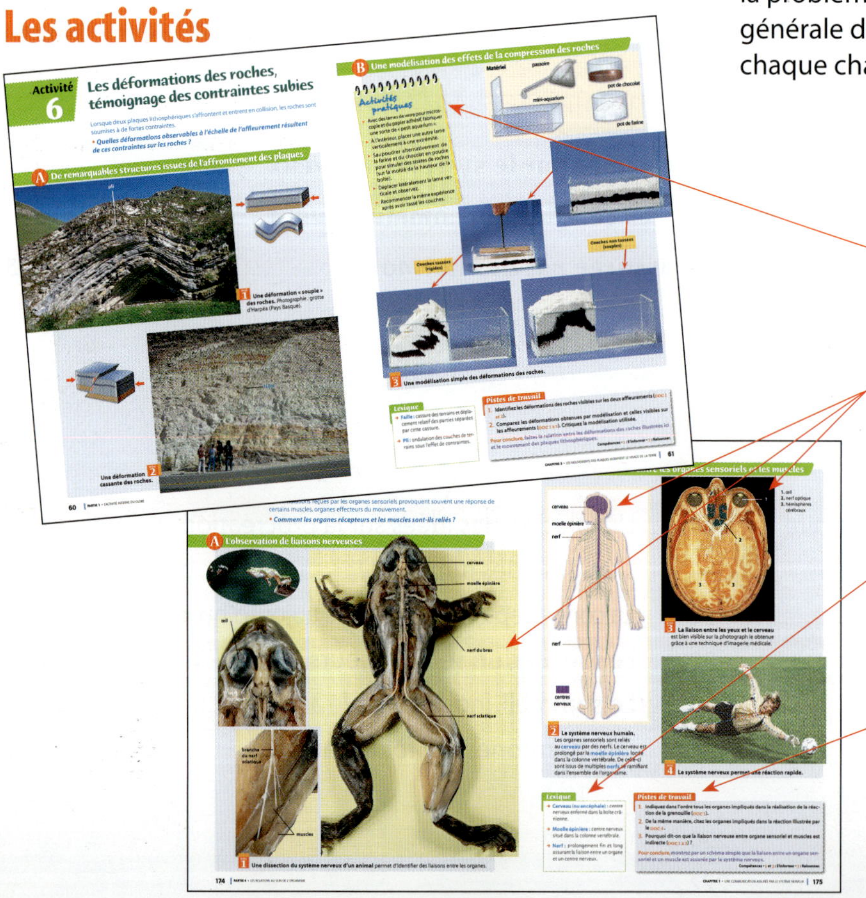

• Un guide précis pour les manipulations et les expériences.

• Des documents de grande qualité choisis pour construire une notion du programme.

• Un lexique avec les mots importants et les mots « difficiles ».

• Des pistes de travail qui :
- suggèrent une façon d'exploiter les documents ;
- invitent à faire une synthèse de l'activité.

Le bilan du chapitre

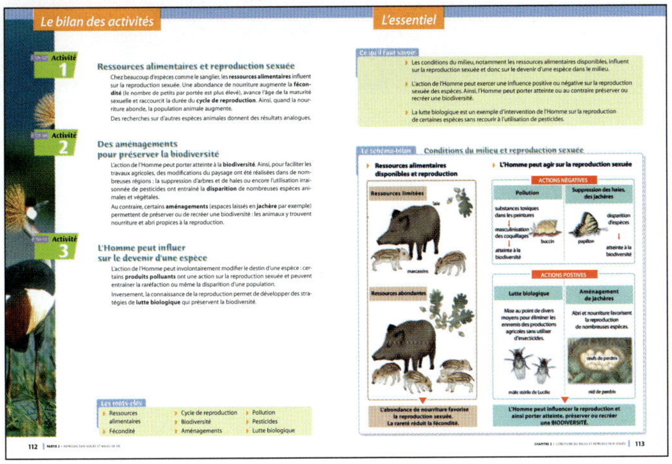

- Le bilan des activités.
- L'essentiel à retenir sous forme d'un texte court et précis.
- Un schéma-bilan pour faciliter la mémorisation.

Les exercices

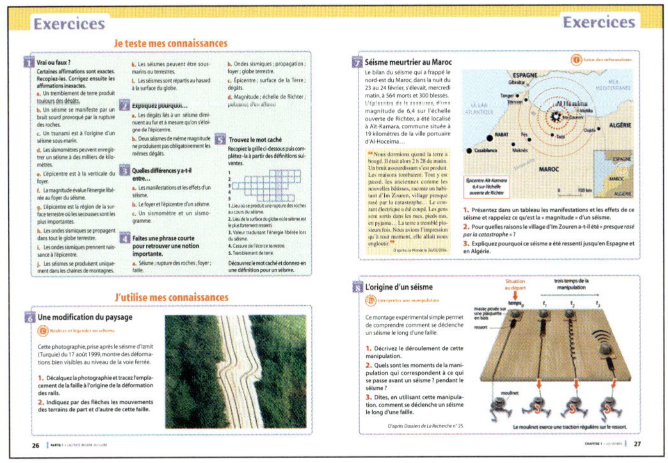

- En fin de chapitre, des exercices originaux et de difficulté variée pour évaluer les connaissances et les compétences.

Des pages « Découvrir »

- À la fin de chaque chapitre, des pages attrayantes pour satisfaire la curiosité et parfois donner envie d'aller plus loin. Ces pages peuvent servir de support pour évoquer l'environnement, l'histoire des sciences et l'éducation à la santé.

Les volcans témoignent de l'activité interne du globe terrestre.

Partie 1

L'activité interne du globe

Retrouver des acquis... et s'interroger

Les tremblements de terre

Les tremblements de terre sont très fréquents. Il s'en produit plus d'un million chaque année, soit environ deux par minute.

? ***Que savez-vous des tremblements de terre ? Connaissez-vous leur cause ?***

Les volcans

Un volcan en éruption

? ***Connaissez-vous des volcans en éruption ? Leurs éruptions sont-elles toutes identiques ? Savez-vous d'où vient la lave et comment elle monte à l'intérieur du volcan ?***

La structure interne du globe

Les volcans comme les tremblements de terre sont les témoins de l'existence d'une activité interne de la Terre.

Savez-vous comment est constitué l'intérieur du globe terrestre ?

Les risques sismiques et volcaniques

En l'an 79, la ville de Pompéi, en Italie, fut totalement ensevelie par une éruption du Vésuve.

Actuellement, les éruptions volcaniques et les séismes représentent toujours un réel danger pour des millions d'hommes.

Citez des catastrophes récentes liées au volcanisme et aux séismes. Comment peut-on de nos jours réduire ces risques ?

L'activité interne du globe

Partie **1**

EXTRAIT DU PROGRAMME

(B.O. n°5 du 25 août 2005, hors série)

Durée conseillée : 17 heures.

• **Les séismes résultent d'une rupture brutale des roches en profondeur et se manifestent par des déformations à la surface de la Terre.**
Des contraintes s'exerçant en permanence sur les roches conduisent à une accumulation d'énergie qui finit par provoquer leur rupture au niveau d'une faille :
– le foyer du séisme est le lieu où se produit la rupture ;
– à partir du foyer, la déformation se propage sous forme d'ondes sismiques enregistrables.

• **Les séismes sont particulièrement fréquents dans certaines zones de la surface terrestre.**
Ils se produisent surtout dans les chaînes de montagnes, près des fosses océaniques et aussi le long de l'axe des dorsales.

• **Le volcanisme est l'arrivée en surface de magma contenant des gaz ; il se manifeste par deux grands types d'éruptions.**
L'arrivée en surface de certains magmas donne naissance à des coulées de lave, l'arrivée d'autres magmas est caractérisée par des explosions projetant des matériaux. Les manifestations volcaniques sont des émissions de lave et de gaz. Les matériaux émis constituent l'édifice volcanique. Le magma contenu dans un réservoir magmatique localisé, à plusieurs kilomètres de profondeur est de la matière minérale en fusion véhiculant des éléments solides et des gaz.

• **Les roches volcaniques proviennent du refroidissement du magma.**
Le refroidissement par étapes du magma, sa solidification sous forme de cristaux et de verre, donnent naissance aux roches volcaniques. La structure de la roche conserve la trace de ses conditions de refroidissement.

• **Les volcans actifs ne sont pas répartis au hasard à la surface du globe.**
Sur les continents, des volcans actifs sont alignés, principalement autour de l'océan Pacifique et le long de grandes cassures. Dans les océans, les zones volcaniques se situent au niveau de l'axe des dorsales océaniques.

• **La partie externe de la Terre est formée de plaques.**
La répartition des séismes et des manifestations volcaniques permet de délimiter les plaques. Les variations de la vitesse des ondes sismiques en profondeur permettent de distinguer la lithosphère rigide, de l'asthénosphère qui l'est moins.

• **Les plaques sont animées de mouvements qui transforment la lithosphère.**
À raison de quelques centimètres par an, les plaques se forment et s'écartent à l'axe des dorsales. Elles se rapprochent et s'enfouissent au niveau des fosses océaniques. Le mouvement des plaques lithosphériques sur l'asthénosphère assure le déplacement des continents, l'ouverture et la fermeture des océans. L'affrontement des plaques engendre des déformations de la lithosphère et aboutit à la formation de chaînes de montagnes.

• **L'activité de la planète engendre des risques pour l'Homme.**
Le risque géologique est défini par l'éventualité qu'un phénomène dangereux survienne et par les dégâts humains ou matériels qu'il peut causer. Le modèle tectonique actuel permet à l'Homme de définir les principales zones à risque sismique et/ou volcanique. L'Homme réagit face aux risques qu'il connaît en réalisant une prévention volcanique efficace et une prévision sismique.

Séisme à Islamabad au Pakistan (8 octobre 2005).

Chapitre

1 Les séismes

Les tremblements de terre ou séismes sont des manifestations de l'activité interne du globe. Quand ils surviennent dans des zones habitées, ils peuvent causer d'importants dégâts et de nombreuses victimes.

- **Comment se manifestent-ils ? Quelle est leur origine ?**

Activité 1

Quand la Terre tremble...

Chaque année, plus d'un million de tremblements de terre ou séismes surviennent dans le monde mais quelques-uns seulement causent des dégâts.

• ***Qu'ils soient meurtriers ou qu'ils passent inaperçus, les séismes présentent-ils des caractères communs ?***

A Des exemples de séismes dévastateurs récents

DOC 1 **Le 8 octobre 2005, à Islamabad,** capitale du Pakistan, de nombreux immeubles se sont effondrés ou ont basculé.

Séisme meurtrier au Pakistan

Le violent tremblement de terre enregistré le samedi 8 octobre 2005, à 8 h 50 locales, avait son **épicentre** à une centaine de kilomètres au nord de la capitale pakistanaise, Islamabad, dans le Cachemire Indien frontalier.
Le séisme a atteint une **magnitude** de 7,6 sur l'**échelle de Richter** pendant une trentaine de secondes. De nombreuses répliques ont suivi. Le Pakistan, l'Inde et l'Afghanistan ont été touchés. Selon les autorités pakistanaises qui appellent à l'aide internationale, il a fait au moins 19 000 morts et 42 000 blessés* au Pakistan et a provoqué une « *dévastation massive* », en particulier au Cachemire où des villages entiers, construits en bois, en briques et en argile séchée, ont été complètement détruits.
Le séisme a également provoqué des glissements de terrain près de la frontière indo-pakistanaise.

D'après RFI.

* Bilan humain : 73 276 morts ; 69 000 blessés ; 3,3 millions de sans-abri.

DOC 2 **Le 17 janvier 1995,** un séisme de magnitude 7,2 à Kobé, au Japon.

B Un séisme n'est pas forcément dévastateur

« C'était dingue, confie Marcel, j'étais en train de regarder la télé quand mon fauteuil s'est mis à bouger dans tous les sens. Les pots de fleurs ont commencé à trembler et le balai est tombé par terre. Ça faisait du bruit comme si un avion passait au-dessus de la maison. »

Témoignage d'un habitant d'Ornans lors d'un séisme de Baume-les-Dames (Doubs) de magnitude 5,1.

D'après *Aujourd'hui en France*, le 24/02/2004.

« J'étais en train de dormir quand le lit s'est mis à trembler. J'ai vu l'armoire bouger en face du lit, j'ai compris. Je me suis levé tout de suite et je suis sorti. Depuis le tremblement de terre, on est bloqué chez nous. Toutes les routes sont coupées à cause des éboulements. »

Témoignage d'un habitant de Trois-Rivières (Guadeloupe) lors d'un séisme de magnitude 6,3.

D'après *Aujourd'hui en France*, le 21/11/2004.

DOC 3 Des témoins racontent.

DOC 4 L'église des Saintes en Guadeloupe après le séisme de 2004.

POUR EN SAVOIR PLUS
www.bordas-svtcollege.fr/liens4e

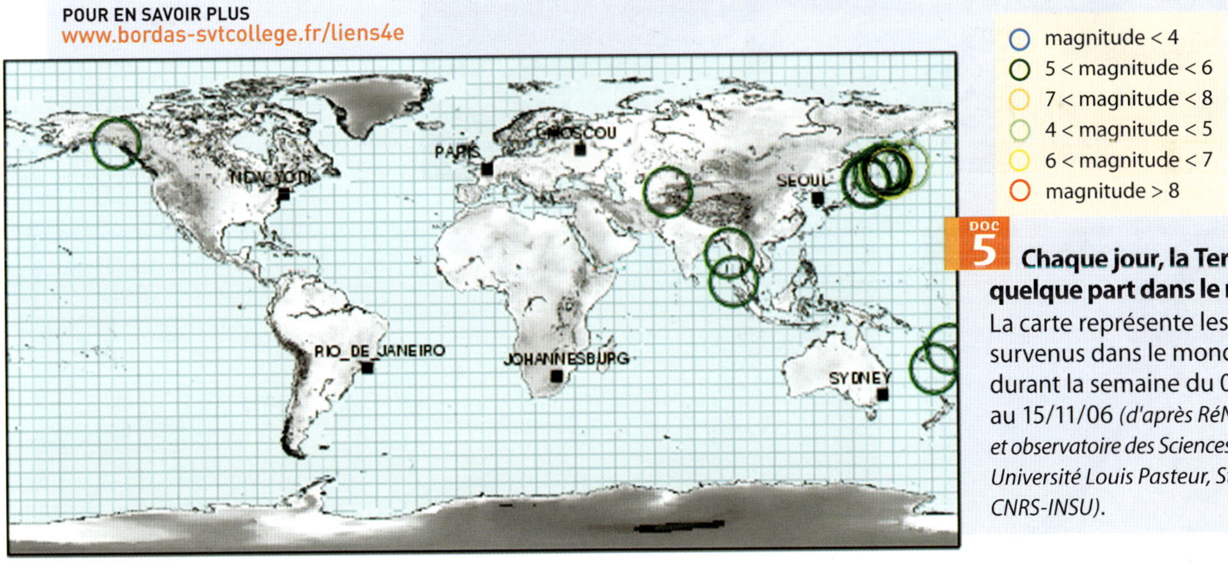

DOC 5 Chaque jour, la Terre tremble quelque part dans le monde.
La carte représente les séismes survenus dans le monde durant la semaine du 08/11/06 au 15/11/06 *(d'après RéNass, école et observatoire des Sciences de la Terre, Université Louis Pasteur, Strasbourg, CNRS-INSU)*.

Lexique

- **Épicentre :** lieu de la surface du globe où le séisme est le plus fortement ressenti.
- **Magnitude :** énergie libérée lors du séisme.
- **Échelle de Richter :** permet d'évaluer la magnitude d'un séisme ; c'est une échelle continue partant du degré zéro ; très peu de séismes connus ont dépassé le degré 9 (lorsqu'on passe d'un degré au suivant, l'énergie libérée est multipliée par 30).

Pistes de travail

1. Quelles sont les conséquences des séismes dévastateurs comme celui du Pakistan et de Kobé (DOC 1 et 2) ?
2. Quelles sont les manifestations communes à tous les séismes (DOC 1 à 4) ?
3. Quels renseignements complémentaires apporte le DOC 5 ?

Pour conclure, résumez dans un court texte les principales caractéristiques des séismes.

Compétences • 1, 2 et 3 : S'informer.

Activité 2 Les séismes peuvent modifier la surface de la Terre

On associe toujours les tremblements de terre aux dégâts matériels et aux victimes, mais les séismes laissent aussi souvent des cicatrices dans les paysages.

• ***Quels impacts les séismes peuvent-ils avoir sur la surface de la Terre ?***

A Des cicatrices dans les paysages

DOC 1 Initialement au même niveau, les terrains situés de part et d'autre de la **faille** se sont décalés verticalement de plusieurs mètres au cours d'un séisme de forte magnitude.

DOC 2 Conséquences d'un séisme au niveau d'une route.

DOC 3 Des collines coupées au « cutter ».
Une succession de séismes survenus en Chine le long de la faille de Chang Ma a provoqué un décalage de 55 mètres entre les collines situées de part et d'autre de la faille. À chaque séisme, les compartiments situés de part et d'autre de la faille se déplacent brutalement d'environ 6 mètres.

B Le tsunami, conséquence d'un séisme sous-marin

DOC 4 **Le 26 décembre 2004,** un **tsunami** a ravagé les côtes de onze pays bordant l'océan Indien, causant la mort au moins de 300 000 personnes. Les photographies montrent la région de Banda Aceh, en Indonésie, avant et après le tsunami.

POUR EN SAVOIR PLUS
www.bordas-svtcollege.fr/liens4e

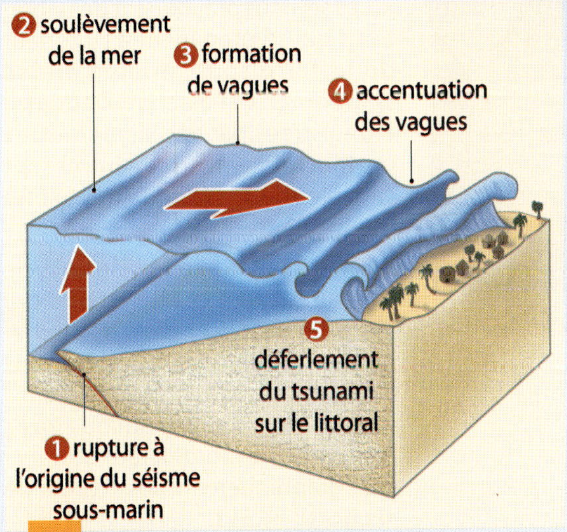

DOC 5 **À l'origine du tsunami, un séisme sous-marin** de magnitude 9 dont l'épicentre était situé dans l'océan Indien, 200 kilomètres à l'ouest de l'île de Sumatra.

DOC 6 **Photographie de la faille qui a rejoué lors du séisme, sur 500 kilomètres de long** (image prise par un sous-marin à 2 300 mètres de profondeur). On estime que l'énergie libérée par ce séisme correspond à 23 000 fois la bombe atomique d'Hiroshima.

Lexique

- **Faille :** cassure de la croûte terrestre au niveau de laquelle deux compartiments rocheux peuvent être décalés.
- **Tsunami :** énorme vague provoquée par un séisme ou une éruption volcanique sous-marins.

Pistes de travail

1. **Quelles cicatrices les séismes peuvent-ils laisser dans les paysages (DOC 1 à 3) ? Pour chaque document, dites comment les terrains ont été décalés de part et d'autre de la faille.**
2. **Recherchez l'origine et les conséquences d'un tsunami (DOC 4 à 6).**

Pour conclure, expliquez comment les séismes peuvent modifier la surface de la Terre.

Compétences • 1 : S'informer • 2 : S'informer, raisonner.

Activité 3

L'enregistrement des vibrations

Tout séisme se manifeste par des secousses qui ébranlent le sol. Ces secousses sont dues à des vibrations qui ont pris naissance à l'endroit où s'est produit le séisme et se sont propagées dans le globe terrestre jusqu'à l'endroit où l'on peut les enregistrer.

• ***Comment réalise-t-on l'enregistrement de ces vibrations ?***

A Des appareils à l'écoute des séismes

DOC 1 **Des sismomètres transmettent des signaux à une station centrale qui les traite par ordinateur.**
Les sismomètres peuvent enregistrer des ondes provenant d'un séisme situé à plusieurs milliers de kilomètres.

• Les séismes provoquent des vibrations qui se propagent à l'intérieur de la Terre sous forme d'**ondes sismiques**. Celles-ci peuvent être enregistrées par des **sismomètres** qui fonctionnent en continu et sont capables de détecter de très faibles mouvements du sol.

• Un sismomètre comporte un socle solidaire du sol et un système qui traduit les mouvements de ce dernier en signaux électriques. Une fois amplifiés, ces signaux sont transmis par radio à la station sismique où ils sont traités par ordinateur et transcrits graphiquement sous forme de **sismogrammes**.

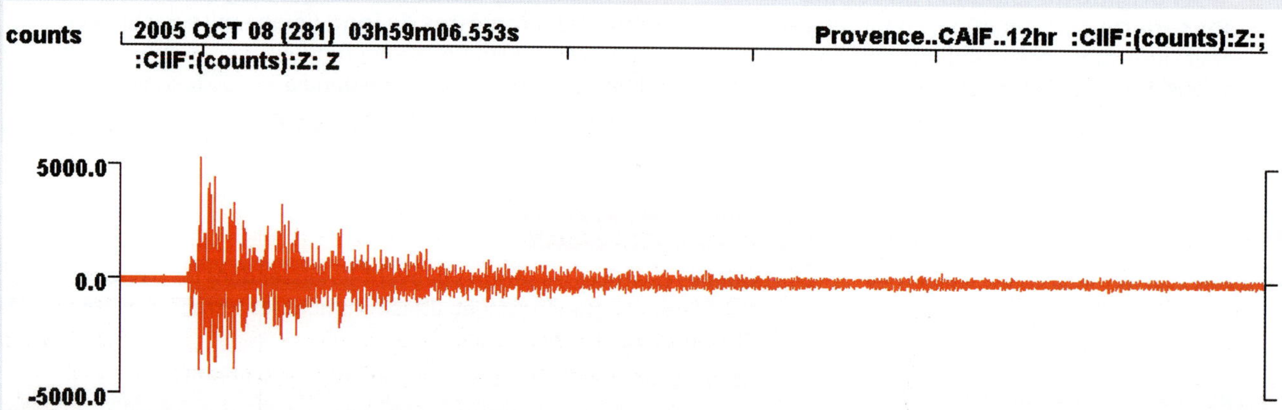

DOC 2 **Sismogramme enregistré à Marseille lors du séisme du Pakistan, le 8 octobre 2005.**

B Enregistrer des vibrations en classe

Une masse métallique, fixée sur un bâti par une articulation, tend à rester immobile quand le bâti bouge. Un stylo feutre fixé sur cette masse inscrit un tracé sur un cylindre qui tourne.

Pour simuler un séisme, on fait bouger la table sur laquelle est posé le sismographe.

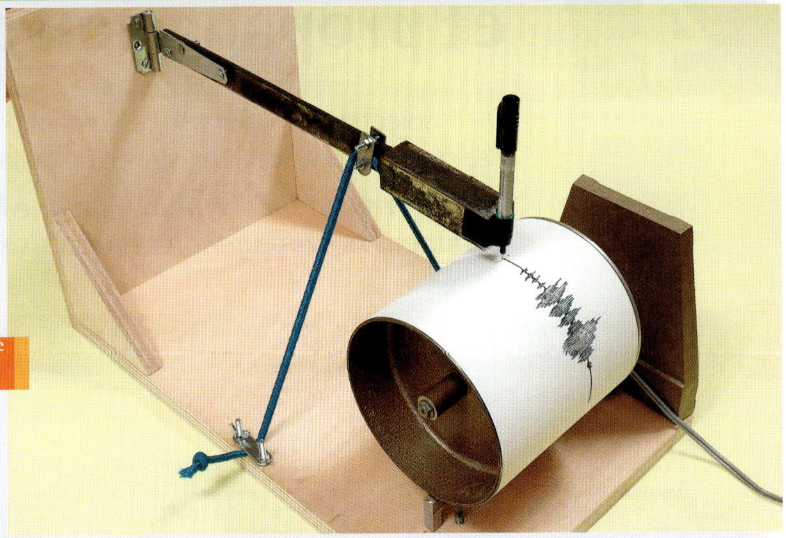

DOC 3 Un dispositif simple permettant d'enregistrer des vibrations.

POUR EN SAVOIR PLUS
www.bordas-svtcollege.fr/liens4e

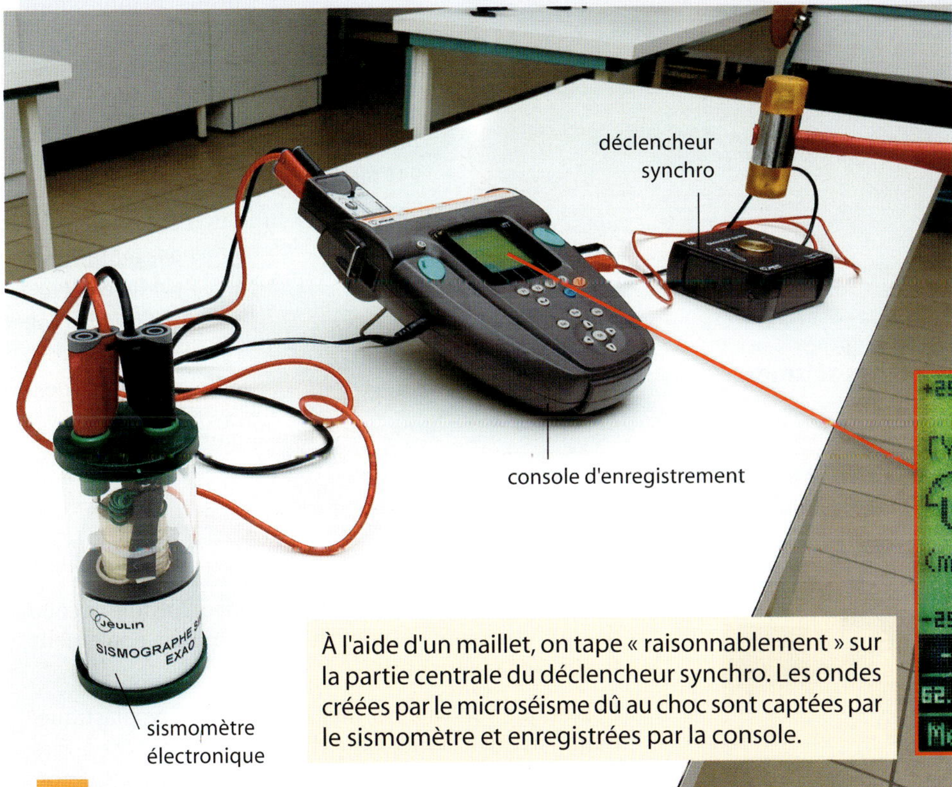

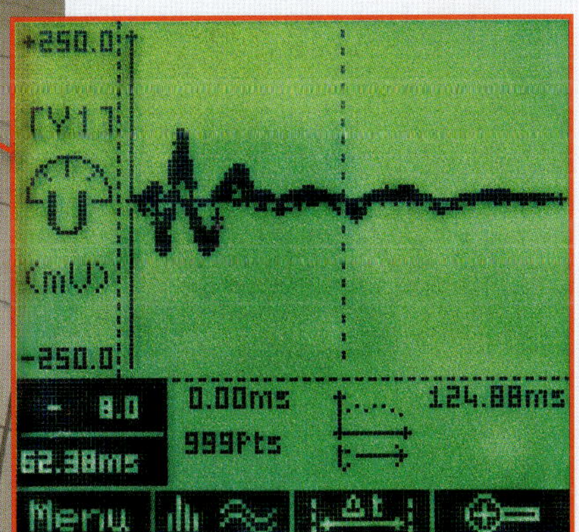

Avec un tel dispositif, on peut, si on le souhaite, mettre en évidence des variations de la vitesse de propagation des ondes selon le support : on réalise plusieurs enregistrements, par exemple sur du bois, du métal, du béton…

À l'aide d'un maillet, on tape « raisonnablement » sur la partie centrale du déclencheur synchro. Les ondes créées par le microséisme dû au choc sont captées par le sismomètre et enregistrées par la console.

DOC 4 Un sismomètre simplifié posé sur une table est relié à un écran de visualisation.

Lexique

- **Ondes sismiques :** vibrations produites par un séisme se propageant à l'intérieur et à la surface de la Terre.
- **Sismomètre :** appareil capable de détecter les ondes sismiques et de les enregistrer.
- **Sismogramme :** tracé correspondant à l'enregistrement des ondes sismiques.

Pistes de travail

1. Expliquez comment est obtenu un sismogramme (DOC 1).
2. Que représentent les oscillations visibles sur le sismogramme (DOC 2) ? Pourquoi un tel enregistrement a-t-il pu être effectué à Marseille ?
3. Quel est l'intérêt des modèles expérimentaux (DOC 3 et 4) ? D'après vous pourquoi ces modèles sont-ils cependant critiquables ?

Pour conclure, expliquez en quelques phrases comment se fait l'enregistrement des ondes sismiques.

Compétences • 1 : S'informer • 2 et 3 : S'informer, raisonner.

Activité 4

Origine des séismes et propagation des ondes

Qu'ils soient destructeurs ou seulement perçus par des sismomètres sensibles, la plupart des séismes sont liés à l'existence de failles dans les roches du globe terrestre.

• ***Comment le fonctionnement d'une faille peut-il être à l'origine d'un séisme ? Comment se propagent les ondes sismiques produites lors du séisme ?***

A Un événement brutal à l'origine du séisme

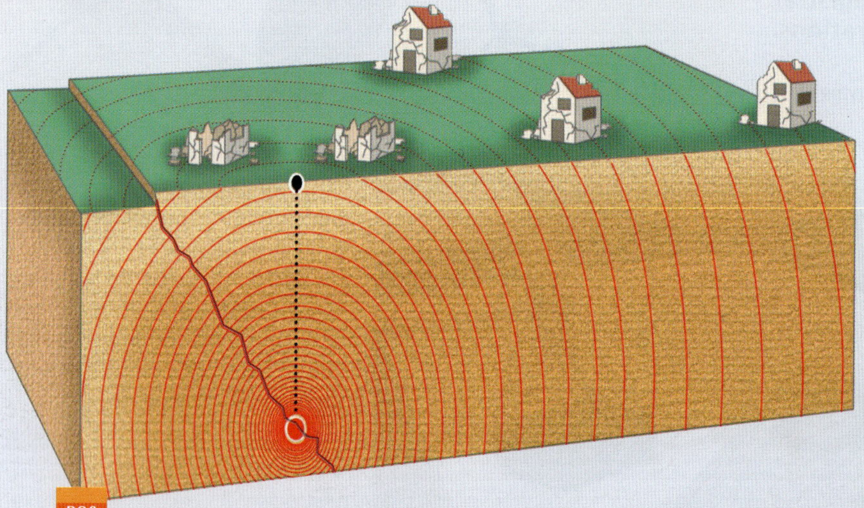

DOC 1 Des contraintes à l'origine des séismes.

Un séisme est presque toujours provoqué par la rupture brutale d'une **faille**.

Les roches situées de part et d'autre de la faille subissent des contraintes ; elles se déforment de manière élastique, sans rompre, parfois pendant des siècles.

Lorsque les limites d'élasticité sont dépassées, les roches cassent brutalement en un point appelé **foyer** et les blocs d'écorce terrestre situés de part et d'autre de la faille se décalent.

Cette rupture des roches engendre des vibrations, les ondes sismiques, qui se propagent dans toutes les directions.

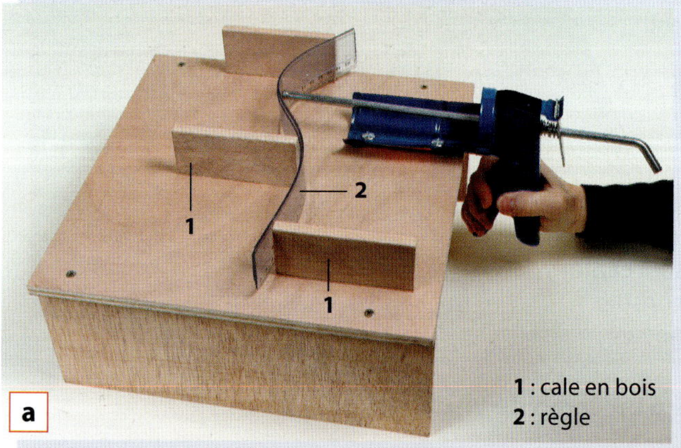

1 : cale en bois
2 : règle

Cette maquette nécessite simplement un pistolet à colle fixé sur une planchette et des cales en bois également fixées sur la planchette.

L'objet que l'on va déformer est une règle en plastique, matériau qui a la propriété d'être élastique, c'est-à-dire la capacité à reprendre sa forme initiale après une déformation.

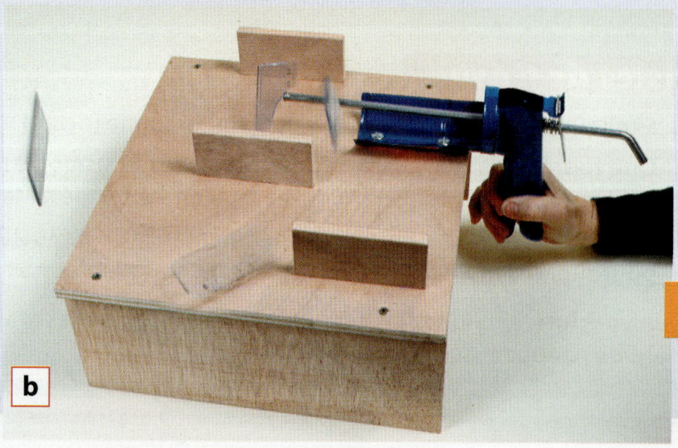

Le piston du pistolet à colle permet d'appliquer en un point précis de la règle une force croissante et orientée.

Bien sûr, lorsque le seuil de résistance est atteint, ce qui doit arriver arrive : la règle casse.

ATTENTION aux projections !

DOC 2 Une simulation pour comprendre la rupture en réponse à une contrainte de plus en plus forte.

B Des différences en fonction de la distance à l'épicentre

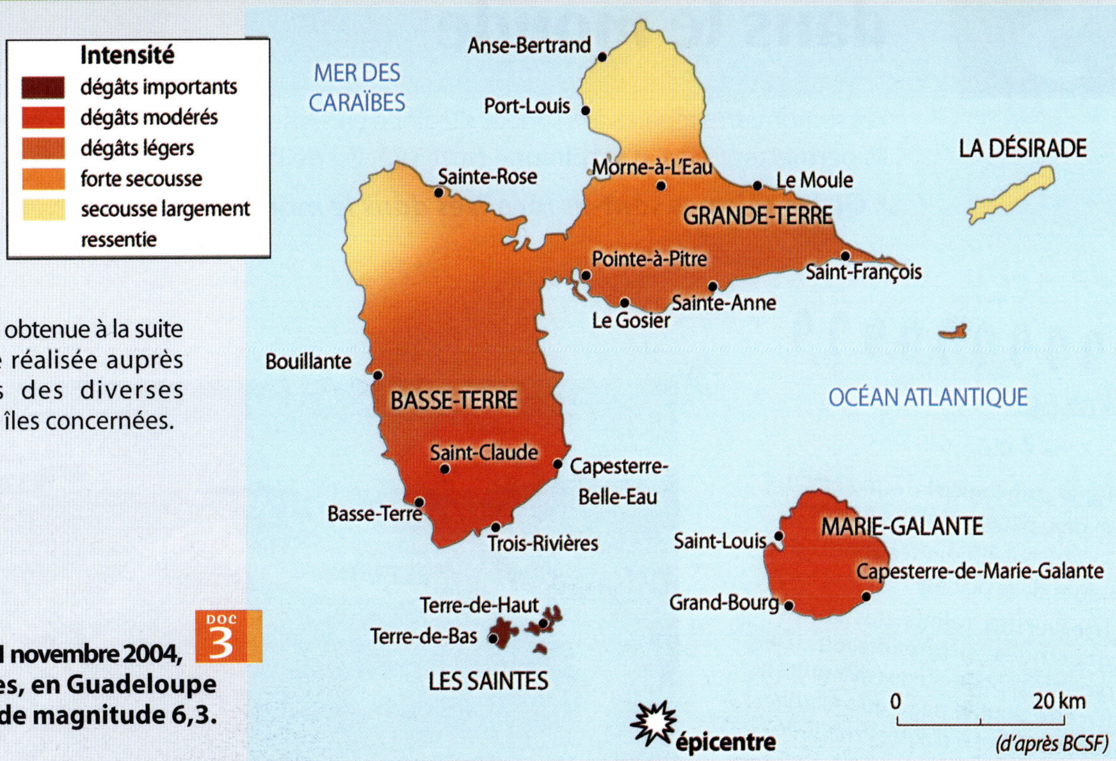

Cette carte a été obtenue à la suite d'une enquête réalisée auprès des habitants des diverses communes des îles concernées.

DOC 3 **Le séisme du 21 novembre 2004, aux Saintes, en Guadeloupe de magnitude 6,3.**

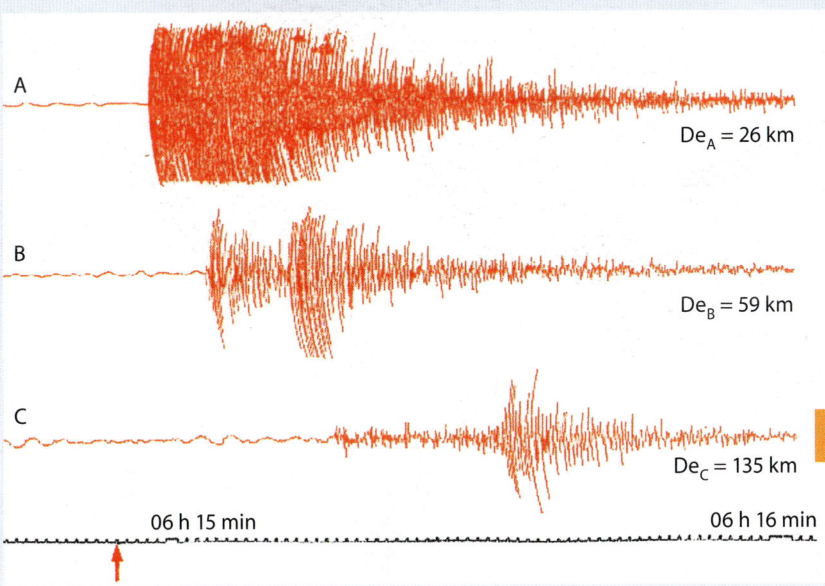

La distance à l'**épicentre** (De) est indiquée pour chaque sismogramme.
La magnitude de ce séisme était beaucoup plus faible que celui de la Guadeloupe (ci-dessus).
La flèche rouge sur l'échelle des temps indique l'instant précis du début du séisme.

DOC 4 **Enregistrement d'un séisme en Alsace par trois stations A, B et C, plus ou moins éloignées de l'épicentre.**

Lexique

- **Foyer :** lieu situé en profondeur où se produit la rupture des roches à l'origine du séisme.
- **Faille :** cassure des roches de la croûte terrestre avec déplacement vertical ou latéral des blocs (ou compartiments) séparés.
- **Épicentre :** point de la surface du globe à la verticale du foyer.

Pistes de travail

1. Décalquez le schéma du DOC 1 puis notez en légende : foyer, faille, épicentre, ondes sismiques.
2. Dans quelles conditions a lieu la rupture de la règle (DOC 2) ? Expliquez l'analogie avec un séisme (DOC 1 et 2).
3. Expliquez pourquoi l'ensemble de la Guadeloupe n'a pas subi les mêmes dégâts (DOC 3). Comment les enregistrements du séisme en Alsace confirment-ils votre réponse (DOC 4) ?

Pour conclure, expliquez l'origine des ondes sismiques et leur propagation.

Compétences • 1 : Communiquer • 2 : Raisonner • 3 : Raisonner, s'informer.

Activité 5

La répartition des séismes dans le monde

Les sismomètres répartis à la surface du globe enregistrent chaque jour de nombreux séismes. Ils permettent ainsi d'établir une carte précise de l'activité sismique de la planète.

- ***Où les séismes sont-ils localisés dans le monde ?***

J'utilise un logiciel

À l'aide d'un logiciel (*Tectoglob* ou *Sismolog* par exemple), on peut :

- localiser les différentes zones sismiques de la planète ;
- observer les reliefs des zones concernées, si possible en 3D (prendre modèle sur les exemples de cette double page puis élargir les recherches à d'autres zones du globe).

POUR EN SAVOIR PLUS
www.bordas-svtcollege.fr/liens4e

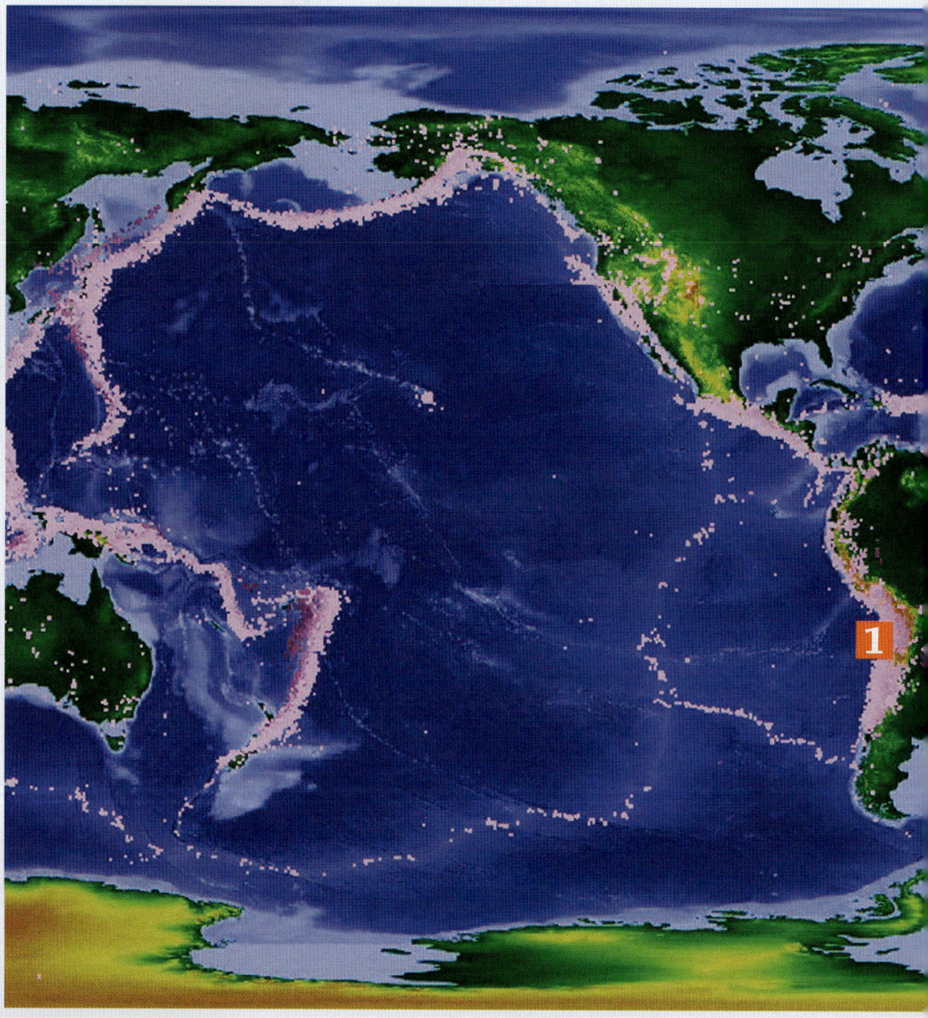

Répartition des principaux séismes récents à la surface du globe terrestre.
Cartes (logiciel Tectoglob)
Vues 3D (logiciel Sismolog)

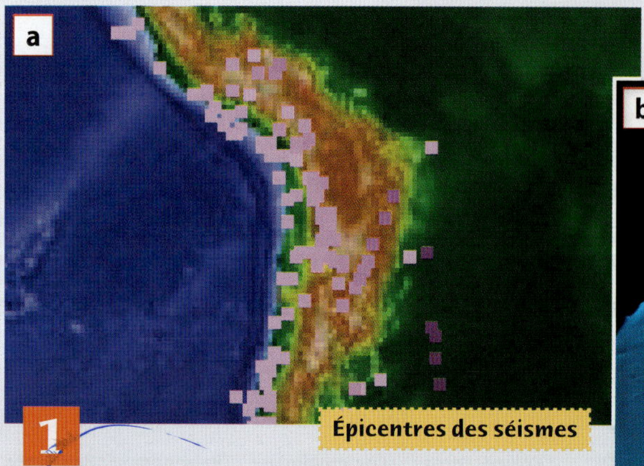

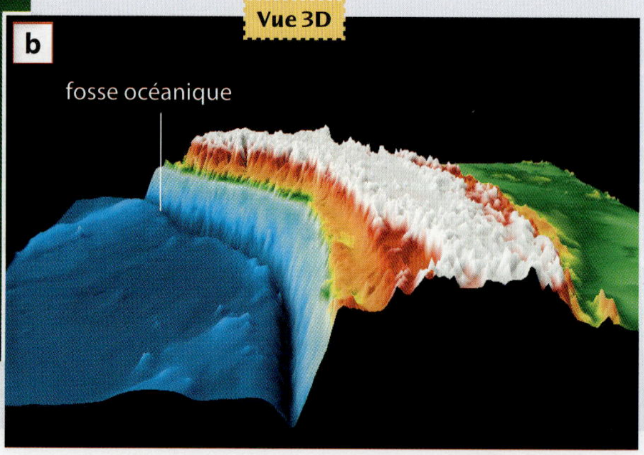

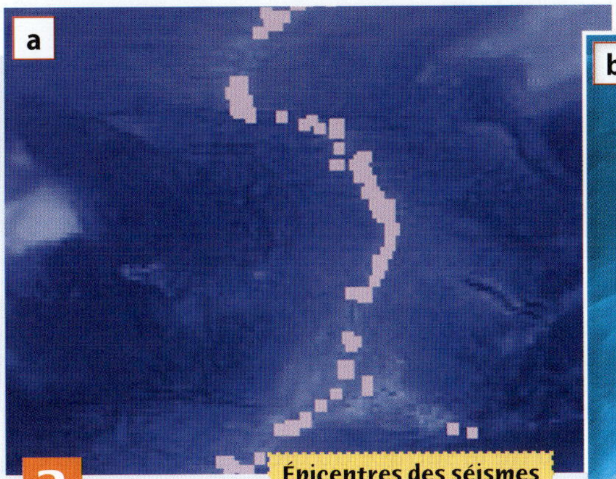

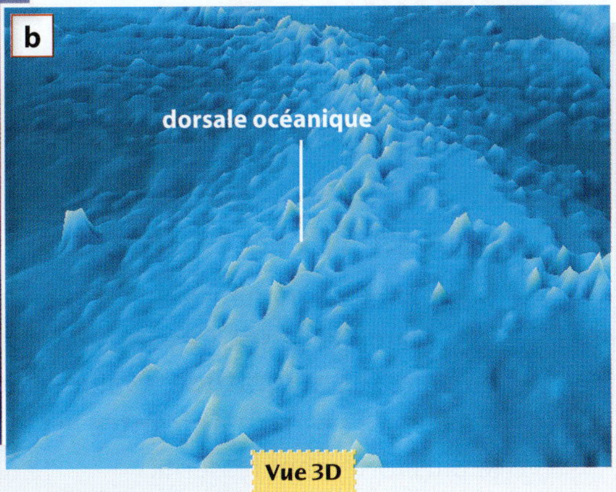

2

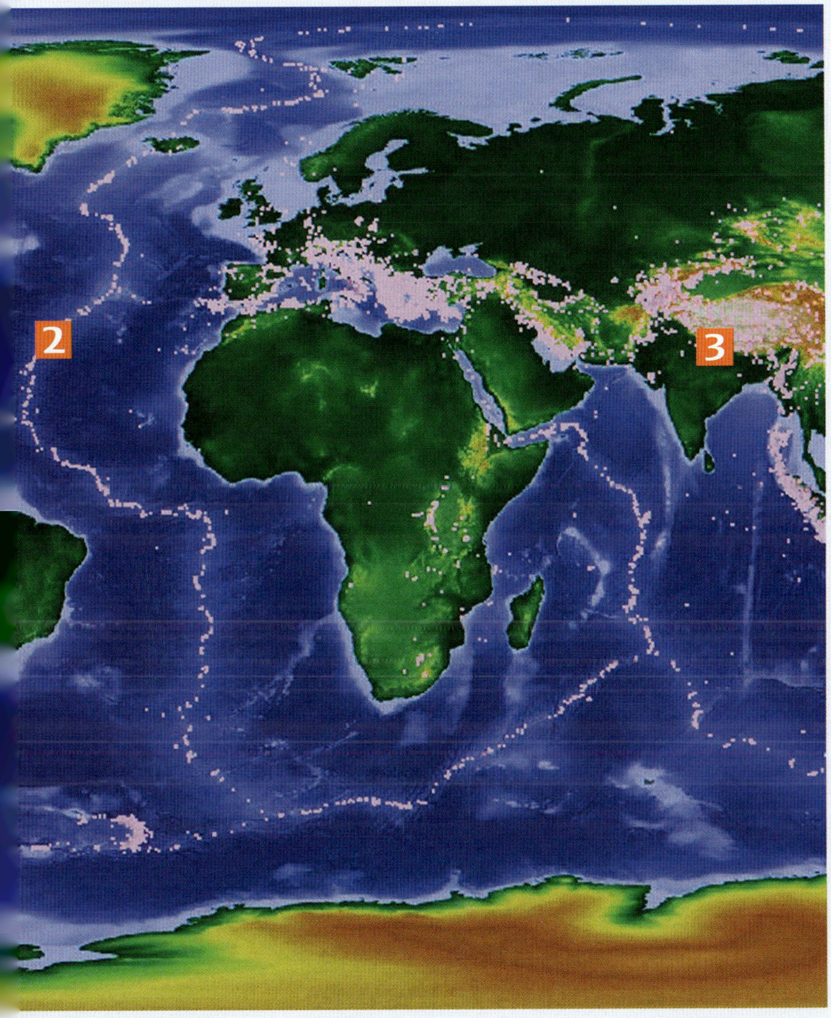

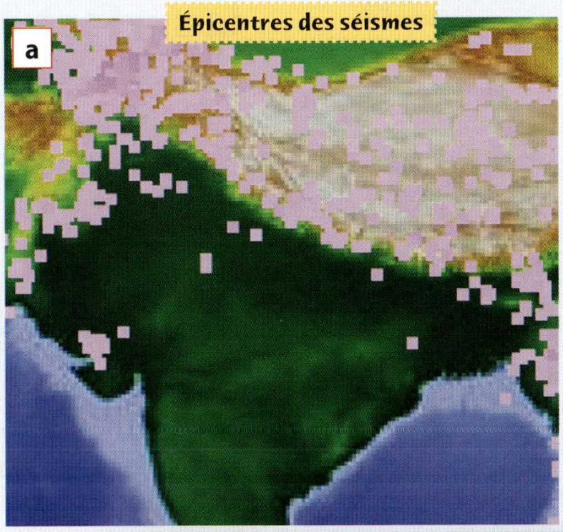

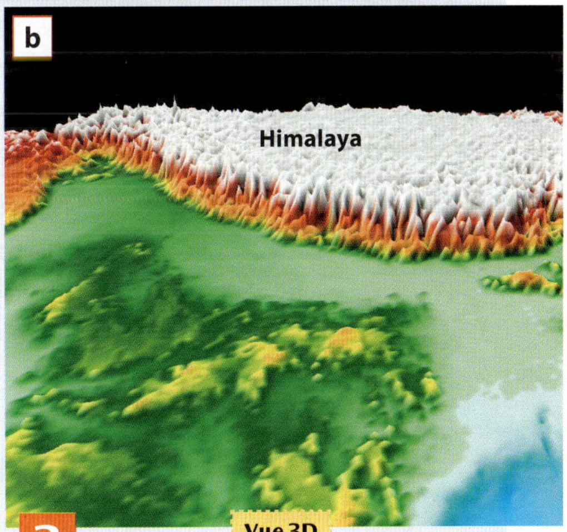

3

Lexique

- **Dorsale océanique :** relief qui serpente sur 65 000 km de long au fond des océans. Il a plus de 1 000 km de large et s'élève à plus de 2 000 m au-dessus des fonds océaniques.
- **Fosse océanique :** étroite dépression du fond des océans, longue de plusieurs milliers de km et profonde de plus de 5 km.

Pistes de travail

1. L'activité sismique est-elle répartie au hasard sur la planète ? Justifiez votre réponse.
2. Quels reliefs sont associés aux zones sismiques ? Citez des exemples dans chaque cas.

Pour conclure, expliquez comment sont répartis les séismes à la surface du globe.

Compétences • 1 : S'informer • 2 : S'informer, raisonner.

Le bilan des activités

P. 12-13 **Activité 1**

Quand la Terre tremble…

Un **séisme** se manifeste par des **secousses** brèves plus ou moins violentes qui font trembler le sol. Ces secousses peuvent entraîner des dégâts matériels et humains. La **magnitude**, évaluée sur l'échelle de Richter, mesure l'énergie libérée lors du séisme. L'**épicentre** est le lieu de la surface du globe où le séisme est le plus fortement ressenti.

P. 14-15 **Activité 2**

Les séismes peuvent modifier la surface de la Terre

Les secousses violentes entraînent parfois des modifications dans les paysages (déplacement des terrains de part et d'autre d'une **faille**…). Lorsque le séisme est sous-marin, il peut être à l'origine de vagues géantes et provoquer un **raz de marée** (tsunami).

P. 16-17 **Activité 3**

L'enregistrement des vibrations

Les séismes provoquent des vibrations qui se propagent à l'intérieur du globe sous forme d'**ondes sismiques**. Des appareils, les **sismomètres** enregistrent de façon continue ces ondes. Les enregistrements obtenus se nomment des **sismogrammes**.

P. 18-19 **Activité 4**

Origine des séismes et propagation des ondes

Les séismes résultent d'une **rupture brutale des roches** en profondeur au niveau d'une faille. Des contraintes s'exercent en permanence sur les roches qui se déforment puis finissent par céder en un lieu appelé **foyer**. L'épicentre, zone de la surface du globe située à la verticale du foyer, reçoit les vibrations en premier d'où l'importance des dégâts.

P. 20-21 **Activité 5**

La répartition des séismes dans le monde

Les séismes sont particulièrement fréquents dans les chaînes de montagnes, près des fosses océaniques et le long de l'axe des dorsales.

Les mots-clés

- Séisme
- Magnitude
- Épicentre
- Faille
- Foyer
- Ondes sismiques
- Sismomètre
- Sismogramme

L'essentiel

Ce qu'il faut savoir

- Les séismes résultent d'une rupture brutale des roches en profondeur, au niveau d'une faille, en un point appelé foyer du séisme.
- À partir du foyer, des vibrations se propagent sous forme d'ondes sismiques enregistrables. L'épicentre, situé à la verticale du foyer, est le lieu de la surface terrestre qui est le premier atteint par les ondes et où les dégâts sont les plus importants.
- Les séismes sont localisés principalement au niveau des chaînes de montagnes, des fosses océaniques et le long de l'axe des dorsales.

Le schéma-bilan — Les séismes

- **Les séismes sont fréquents dans certaines zones de la surface terrestre, et sont enregistrés loin de leur origine**

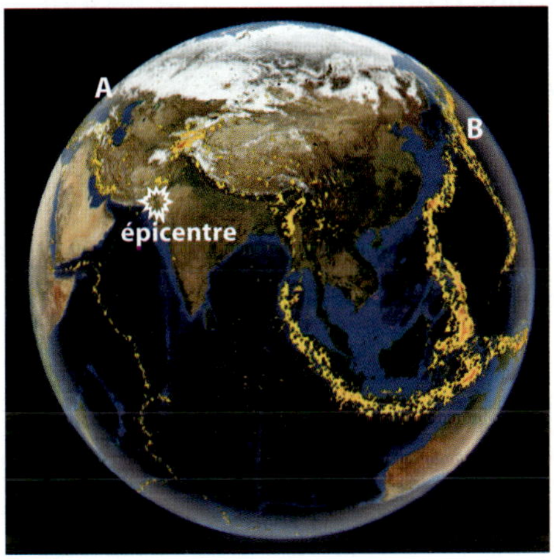

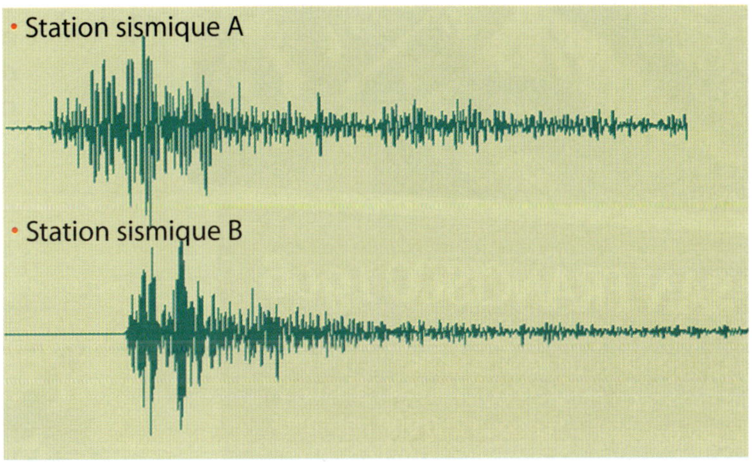

- **Les manifestations d'un séisme sont liées à des phénomènes qui se déroulent en profondeur**

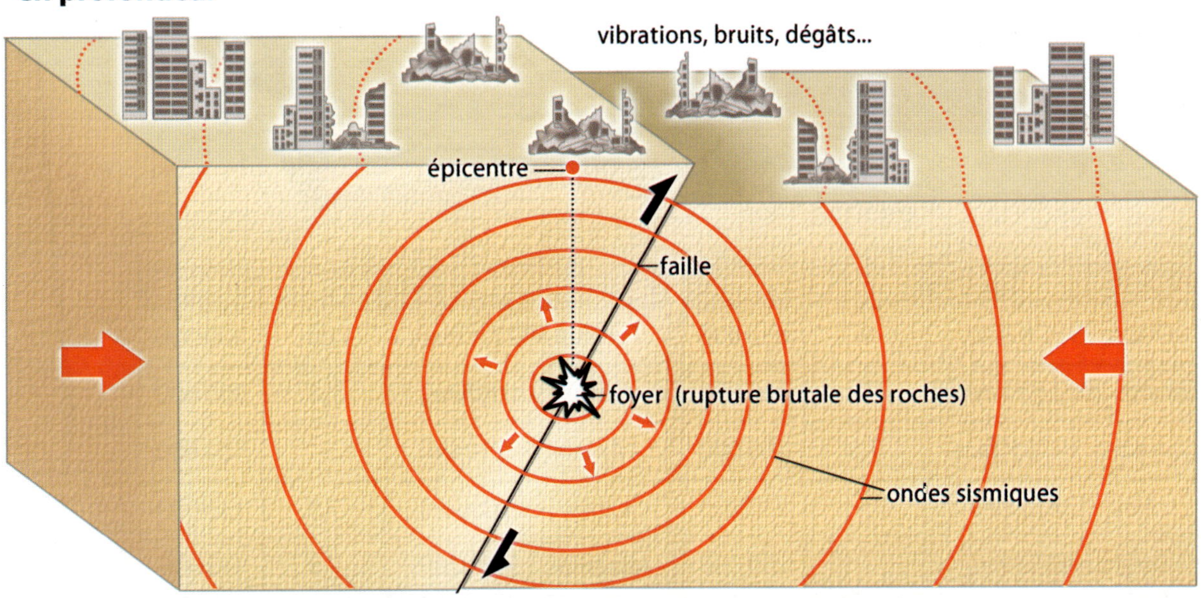

De grands séismes qui ont marqué l'Histoire

Les séismes sont les catastrophes naturelles les plus meurtrières. Il ne se passe pratiquement pas d'année sans que, là ou ailleurs, un séisme cause d'importantes destructions et fasse des milliers de victimes. Certains d'entre eux, à cause de leur caractère particulièrement dévastateur, sont restés dans la mémoire des hommes.

SAN FRANCISCO 1906

Le 18 avril 1906, un séisme ravage la ville de San Francisco et fait 3 000 victimes dans une ville qui comptait à l'époque 250 000 habitants. Cette ville est située à proximité de la célèbre faille de San Andreas (photographie ci-dessus) qui traverse toute la Californie sur 1 000 km de long. Cette faille est encore très active aujourd'hui et fait craindre la survenue d'un nouveau séisme dévastateur que les Américains nomment le « Big One ».

Les 10 tremblements de terre les plus meurtriers

Séismes	Magnitude	Victimes	Séismes	Magnitude	Victimes
Shansi, 1556 (Chine)	8	830 000	Tsinghai 1927 (Chine)	7,9	200 000
Sumatra, 2004 (Indonésie)	9	300 000	Gansu 1920 (Chine)	7,8	200 000
Tangshan, 1976 (Chine)	7,5	255 000	Ardabil, 893 (Iran)	-	150 000
Alep, 1138 (Syrie)	-	230 000	Kanto, 1138 (Japon)	7,9	143 000
Dmghan, 856 (Iran)	-	200 000	Ashgabat, 1948 (URSS)	7,3	110 000

LISBONNE 1755

Le tremblement de terre de Lisbonne (1755) est probablement l'un des plus grands de l'histoire européenne. Il fut suivi d'un tsunami et de nombreux incendies qui firent au moins 60 000 morts.

INDONESIE 2004

Le 26 décembre 2004, une vague géante déferle sur les côtes du pourtour de l'océan Indien. Ce véritable « mur d'eau », atteignant par endroits 20 mètres de haut, cause des ravages considérables et fait 300 000 morts. Cette catastrophe, conséquence d'un séisme sous-marin dont le foyer était situé à l'ouest de l'île de Sumatra, est la plus meurtrière des 100 dernières années.

C'est quoi ?

Une « girouette à tremblements de terre » inventée en l'an 132 par le philosophe chinois Chang Heng. Chaque dragon tient une bille de bronze dans sa gueule : à la moindre secousse, un dragon lâche sa bille qui tombe dans le gosier d'un crapaud, actionnant ainsi une alarme sonore.

POUR EN SAVOIR PLUS : www.bordas-svtcollege.fr/liens4e

Exercices

Je teste mes connaissances

EXERCICE 1

Vrai ou faux ?

Certaines affirmations sont exactes. Recopiez-les. Corrigez ensuite les affirmations inexactes.

a. Un tremblement de terre produit toujours des dégâts.

b. Un séisme se manifeste par un bruit sourd provoqué par la rupture des roches.

c. Un tsunami est à l'origine d'un séisme sous-marin.

d. Les sismomètres peuvent enregistrer un séisme à des milliers de kilomètres.

e. L'épicentre est à la verticale du foyer.

f. La magnitude évalue l'énergie libérée au foyer du séisme.

g. L'épicentre est la région de la surface terrestre où les secousses sont les plus importantes.

h. Les ondes sismiques se propagent dans tout le globe terrestre.

i. Les ondes sismiques prennent naissance à l'épicentre.

j. Les séismes se produisent uniquement dans les chaînes de montagnes.

k. Les séismes peuvent être sous-marins ou terrestres.

l. Les séismes sont répartis au hasard à la surface du globe.

EXERCICE 2

Expliquez pourquoi…

a. Les dégâts liés à un séisme diminuent au fur et à mesure qu'on s'éloigne de l'épicentre.

b. Deux séismes de même magnitude ne produisent pas obligatoirement les mêmes dégâts.

EXERCICE 3

Quelles différences y a-t-il entre…

a. Les manifestations et les effets d'un séisme.

b. Le foyer et l'épicentre d'un séisme.

c. Un sismomètre et un sismogramme.

EXERCICE 4

Faites une phrase courte pour retrouver une notion importante.

a. Séisme ; rupture des roches ; foyer ; faille.

b. Ondes sismiques ; propagation ; foyer ; globe terrestre.

c. Épicentre ; surface de la Terre ; dégâts.

d. Magnitude ; échelle de Richter ; puissance d'un séisme.

EXERCICE 5

Trouvez le mot caché

Recopiez la grille ci-dessous puis complétez-la à partir des définitions suivantes.

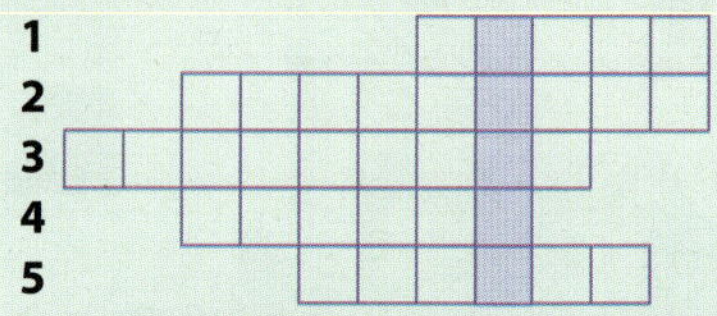

1. Lieu où se produit une rupture des roches au cours du séisme.

2. Lieu de la surface du globe où le séisme est le plus fortement ressenti.

3. Valeur traduisant l'énergie libérée lors du séisme.

4. Cassure de l'écorce terrestre.

5. Tremblement de terre.

Découvrez le mot caché et donnez-en une définition pour un séisme.

J'utilise mes connaissances

EXERCICE 6

Une modification du paysage

COMMUNIQUER **Réaliser et légender un schéma.**

Cette photographie, prise après le séisme d'Izmit (Turquie) du 17 août 1999, montre des déformations bien visibles au niveau de la voie ferrée.

1. Décalquez la photographie et tracez l'emplacement de la faille à l'origine de la déformation des rails.

2. Indiquez par des flèches les mouvements des terrains de part et d'autre de cette faille.

EXERCICE 7 Séisme meurtrier au Maroc

S'INFORMER — Saisir des informations.

Le bilan du séisme qui a frappé le nord-est du Maroc, dans la nuit du 23 au 24 février, s'élevait, mercredi matin, à 564 morts et 300 blessés. L'épicentre de la secousse, d'une magnitude de 6,4 sur l'échelle ouverte de Richter, a été localisé à Aït-Kamara, commune située à 19 kilomètres de la ville portuaire d'Al-Hoceima…

« Nous dormions quand la terre a bougé. Il était alors 2 h 28 du matin. Un bruit assourdissant s'est produit. Les maisons tombaient. Tout y est passé, les anciennes comme les nouvelles bâtisses, raconte un habitant d'Im Zouren, village presque rasé par la catastrophe… Le courant électrique a été coupé. Les gens sont sortis dans les rues, pieds nus, en pyjama… La terre a tremblé plusieurs fois. Nous avions l'impression qu'à tout moment, elle allait nous engloutir. »

D'après *Le Monde* le 26/02/2004.

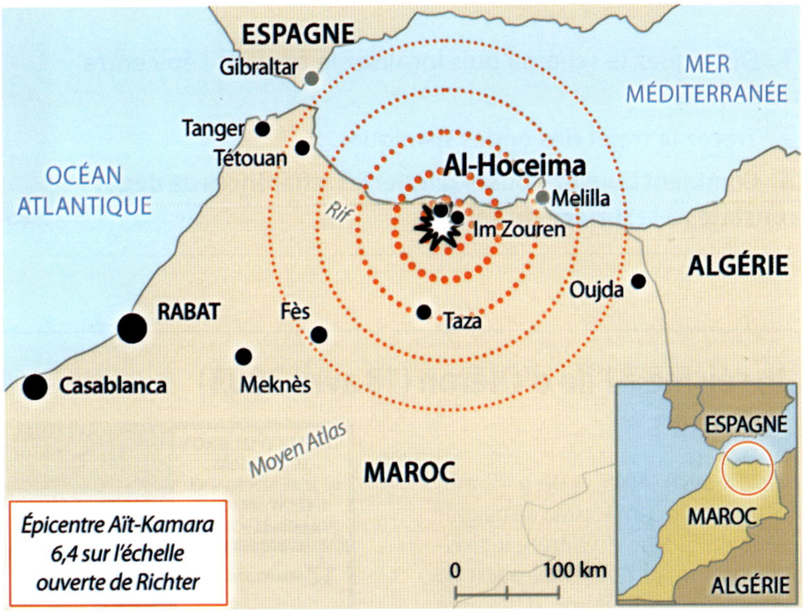

1. Présentez dans un tableau les manifestations et les effets de ce séisme et rappelez ce qu'est la « magnitude » d'un séisme.

2. Pour quelles raisons le village d'Im Zouren a-t-il été *« presque rasé par la catastrophe »* ?

3. Expliquez pourquoi ce séisme a été ressenti jusqu'en Espagne et en Algérie.

EXERCICE 8 L'origine d'un séisme

RAISONNER — Interpréter une manipulation.

Ce montage expérimental simple permet de comprendre comment se déclenche un séisme le long d'une faille.

1. Décrivez le déroulement de cette manipulation.

2. Quels sont les moments de la manipulation qui correspondent à ce qui se passe avant un séisme ? pendant le séisme ?

3. Dites, en utilisant cette manipulation, comment se déclenche un séisme le long d'une faille.

D'après *Dossiers de La Recherche* n° 25.

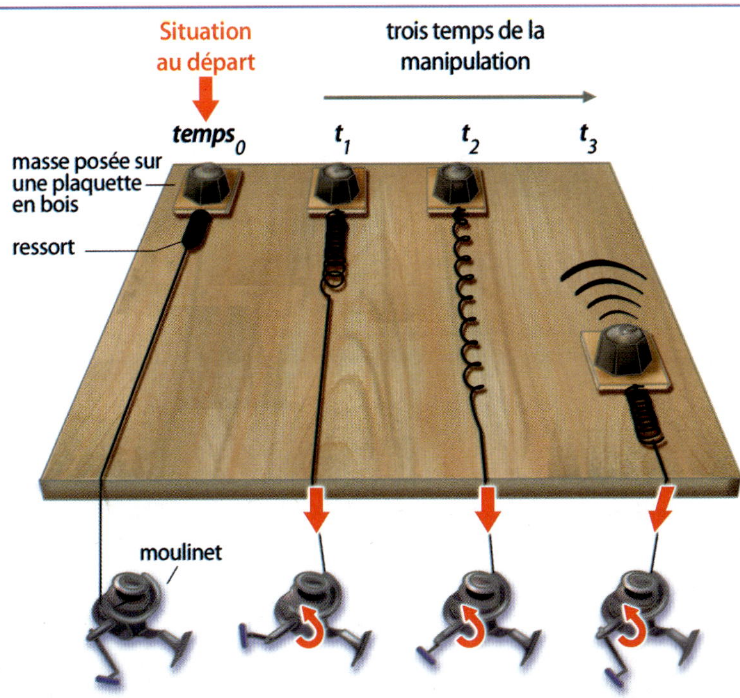

Le moulinet exerce une traction régulière sur le ressort.

Exercices

EXERCICE 9 L'origine et les effets des séismes

C Compléter un schéma.

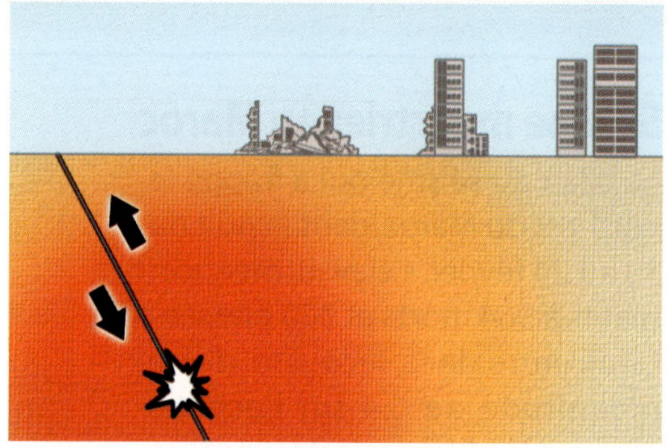

1. Décalquez le schéma puis localisez le foyer et l'épicentre du séisme.

2. Tracez le trajet des ondes sismiques.

3. Comment pouvez-vous expliquer les différences de dégâts constatés à la surface du sol ?

EXERCICE 10 Un séisme à l'île d'Oléron (18 avril 2005)

Ra Comparer des données et proposer une explication.

Document 1

Le 18 avril 2005, à 06 h 42 min 50 s, a eu lieu un séisme de magnitude 4,7 à l'Île d'Oléron, à environ 10 km à l'ouest-sud-ouest de Saint-Pierre-d'Oléron (Charente Maritime), à la latitude de 45,92 N et la longitude de 1,42 W (carte ci-contre). Compte-tenu de sa magnitude, cet événement a été enregistré sur l'ensemble des stations du réseau sismique du CEA-DASE (Document **3**).
Cet événement a été suivi de deux répliques de magnitudes 3,0 et 3,4 dans les dix minutes suivant le choc principal.

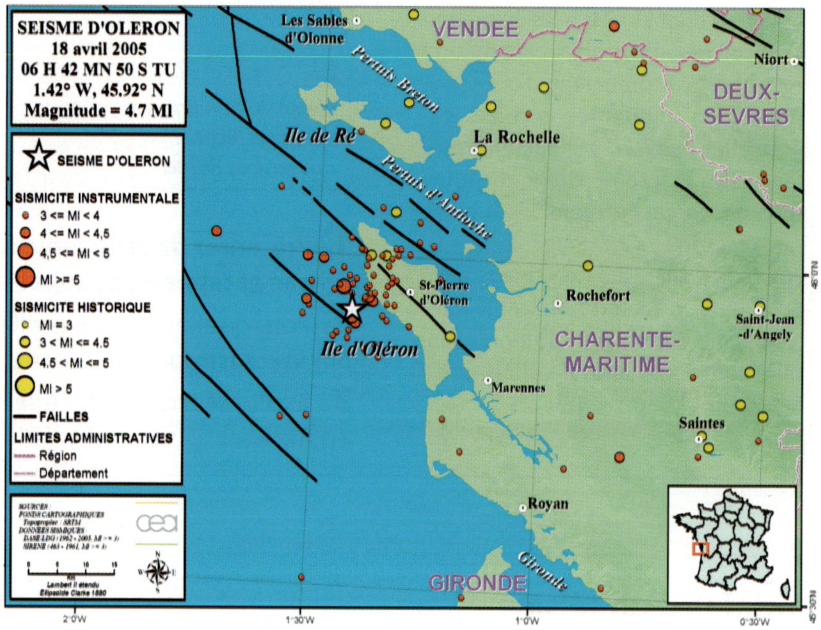

Document 2 : Enregistrements réalisés dans trois stations sismiques.

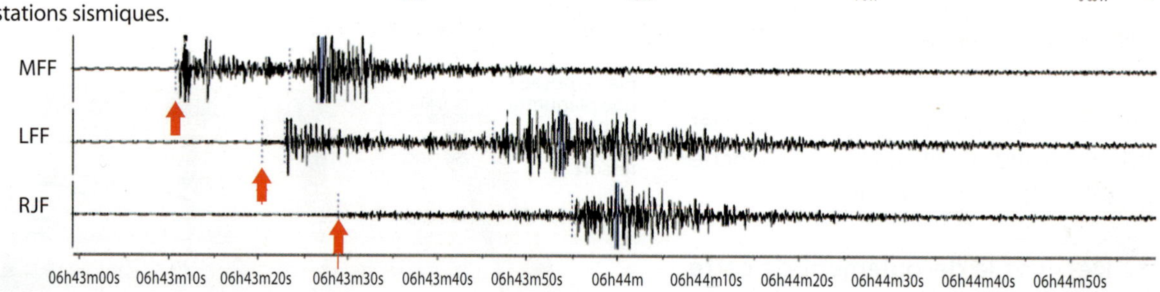

Les flèches rouges indiquent l'instant d'arrivée des premières ondes.

Document 3 : Distances entre épicentre et station d'enregistrement.

Trois stations d'enregistrement du réseau CEA-DASE	Distance à l'épicentre
MFF : près de Parthenay (79)	125 km
LFF : près de Bergerac (24)	195 km
RJF : près de Brive-la-Gaillarde (19)	235 km

1. Que représentent les enregistrements effectués dans les stations sismiques ?

2. Comparez l'heure du séisme à celles du début des enregistrements. Que remarquez-vous ? Proposez une explication.

3. Évaluez la vitesse de propagation des ondes sismiques (en km/s).

Une éruption de l'Etna (Sicile).

Chapitre 2 Le volcanisme

Comme les séismes, les éruptions volcaniques sont des manifestations de l'activité interne du globe. Elles peuvent être spectaculaires mais peu dangereuses comme celles de l'Etna ou parfois excessivement violentes et redoutables.

- **Comment se déroulent ces éruptions ? Quelle est l'origine des produits émis par les volcans ?**

Activité 1 Les éruptions volcaniques

Sur les cinq continents, plus de 1 500 volcans sont aujourd'hui considérés comme actifs ; chaque année, 60 d'entre eux entrent en éruption.

• ***Quelles sont les caractéristiques des principaux types d'éruptions volcaniques ?***

A Les éruptions effusives des volcans « rouges »

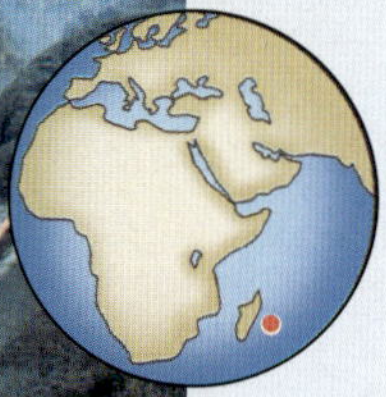

Éruption du piton de la Fournaise (février 2005)

- **À partir du 4 février :** Activité sismique intense avec 10 à 50 séismes par jour et des signes de gonflement du volcan.
- **17 février à 20 h 35 :** Début de l'éruption avec arrivée du magma en surface. Dans le cratère, le dégazage du magma projette de la lave incandescente sous forme de fontaines de **lave**. De la lave à près de 1 200 °C commence à s'écouler sur le flanc du volcan.
- **19 février :** La coulée a déjà une longueur de 6 kilomètres.
- **23 février :** Après une pause de quelques jours, de nouvelles coulées de laves très fluides dévalent les pentes avec une vitesse de 2 à 3 mètres par seconde près du cratère.
- **26 février :** La lave arrive à l'océan.
- **1er mars :** L'éruption s'arrête, les coulées ne sont plus alimentées et se refroidissent.

DOC 1 **Le piton de la Fournaise** sur l'île de la Réunion est en éruption quasi permanente.

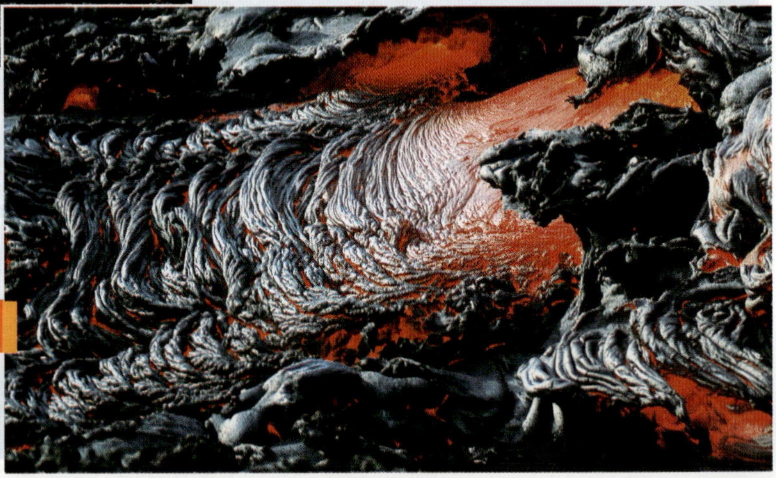

DOC 2 **Coulée en cours de refroidissement :** la lave fluide se transforme en roche volcanique noire.

B Les éruptions explosives des volcans « gris »

Éruption de la Soufrière de Montserrat (août 1997)

- **Début août :** Intensification de l'activité du volcan. Le dôme de lave explose avec formation d'un nuage de cendres qui retombe sur l'île sur un rayon de 7 kilomètres.
- **À partir du 3 août :** Plymouth, la capitale, est rayée de la carte par des nuées ardentes qui dévalent les flancs du volcan à 200 kilomètres par heure.
- **Septembre :** Le dôme et tout un pan du volcan s'effondrent, les explosions et les nuées ardentes s'intensifient déposant 600 000 tonnes de cendres sur Montserrat.

DOC 3 **Un volcan transforme son île en désert...**
En 1997, la Soufrière Hills (île de Montserrat située près de la Guadeloupe) est le siège de violentes explosions à l'origine de **nuées ardentes** qui dévastent tout sur leur passage.

POUR EN SAVOIR PLUS
www.bordas-svtcollege.fr/liens4e

DOC 4 **Après les éruptions de 1997,** Plymouth, capitale de l'île de Montserrat, est totalement ensevelie sous des milliers de tonnes de roches et de cendres provenant des nuées ardentes.

Lexique

→ **Lave :** matière minérale en fusion qui sort de la croûte terrestre à près de 1 000 °C.

→ **Nuées ardentes :** nuages de gaz, de cendres, de blocs très chauds (350 °C) dévalant le flanc d'un volcan à plus de 100 kilomètres par heure.

Pistes de travail

1. **Décrivez une éruption du piton de la Fournaise (DOC 1). Quels sont les produits émis (DOC 2) ?**
2. **Comment se manifeste une éruption à la Soufrière de Montserrat (DOC 3) ? Quels sont les produits émis (DOC 4) ?**

Pour conclure, comparez les deux types d'éruptions et dites pourquoi on parle de volcans « rouges » et de volcans « gris ».

Compétences • 1 et 2 : S'informer.

Activité 2

L'édification des volcans « rouges »

Lorsqu'on pense à un volcan, la première image qui vient à l'esprit est une montagne en forme de cône, souvent même une montagne qui fume.

• ***Comment s'édifie le cône d'un volcan « rouge » au cours des éruptions effusives ?***

A Un volcan en activité quasi permanente, le piton de la Fournaise

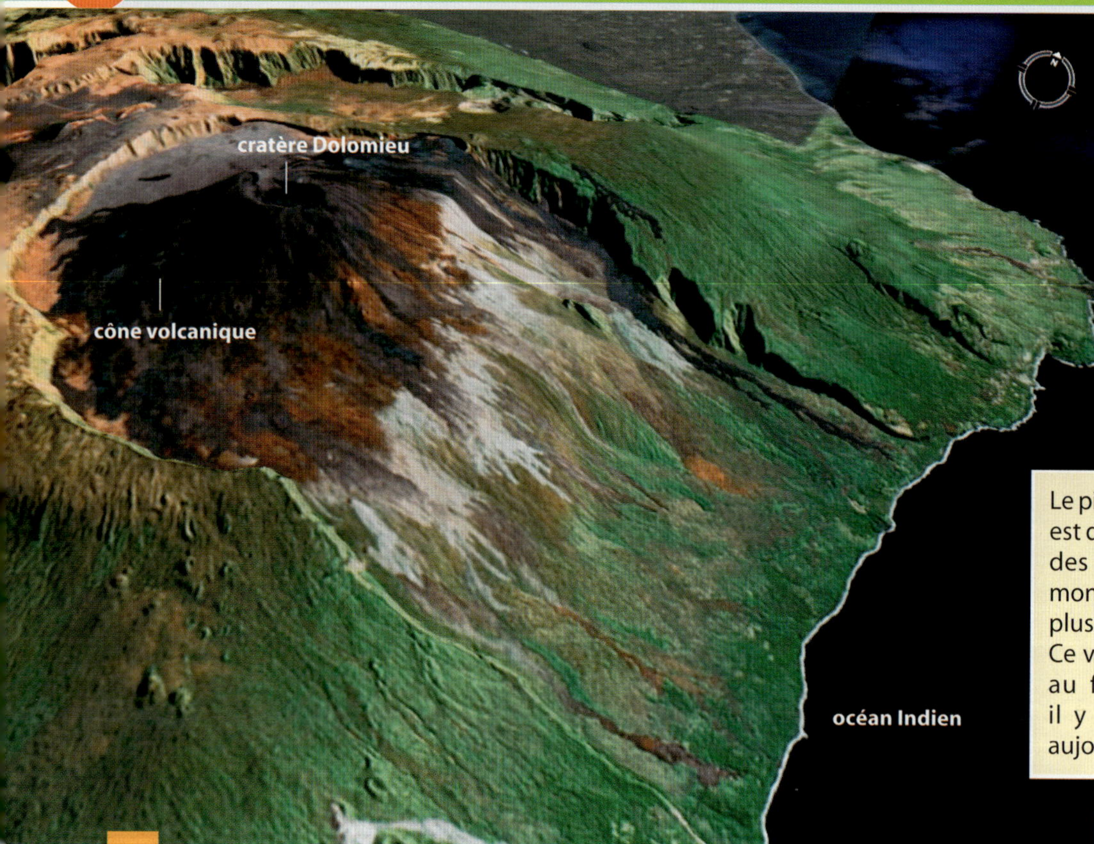

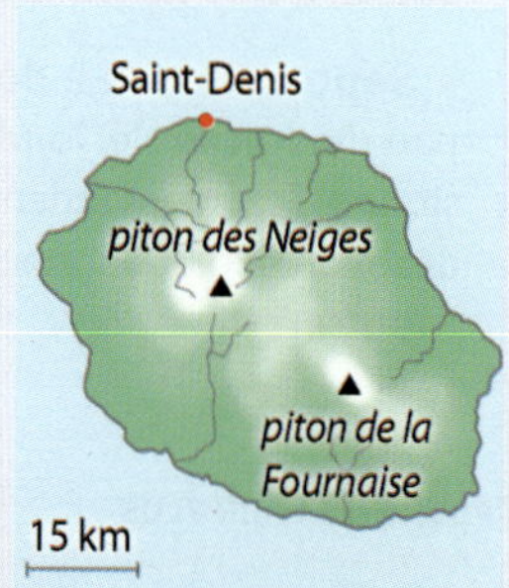

Le piton de la Fournaise, au sud-est de l'île de la Réunion, est un des volcans les plus actifs au monde. Depuis 1998, il a connu plus de 20 éruptions.
Ce volcan, qui a pris naissance au fond de l'océan Indien il y a 500 000 ans, culmine aujourd'hui à 2 631 m.

DOC 1 **Des coulées bien visibles sur l'image satellitale du piton de la Fournaise.**

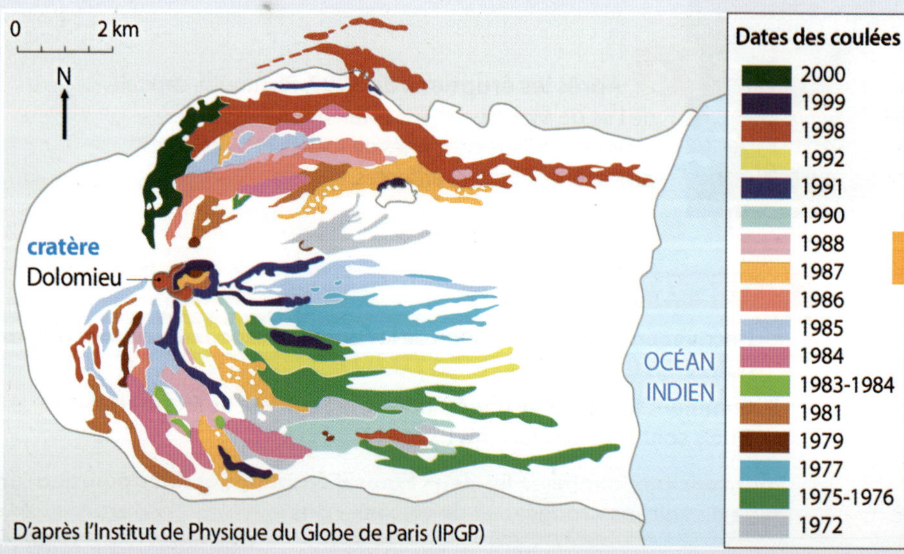

DOC 2 **Les coulées récentes du piton de la Fournaise.**

Le **cône volcanique** d'un diamètre de 30 km à la base, est formé par l'empilement de coulées de laves qui alternent avec des **scories**.

B Comprendre l'édification d'un volcan effusif

En se refroidissant, la lave forme une roche noire, le basalte. Chaque nouvelle coulée vient se superposer sur les coulées anciennes refroidies.

DOC 3 **Coulées après coulées, le cône volcanique se construit.**

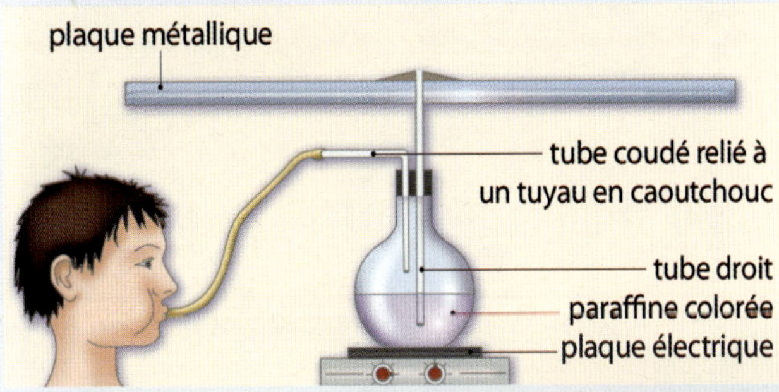

Activités pratiques

- Réaliser le montage ci-contre.
- Faire fondre la paraffine contenue dans le ballon.
- Souffler dans le tuyau en caoutchouc quand la paraffine est fondue : celle-ci se répand sur le plateau métallique.
- Laisser refroidir et renouveler l'opération plusieurs fois avec des paraffines de couleurs différentes.

DOC 4 **Un « volcan » de paraffine.**

POUR EN SAVOIR PLUS
www.bordas-svtcollege.fr/liens4e

Lexique

- **Cône volcanique :** relief formé par l'accumulation des produits émis par les volcans.
- **Cratère :** cavité généralement arrondie située au sommet du cône volcanique, à l'extrémité de la cheminée.
- **Scories :** fragments de lave solidifiée projetés par le volcan ou apparaissant à la surface des coulées.

Pistes de travail

1. Quels matériaux constituent le cône volcanique du piton de la Fournaise (DOC 1 et 2) ?
2. En observant la photographie (DOC 3) et la maquette (DOC 4) expliquez comment s'est construit le cône du piton de la Fournaise.
3. Représentez une coupe simplifiée du cône volcanique passant par le cratère puis légendez votre croquis.

Pour conclure, résumez en quelques lignes comment s'édifie un volcan effusif.

Compétences • 1 : S'informer • 2 : S'informer, raisonner • 3 : Communiquer.

Activité 3 L'édification des volcans « gris »

L'édifice volcanique d'un volcan « gris » est différent de celui d'un volcan « rouge » ; il n'est pas formé par l'empilement de coulées de lave et de projections volcaniques.

• ***Comment se construit l'édifice volcanique d'un volcan « gris » ?***

A Des éruptions violentes qui alternent avec un calme apparent

La « vie » du mont Saint-Helens

- **18 mai 1980 à 8 h 32 :** Violentes éruptions. Le mont Saint-Helens éjecte le sommet de son dôme. Des nuées ardentes et des panaches de cendres jaillissent du volcan.
- **De juin à octobre 1980 :** Formation de plusieurs **dômes de lave** disloqués par les explosions.
- **De fin 1980 à 1986 :** Croissance d'un dôme de lave dans le **cratère d'explosion**.
- **De 1987 à 2004 :** Période relativement calme.
- **Septembre 2004 :** Réveil du mont Saint-Helens.
- **Du 1er au 5 octobre 2004 :** Émissions de cendres.
- **Du 6 octobre 2004 à juin 2005 :** Croissance lente d'un nouveau dôme de lave.

DOC 1 Le mont Saint-Helens, au nord-ouest des États-Unis, avant et après l'éruption du 18 mai 1980.

B Un volcan qui se reconstruit actuellement

« Le magma qui reste dans le volcan suinte du cratère comme du dentifrice suinte hors de son tube. Il est très visqueux et n'a pas le gaz nécessaire à son explosion. Il se contente de suinter et de former l'excroissance (le dôme) visible dans le cratère. »

D'après le Professeur de Géologie Pat Abbot.

DOC 2 **Le cratère d'explosion en juillet 2006.**

POUR EN SAVOIR PLUS
www.bordas-svtcollege.fr/liens4e

DOC 3 **Le dôme et sa thermographie en juillet 2006.**
En mai 2006, cette excroissance du dôme à l'intérieur du cratère atteignait déjà 90 mètres de hauteur. Depuis, elle grandit chaque jour de plus d'un mètre. Une thermographie nous informe sur la température des roches qui constituent cette excroissance.

Lexique

→ **Dôme de lave :** accumulation de lave visqueuse au-dessus de la bouche éruptive.

→ **Cratère d'explosion :** dépression plus ou moins circulaire due à l'explosion d'une partie de l'édifice volcanique.

Pistes de travail

1. Quels matériaux constituent l'édifice volcanique du mont Saint-Helens (DOC 1) ?
2. Expliquez comment se modifie l'aspect du mont Saint-Helens depuis 1980 (DOC 1 et 2).
3. Recherchez des preuves de l'activité actuelle du volcan (DOC 2 et 3).

Pour conclure, expliquez comment se construit un volcan explosif.

Compétences • 1 : S'informer • 2 et 3 : S'informer, raisonner.

Activité 4 Le déclenchement des éruptions volcaniques

Les éruptions volcaniques peuvent être très différentes mais elles correspondent toutes à des remontées de magma qui proviennent de l'intérieur du globe terrestre.

• ***Où se trouve le magma sous l'édifice volcanique ? Comment parvient-il à la surface ?***

A Des réservoirs de magma sous le volcan

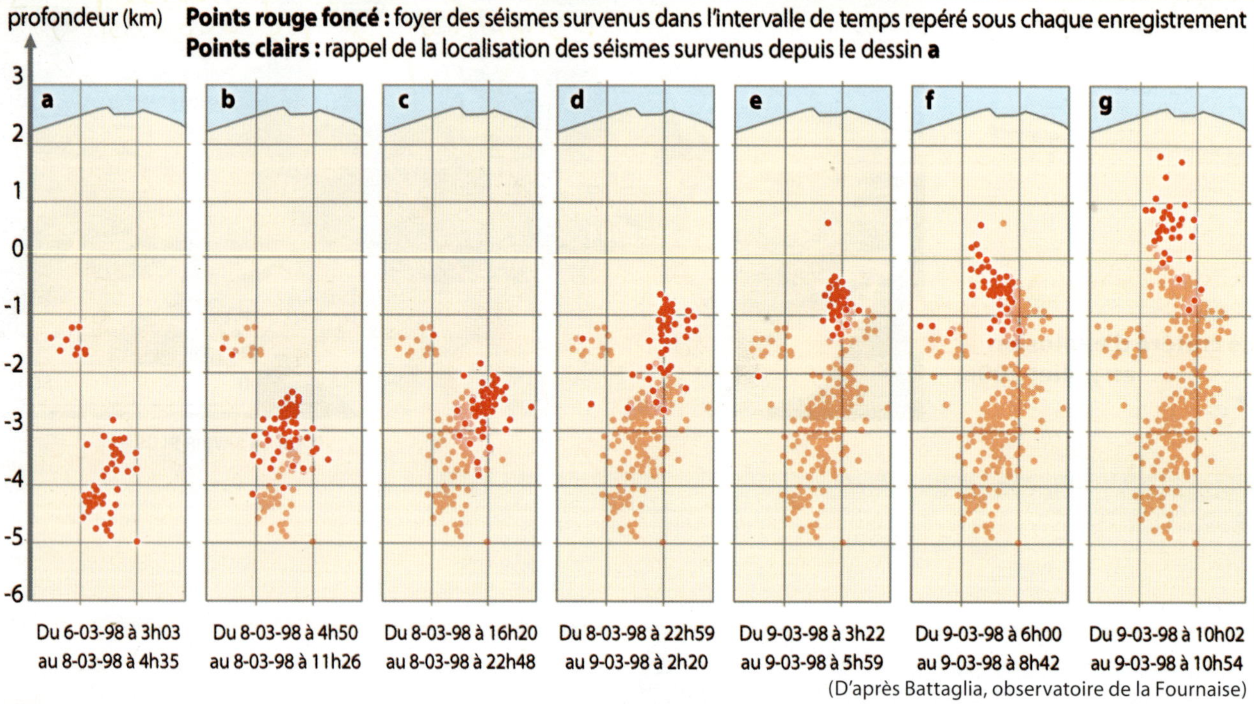

DOC 1 **Localisation des foyers sismiques** sous le piton de la Fournaise dans les jours précédant l'éruption de 1998 qui débute le 9 mars et durera 196 jours sans interruption.

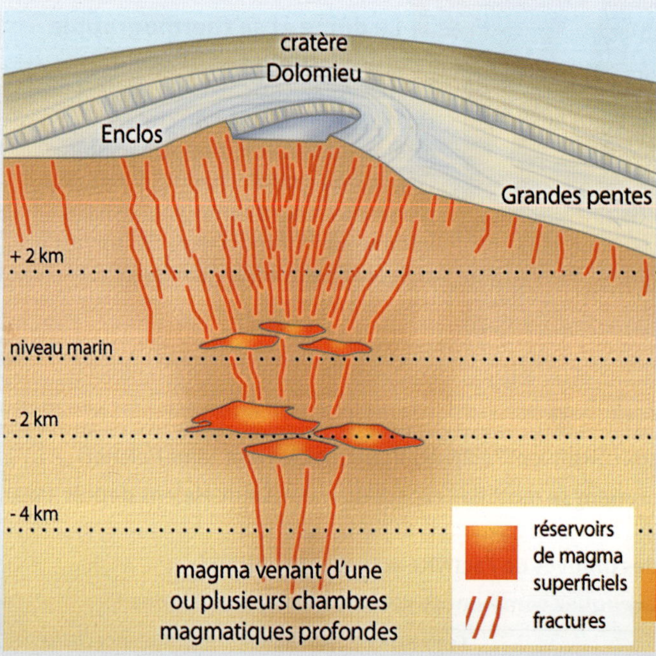

Les séismes ne se produisent pas aux endroits où le **magma** est stocké car c'est une matière fluide. Ils se produisent au-dessous ou au-dessus d'un réservoir quand le magma sous pression fracture les roches environnantes, soit pour gagner un réservoir plus superficiel, soit pour sortir du cratère lors d'une éruption.
Au piton de la Fournaise, les enregistrements réalisés sur plusieurs années montrent qu'il n'y a pas de sismicité en dessous de moins 5 kilomètres.

DOC 2 **Localisation probable des réservoirs de magma sous le volcan du piton de la Fournaise.**

B Les mécanismes à l'origine de la montée du magma

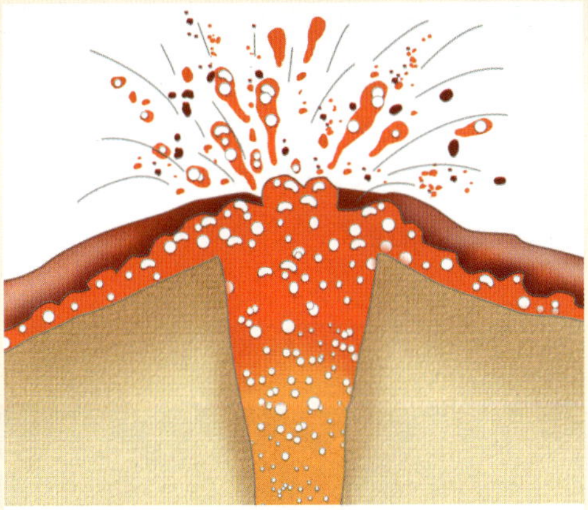

3. Plus les bulles de gaz approchent de la surface, plus elles grossissent et plus elles remontent vite. Elles entraînent alors la **lave** hors du cratère.

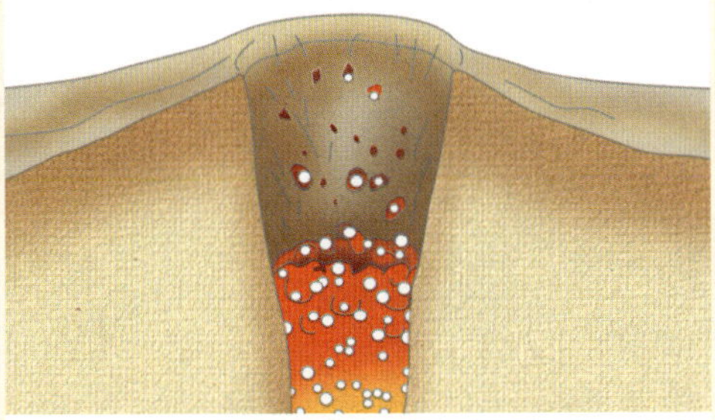

2. Plus le magma remonte dans la cheminée, plus la pression diminue. De petites bulles de gaz apparaissent alors dans la roche fondue.

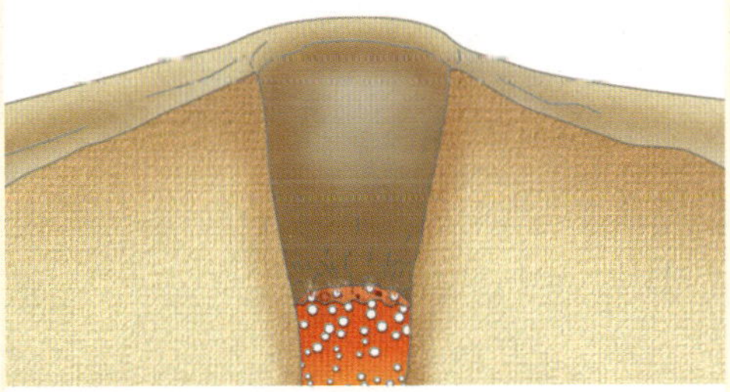

1. Sous le volcan, à plusieurs kilomètres de profondeur, le magma contient des gaz dissous.

DOC 3 Le déclenchement d'une éruption volcanique.

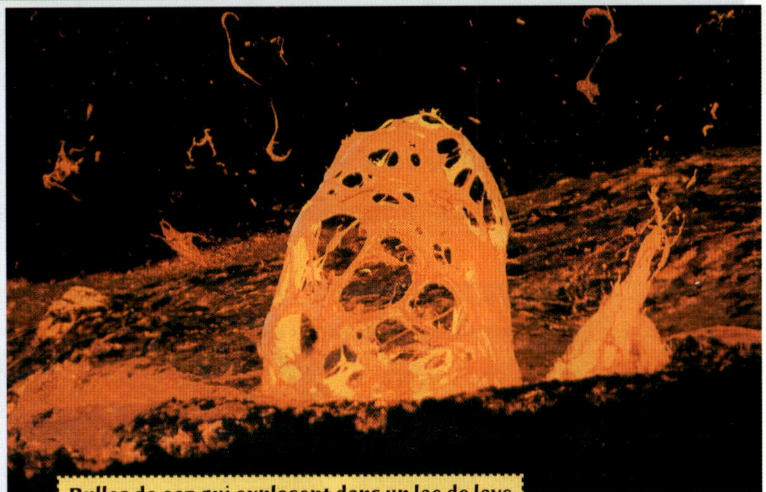

Bulles de gaz qui explosent dans un lac de lave

Activités pratiques

- Remplir une bouteille en verre type « bouteille de limonade », d'eau colorée.
- Ajouter deux sachets de sels lithinés et fermer immédiatement.
- Après dissolution complète dans le liquide des gaz qui se forment, ouvrir brutalement la bouteille.

Les gaz dissous forment des bulles qui entraînent le liquide.

DOC 4 Simulation d'une éruption.

Lexique

- **Magma :** matière minérale à très haute température (plus de 800 °C) provenant de la fusion partielle des roches. Le magma est composé de liquides, d'éléments solides et de gaz dissous.
- **Lave :** magma en partie dégazé émis à la surface du globe terrestre.

Pistes de travail

1. Comment évolue la localisation des foyers sismiques avant une éruption (DOC 1) ? Proposez une explication.
2. Où peut-on localiser un important réservoir de magma sous le piton de la Fournaise (DOC 1 et 2) ? Justifiez la réponse.
3. D'après vous, qu'est-ce qui déclenche une éruption volcanique (DOC 3 et 4) ?

Pour conclure, expliquez en quelques lignes le mécanisme d'une éruption volcanique.

Compétences • 1 : S'informer, raisonner • 2 et 3 : Raisonner.

Activité 5

Du magma à la roche volcanique

Au cours des éruptions volcaniques, du magma arrive en surface. Celui-ci forme des coulées ou des dômes de lave qui, en se refroidissant, se transforment en roches volcaniques.

• ***Comment le magma devient-il une roche volcanique ?***

A Observation de deux roches volcaniques

DOC 1 **La principale roche des volcans effusifs : le basalte.**
a. Échantillon observé à l'œil nu.
b. Lame mince observée au microscope.

1. Gros **cristaux**.
2. Petits cristaux en aiguilles (microlites).
3. Verre volcanique non cristallisé.

DOC 2 **Une roche des volcans explosifs : l'andésite.**
a. Échantillon observé à l'œil nu.
b. Lame mince observée au microscope.

B Un modèle pour comprendre la formation des roches volcaniques

Activités pratiques

- Faire fondre de la poudre de vanilline en la chauffant entre lame et lamelle.
- Observer ensuite au microscope cette préparation au cours de son refroidissement, soit à température ambiante, soit après refroidissement sur de la glace.

POUR EN SAVOIR PLUS
www.bordas-svtcollege.fr/liens4e

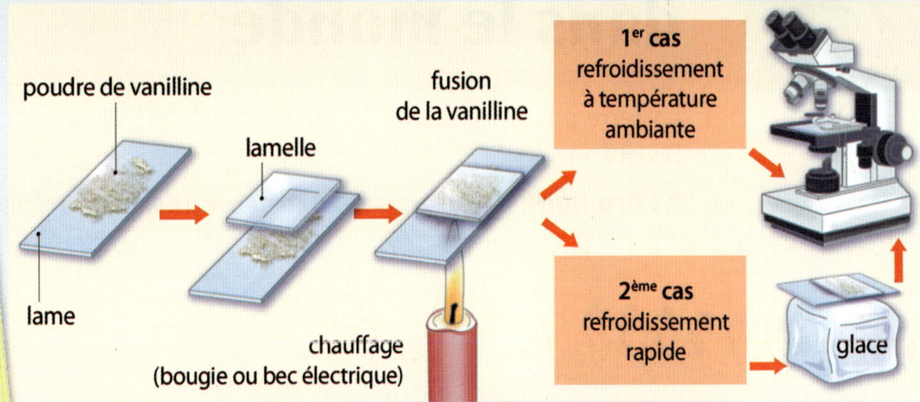

Les trois photographies sont au même grossissement.

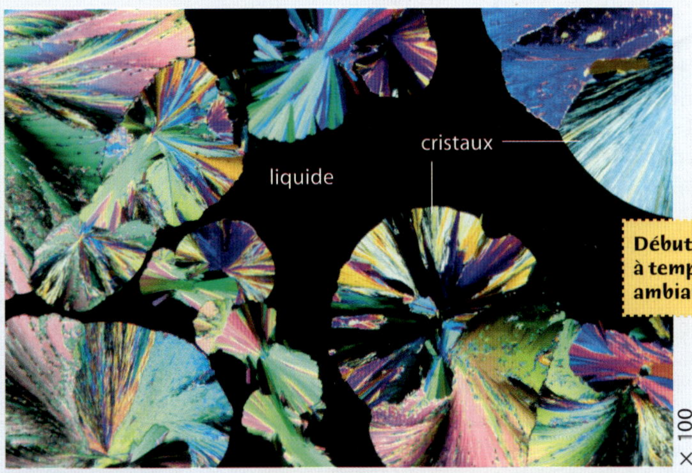

Début de cristallisation à température ambiante : 20 °C

Température de cristallisation : 20 °C
Temps de cristallisation : 5 min

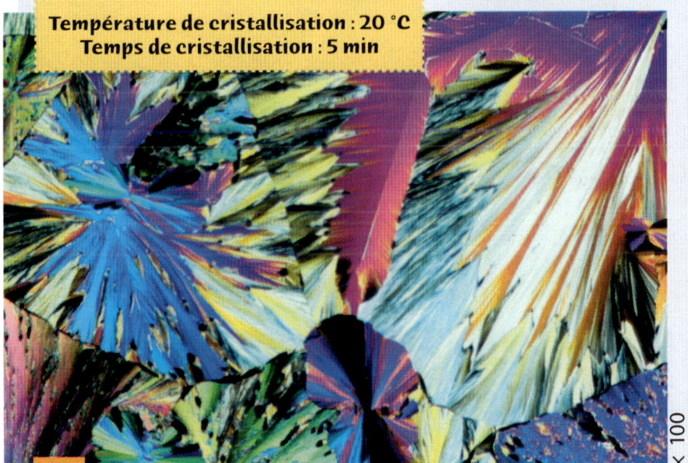

Température de cristallisation : 2 °C
Temps de cristallisation : 30 s

DOC 3 **La cristallisation de la vanilline à différentes températures.**

Lexique

- → **Cristal :** solide dans lequel les éléments (atomes) sont arrangés de manière régulière, ce qui lui donne une forme géométrique.
- → **Structure (d'une roche) :** disposition de l'ensemble des constituants d'une roche les uns par rapport aux autres.

Pistes de travail

1. Décalquez une partie de la lame mince de basalte (DOC 1), puis notez en légende ses constituants.
2. Comparez la **structure** des deux roches volcaniques (DOC 1 et 2).
3. Montrez qu'il existe une relation entre la taille des cristaux de vanilline et la vitesse de refroidissement (DOC 3). Critiquez le modèle proposé.

Pour conclure, expliquez, par analogie avec l'expérience, les étapes et les conditions de la transformation du magma en roche volcanique.

Compétences • 1 : Communiquer • 2 et 3 : Raisonner.

Activité 6

La répartition des volcans dans le monde

La Terre possède plus de 1 500 volcans actifs sur les continents et bien davantage sous les océans.

• ***Comment se répartissent ces volcans à la surface du globe terrestre ?***

J'utilise un logiciel

À l'aide d'un logiciel de visualisation,
- Localiser les principaux volcans actifs de la planète.
- Rechercher l'emplacement précis des volcans présentés sur cette double page.
- Visualiser quelques volcans et trouver des renseignements sur leurs éruptions.

POUR EN SAVOIR PLUS
www.bordas-svtcollege.fr/liens4e

Répartition des principaux volcans actifs à la surface du globe terrestre *(carte obtenue avec le logiciel Sismolog).*

1 **Le volcan Augustine (Alaska).**

2 **Une éruption de l'Etna (Sicile).**

6 Alignement de volcans le long d'une fissure (Islande).

5 Le lac de lave de l'Erta Ale (Éthiopie).

4 Laves fraîchement émises au niveau d'une dorsale océanique.

3 Une nuée ardente au Mérapi (Indonésie, île de Java).

Pistes de travail

1. Comment sont répartis les volcans terrestres ?
2. Repérez sur la carte ce que les géologues appellent le « cercle de feu du Pacifique ». De quel type de volcans s'agit-il ?
3. Précisez la localisation et les caractéristiques du volcanisme sous-marin.

Pour conclure, expliquez, en quelques lignes, comment sont réparties les principales zones volcaniques du globe.

Compétences • 1, 2 et 3 : S'informer.

Le bilan des activités

P. 30-31 Activité 1

Les éruptions volcaniques

Une activité volcanique **effusive** se caractérise par l'émission de **laves** fluides qui forment de longues coulées. Une activité volcanique **explosive** se manifeste par des explosions violentes accompagnées de **nuées ardentes**, mélange de cendres, de roches et de gaz incandescents.

P. 32-35 Activités 2-3

L'édification des volcans

Le cône d'un volcan « rouge » se construit au cours des éruptions successives par l'accumulation de **coulées de laves** et de **projections**.
Un volcan « gris » se construit par une alternance d'explosions violentes et de montées de magma visqueux dans le **cratère d'explosion**. Les explosions pulvérisent le sommet de l'édifice et sont à l'origine des nuées ardentes. Le magma visqueux forme ensuite un **dôme de lave**.

P. 36-37 Activité 4

Le déclenchement des éruptions volcaniques

Le magma est contenu dans un **réservoir** situé à plusieurs kilomètres de profondeur sous le volcan. Il est constitué par un **mélange de gaz** et de **matière minérale en fusion**. L'arrivée du magma en surface est à l'origine des éruptions.

P. 38-39 Activité 5

Du magma à la roche volcanique

Les roches volcaniques sont formées de **cristaux** plus ou moins gros noyés dans un **verre volcanique**. La structure de ces roches provient d'un **refroidissement en deux temps** du magma, avant et pendant l'éruption.

P. 40-41 Activité 6

La répartition des volcans dans le monde

Les volcans actifs ne sont pas répartis au hasard à la surface du globe. La plupart des volcans sont alignés ; c'est le cas sur le pourtour de l'océan Pacifique mais aussi sous les océans dans l'axe des dorsales.

Les mots-clés

- Éruption effusive
- Éruption explosive
- Coulée de lave
- Nuée ardente
- Magma
- Roche volcanique
- Cristal
- Verre volcanique

L'essentiel

Ce qu'il faut savoir

- Le volcanisme correspond à l'arrivée en surface d'un magma contenant des gaz. Il se manifeste par deux grands types d'éruptions, effusive ou explosive.
- Les roches volcaniques proviennent du refroidissement en deux temps du magma. La structure de la roche conserve la trace des conditions de ce refroidissement.
- Les volcans actifs ne sont pas répartis au hasard à la surface du globe.

Le schéma-bilan Le volcanisme

Du magma contenant des gaz arrive en surface

- Éruption effusive

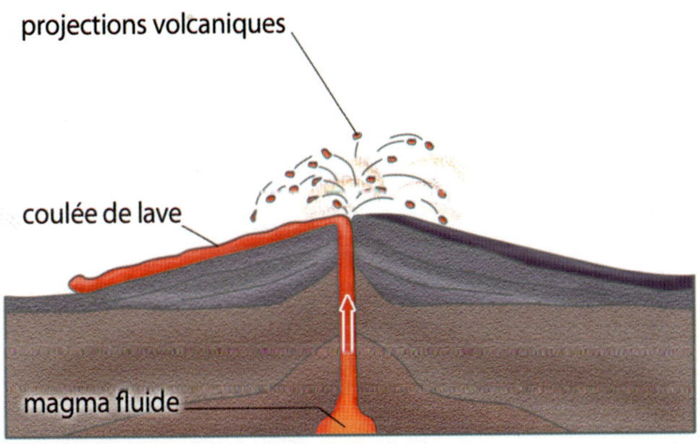

- Éruption explosive

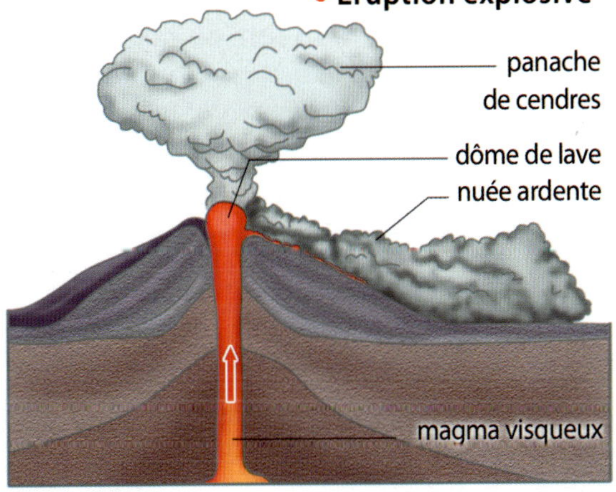

Le magma se transforme en roches volcaniques

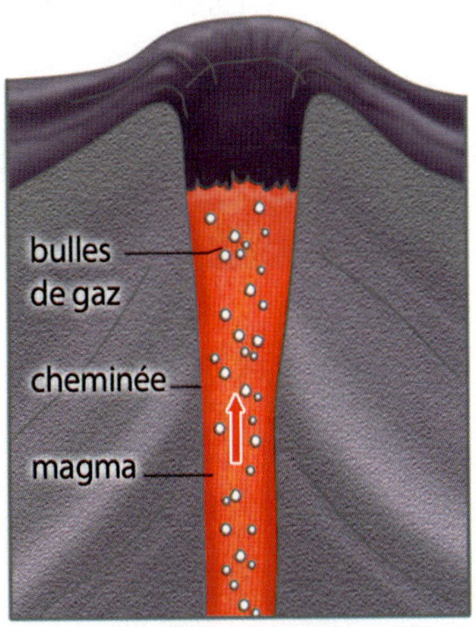

Le magma stocké dans le réservoir magmatique remonte, entraîné par les gaz.

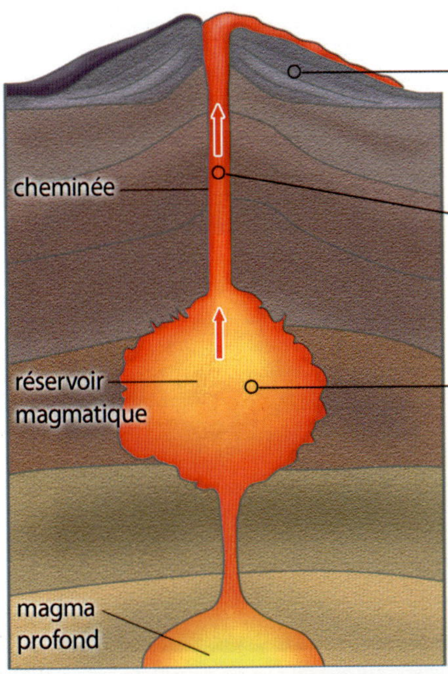

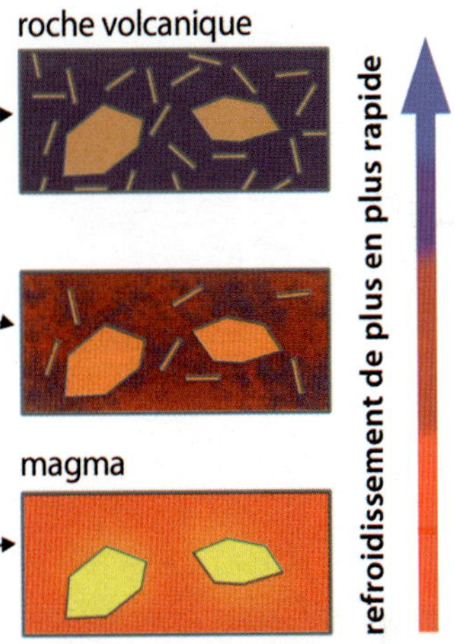

Le magma se refroidit et se transforme en roches volcaniques.

Un patrimoine géologique à sauvegarder

La chaîne des Puys à l'ouest de Clermont-Ferrand présente sur 45 km, du nord au sud, un alignement d'une centaine de volcans unique en Europe. Ces volcans étaient actifs il y a 95 000 ans pour les plus anciens et 6 000 ans pour les plus récents.

Le puy de Dôme

Le puy de Dôme (– 12 000 à – 11 000 ans) est le plus haut sommet de la chaîne des Puys. Il est formé par un double dôme de lave associé à des dépôts de nuées ardentes.

Les puys de la Vache et de Lassolas

Ces deux volcans jumeaux ont, au cours de leur activité (il y a 8 500 ans), produit une coulée de lave qui s'étire sur près de 15 km. Ayant barré une vallée, cette coulée est à l'origine de la formation du lac d'Aydat près de Clermont-Ferrand.

Le puy de Côme

Le puy de Côme (– 12000 à – 9500 ans) est le plus majestueux cône de scories de la chaîne des Puys. Haut de 300 mètres, il présente à son sommet deux cratères emboîtés.

Un volcan à ciel ouvert

Dans les années 50, de nombreuses carrières ont été ouvertes dans les cônes de scories. Ces scories, appelées pouzzolane en Auvergne, étaient utilisées dans de nombreux domaines (travaux publics, agriculture, etc..). Prenant conscience du danger que faisait courir à l'environnement la surexploitation des volcans, les autorités locales ont créé, le 25 octobre 1977, le Parc Naturel Régional des Volcans d'Auvergne qui réglemente strictement l'utilisation des ressources volcaniques.
La carrière ouverte dans le puy de Lemptégy (photographie), est aujourd'hui transformée en un site touristique permettant de découvrir le coeur d'un volcan.

C'est quoi ?

Une « bombe en fuseau » : bloc de lave pâteuse projetée par un volcan et qui prend cette forme en tournoyant dans l'air avant de retomber au sol.

POUR EN SAVOIR PLUS : www.bordas-svtcollege.fr/liens4e

Exercices

Je teste mes connaissances

EXERCICE 1 Vrai ou faux ?

Certaines affirmations sont exactes. Recopiez-les. Corrigez ensuite les affirmations inexactes.

a. Les éruptions explosives sont caractérisées par de longues coulées de lave.

b. Les éruptions effusives produisent des nuées ardentes.

c. Le piton de la Fournaise est qualifié de volcan « gris ».

d. Une nuée ardente est constituée d'un mélange de gaz et de cendres.

e. Un cône volcanique est formé par l'accumulation des produits émis par le volcan.

f. Lorsque le magma est visqueux, il peut constituer un dôme de lave.

g. Le basalte provient du refroidissement d'une lave visqueuse.

h. Le refroidissement du magma se fait par étapes.

i. Les roches volcaniques sont entièrement cristallisées.

j. Les volcans actifs sont répartis au hasard à la surface du globe.

EXERCICE 2 Expliquez comment…

a. Se construit l'édifice volcanique d'un volcan effusif.

b. Se construit un volcan explosif.

c. Se déclenche une éruption volcanique.

d. Le magma se transforme en roche volcanique.

EXERCICE 3 Quelles différences y a-t-il entre…

a. Une éruption effusive et une éruption explosive.

b. L'édifice d'un volcan « gris » et celui d'un volcan « rouge ».

c. De la lave et du magma.

d. Un magma fluide et un magma visqueux.

EXERCICE 4 Parmi le vocabulaire suivant, retrouvez le mot qui correspond à chaque définition.

Verre ; microlite ; cristal ; magma.

a. Petit cristal en forme de baguettes.

b. Solide dans lequel les éléments sont arrangés de manière régulière.

c. Matière minérale non cristallisée.

d. Matière minérale à très haute température.

EXERCICE 5 Trouvez le mot caché.

Recopiez la grille ci-dessous puis complétez-la à partir des définitions suivantes.

1
2
3
4
5
6

1. Magma en partie dégazé émis à la surface.

2. Poche de magma sous le volcan, à plusieurs kilomètres de profondeur.

3. Rivière de lave fluide qui dévale la pente d'un volcan.

4. Fragments de lave projetés par le volcan.

5. Matière minérale à très haute température provenant de la fusion partielle des roches.

6. Relief formé par l'accumulation des produits émis par le volcan.

Découvrez le mot caché et donnez-en une définition.

J'utilise mes connaissances

EXERCICE 6 Quand le magma fait des bulles

RAISONNER — Mettre en relation un texte et un schéma.

« Pendant qu'il séjourne dans un réservoir profond, le magma est soumis à une pression importante des parois… Bien entendu, cette pression diminue dans les conduits, au fur et à mesure que le magma se rapproche de la surface. À partir d'une profondeur relativement faible, les gaz commencent à former des bulles qui vont devenir de plus en plus nombreuses et de plus en plus grosses pendant que le magma continue sa migration. À proximité du cratère, la pression est suffisante pour dissocier la lave et l'éjecter sous forme de fragments… »

D'après *Fabuleux Volcans* de Daniel Obert, Artémis.

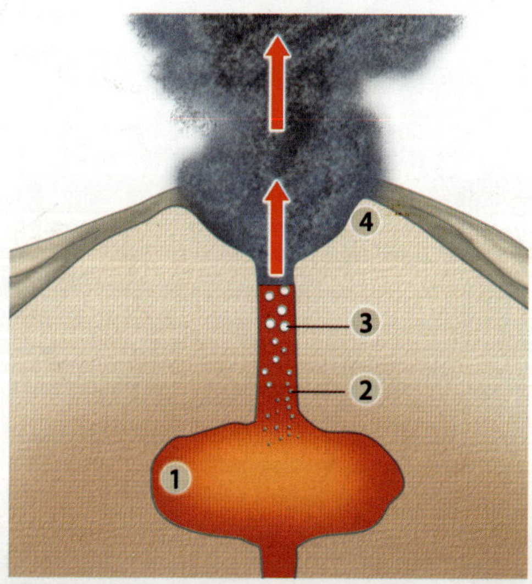

1. Expliquez, à l'aide du texte, les différents phénomènes qui se produisent en 1, 2, 3 et 4.

2. Quel rôle jouent les gaz dans une éruption volcanique ?

3. Quels produits volcaniques peuvent donner les « fragments de lave éjectés » ?

EXERCICE **7** **Deux éruptions volcaniques**

S'INFORMER Saisir des informations à partir de textes.

L'éruption du Nyiragongo

« Le Nyiragongo (République démocratique du Congo), est entré en éruption le 17 janvier.
Ce volcan étrange a toujours fasciné les volcanologues en raison de la présence dans son cratère d'un lac de lave en fusion quasi permanent, dont la vidange accidentelle menace les populations environnantes. Après une alerte en 1994 puis une période de calme, le Nyiragongo vient de se réveiller en faisant de nouveau monter le niveau de son lac de lave. Une activité qui a provoqué un important champ de fissures, dont certaines font deux mètres de large. La lave est sortie par quelques bouches de ces fissures, et a atteint la ville de Goma (située à 10 kilomètres du volcan), tuant 46 personnes. »

D'après *Le Monde*, 30/01/2002.

L'éruption du Mérapi

« Jeudi matin, du haut de ses 3 000 mètres, le volcan a éjecté une gigantesque nuée ardente, qui a dévalé les pentes de son flanc sud et fini sa course 5 kilomètres plus loin. Il s'agissait de la plus importante émission de gaz et de cendres depuis plusieurs mois. À la vue de ces nuages menaçants, les derniers villageois qui habitaient sur cette partie du volcan ont fui.
Aujourd'hui, le mont Mérapi crache encore une épaisse fumée. Ce que les volcanologues craignent le plus à présent, c'est que son dôme, qui n'a eu de cesse de gagner du volume ces derniers jours, ne vienne à exploser, et ne libère d'un seul coup toute la lave, les gaz et les roches brûlantes qu'il renferme. »

D'après *L'actualité des sciences*, 09/06/2006.

1. Présentez dans un tableau comparatif les activités volcaniques de ces deux volcans, en indiquant :
- les différents produits émis ;
- les manifestations (coulées, explosions) ;
- la viscosité de la lave ;
- le type d'éruption.

2. Dans chaque cas, expliquez les dangers pour la population.

EXERCICE **8** **Un volcan en éruption**

COMMUNIQUER Légender un document.

Indiquez les légendes qui correspondent aux différents numéros et proposez un titre à ce document.

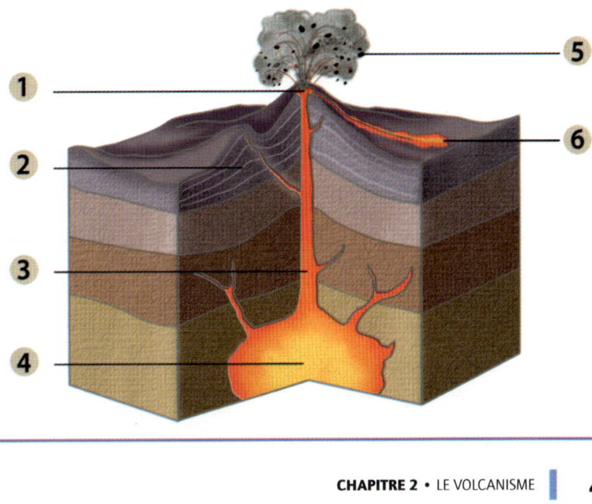

Exercices

EXERCICE 9 Un volcan de la Martinique : la montagne Pelée

S'INFORMER — Saisir des informations sur des images.

• **Le 8 mai 1902 à 7 h 50 du matin,** l'éruption de la montagne Pelée détruit la ville de Saint-Pierre en moins de deux minutes. Des nuages de gaz chargés de cendres et de soufre, émis à une température de 1 000 °C, dévalent sur la ville à plus de 200 km/h. La pression des gaz, projetés à haute vitesse, renverse et brûle tout sur son passage causant la mort de près de 30 000 personnes. C'est la plus grande catastrophe volcanique du XXe siècle.

• **De 1929 à 1932,** après une longue période de calme, la montagne Pelée connaît une reprise de son activité mais ne fait pas de victimes.

Éruption de 1902

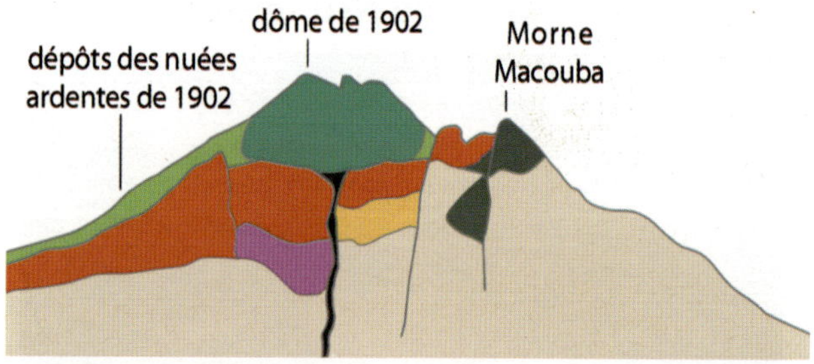

Éruption de 1929

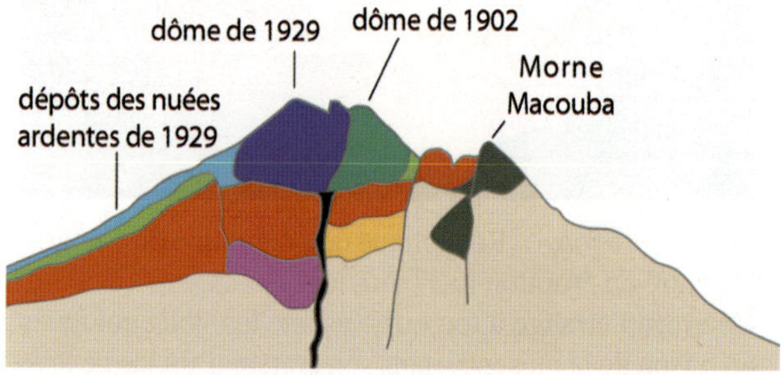

1. En utilisant les croquis de la coupe du volcan, citez les produits émis par le volcan au cours des éruptions de 1902 et 1929.

2. À quel type d'éruption vous fait penser l'activité de la montage Pelée ? Justifiez votre réponse.

3. Expliquez pourquoi la ville de Saint-Pierre a été détruite en deux minutes.

EXERCICE 10 La structure d'une roche

COMMUNIQUER — Réaliser un croquis.

La photographie présente une lame mince de roche volcanique observée au microscope.

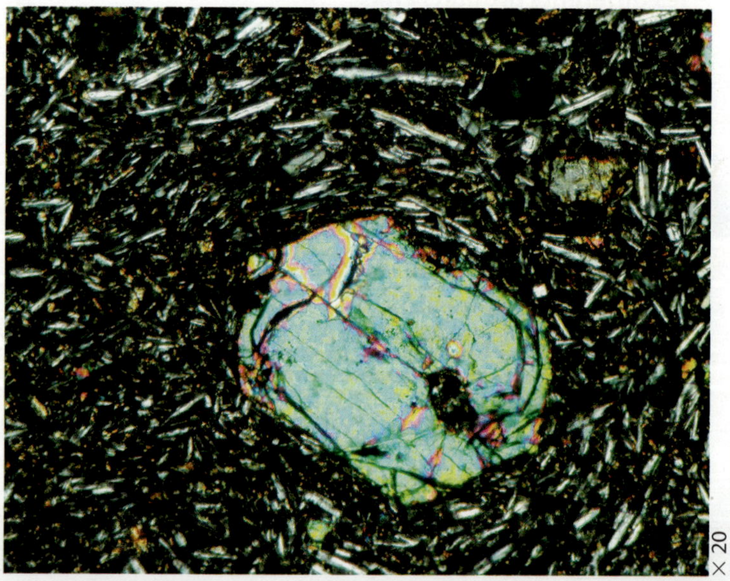

1. Réalisez un croquis d'une partie de la photographie puis notez en légende : gros cristaux, microlites, verre.

2. Pourquoi peut-on affirmer qu'il s'agit d'une roche volcanique ?

Des failles qui déchirent l'Islande du nord au sud.

Chapitre

3 Les mouvements des plaques modifient le visage de la Terre

La répartition des séismes et des volcans sur le globe n'est pas le fait du hasard. Cette répartition témoigne d'une fragilité de la partie externe du globe qui est formée de plaques en mouvement.

- **Qu'est-ce qu'une plaque ? Quelles sont les conséquences de ces déplacements ?**

Activité 1

L'enveloppe externe de la Terre est découpée en plaques

La structure du globe terrestre est de mieux en mieux connue : la partie la plus externe de la Terre est constituée de plaques assemblées comme les pièces d'un puzzle.

• ***Qu'appelle-t-on « plaque » ? Comment une plaque est-elle délimitée ?***

A La recherche des limites des plaques

DOC 1 Répartition mondiale des volcans et des séismes.

Activités pratiques

▸ À l'aide d'un logiciel, on peut superposer sur une même carte la localisation des principaux volcans actifs de la planète et les séismes récents *(cartes réalisées ici avec le logiciel Sismolog)*.

POUR EN SAVOIR PLUS
www.bordas-svtcollege.fr/liens4e

Légende des cartes
▲ volcan actif
● séismes

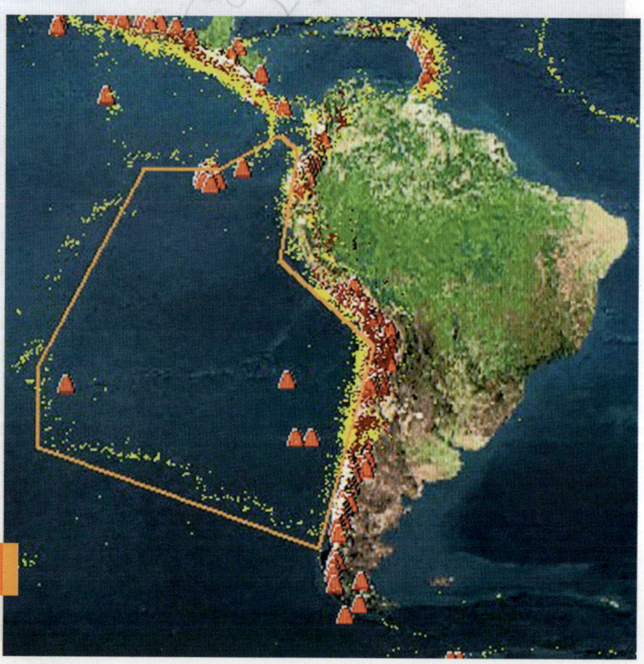

DOC 2 Les limites d'une plaque à l'est de l'océan Pacifique.

B Une auscultation en profondeur

• **La propagation des ondes sismiques** permet d'ausculter l'intérieur du globe terrestre (un peu comme les rayons X radiographient le corps humain).

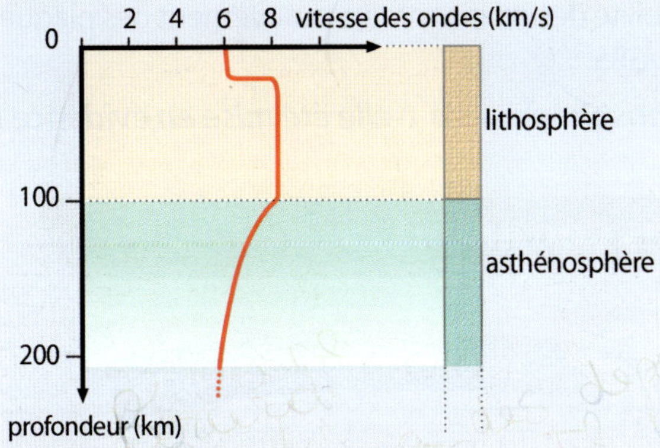

Un ralentissement de la vitesse de propagation des ondes sismiques traduit une diminution de la rigidité des roches.

Sur ces dessins, les épaisseurs de la lithosphère et de l'asthénosphère sont exagérées par rapport au rayon de la Terre.

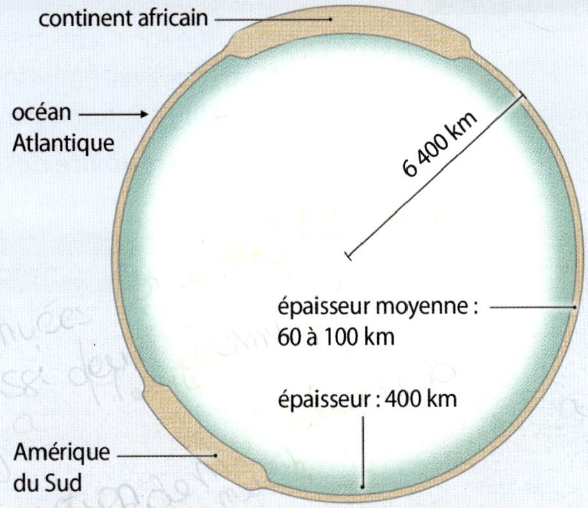

• **Le repérage des limites de plaques** par l'observation de la répartition des volcans et des séismes.

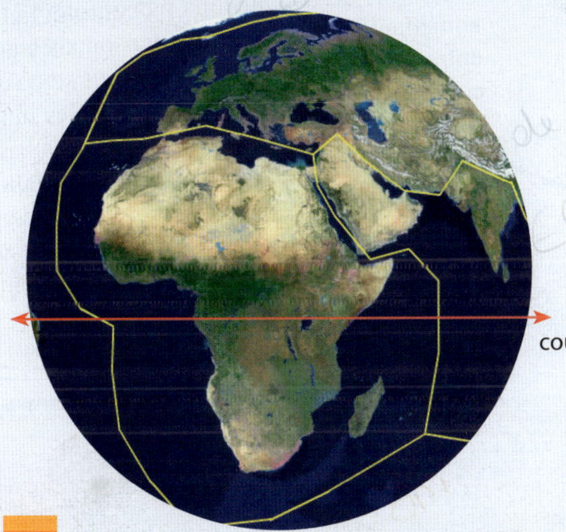

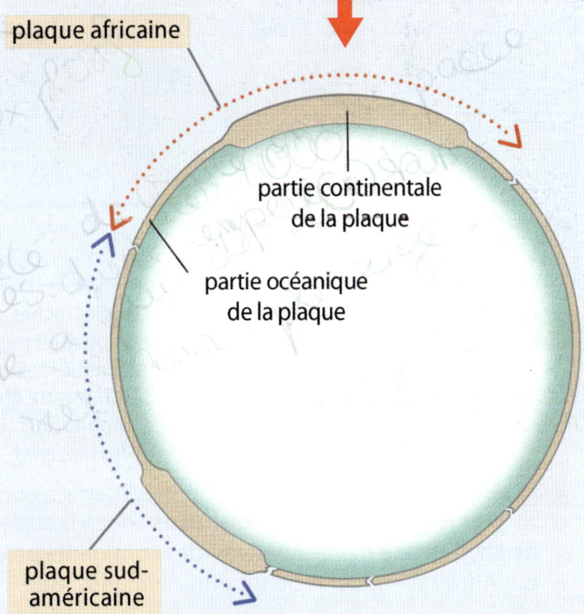

DOC 3 **La lithosphère est découpée en une douzaine de plaques rigides qui reposent sur l'asthénosphère.** Ces plaques forment sur le globe terrestre une sorte de « coquille » un peu plus épaisse au niveau des continents qu'au niveau des océans.

Lexique

→ **Lithosphère :** (du grec *lithos* = pierre et *sphaira* = boule) couche superficielle rigide de la Terre, entre 70 et 150 km d'épaisseur.

→ **Asthénosphère :** (du grec, *asthenos* = sans résistance) couche située sous la lithosphère, constituée de roches solides mais légèrement moins rigides que les zones situées au-dessus et au-dessous.

Pistes de travail

1. **En vous appuyant sur l'exemple du DOC 2, précisez comment on délimite les plaques de la lithosphère.**
2. **Donnez d'autres exemples de plaques (DOC 1). Quel est le type de plaque le plus fréquent : entièrement océanique, entièrement continentale ou océanique et continentale à la fois ?**
3. **En quoi l'asthénosphère diffère-t-elle de la lithosphère ? Précisez l'épaisseur d'une plaque lithosphérique (DOC 3).**

Pour conclure, donnez une définition et un exemple de ce qu'on appelle « plaque lithosphérique ».

Compétences • 1 et 2 : S'informer • 3 : S'informer, raisonner.

Activité 2

Les plaques lithosphériques sont animées de mouvements

Bien avant que l'on sache que la lithosphère est découpée en plaques, un savant allemand, Alfred Wegener, avait émis l'idée d'une mobilité des continents. Le mouvement des plaques est aujourd'hui confirmé par les mesures GPS.

• ***Comment la mobilité des plaques lithosphériques a-t-elle été mise en évidence ?***

A L'intuition de Wegener : une « dérive des continents »

DOC 1 **Des arguments géologiques** sont à la base de l'hypothèse d'une « dérive » des continents proposée par Alfred Wegener (scientifique allemand, 1880-1930).

Histoire des Sciences

La première idée des translations continentales me vint à l'esprit en 1910. En considérant la carte du globe, je fus subitement frappé de la concordance des côtes de l'Atlantique, mais je ne m'y arrêtai point tout d'abord, parce que j'estimai de pareilles translations invraisemblables. En automne 1911, j'eus connaissance (...) de conclusions paléontologiques admettant l'existence d'une liaison ancienne entre le Brésil et l'Afrique… Tout se passe comme si nous devions rassembler les morceaux déchirés d'un journal sur la seule base de leurs contours pour vérifier ensuite seulement que les lignes imprimées se raccordent correctement. Si tel est bien le cas, il ne reste plus qu'à conclure que les morceaux étaient, en effet, disposés ainsi...

Extrait d'un ouvrage de Alfred Wegener : *La genèse des continents et des océans*, publié en 1915.

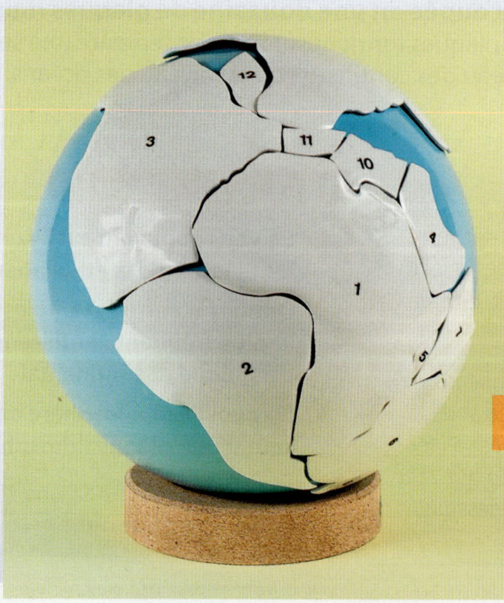

DOC 2 **Une maquette** permet de reconstituer la position probable des continents dans le passé.

B La mesure des déplacements grâce au GPS

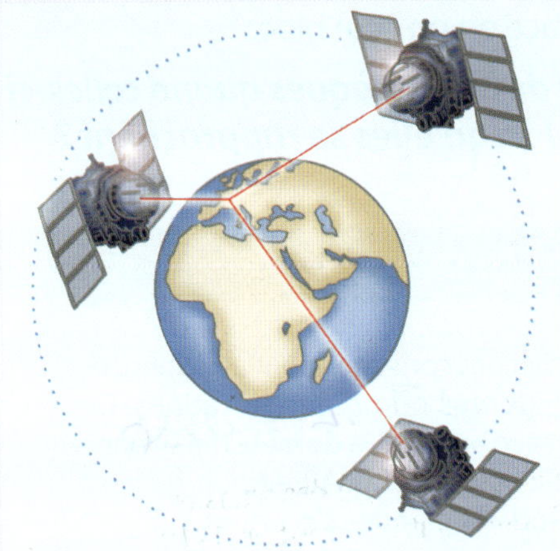

DOC 3 **Le GPS (Global Positioning System)** est une méthode qui permet, grâce à des mesures effectuées par plusieurs satellites, d'indiquer avec une très grande précision (de l'ordre du millimètre) la position d'un point à la surface de la Terre.

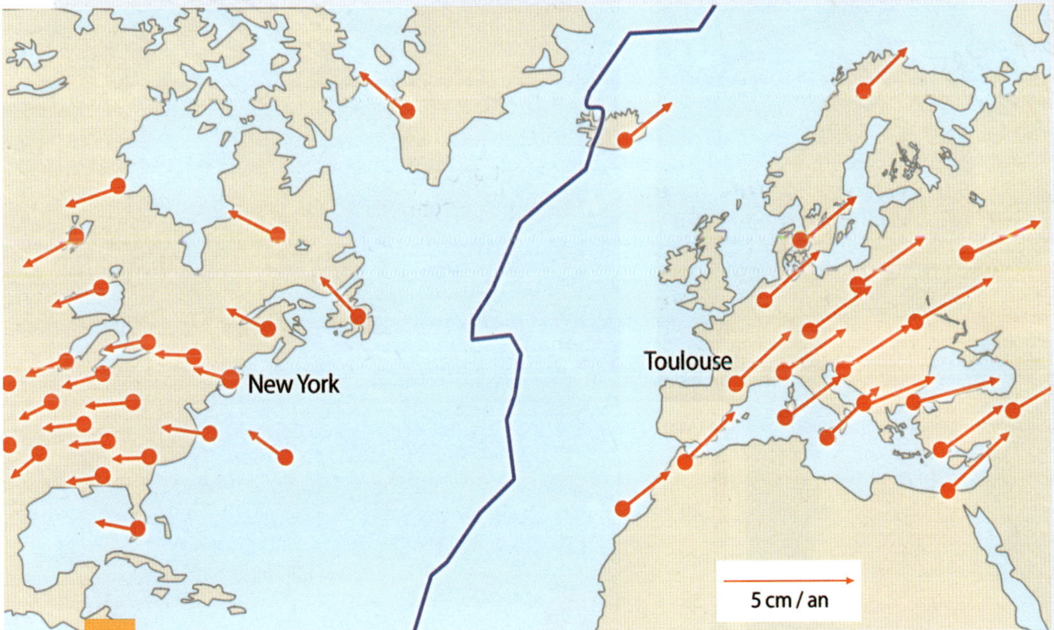

Pour comprendre comment, pour une station, on peut tracer une flèche à partir des données GPS, *voir exercice 6, p. 69.*

La carte montre le déplacement de stations européennes et américaines.

Les flèches indiquent la direction et le sens du déplacement.

La longueur des flèches est proportionnelle à la vitesse moyenne de déplacement.

DOC 4 **Depuis plusieurs années, on mesure la position de nombreuses stations terrestres choisies comme repères.**

POUR EN SAVOIR PLUS
www.bordas-svtcollege.fr/liens4e

Pistes de travail

1. Citez les arguments émis par Alfred Wegener prouvant d'après lui le déplacement des continents (DOC 1 et 2).

2. Établissez le sens et la vitesse de déplacement de la station de Toulouse prise comme représentative de l'ensemble des stations européennes (DOC 3 et 4) ? Faites le même travail pour New York.

3. Quelle est la conséquence prévisible de ces déplacements sur les dimensions de l'océan Atlantique nord ? À partir de vos connaissances sur la structure du globe terrestre, proposez une hypothèse pour expliquer ces déplacements.

Pour conclure, expliquez pourquoi l'expression « dérive des continents » n'est qu'en partie exacte.

Compétences • 1 : S'informer • 2 et 3 : S'informer, raisonner.

Activité 3

Des plaques s'écartent… d'autres se rapprochent

Les mesures GPS montrent que les plaques lithosphériques sont mobiles. Elles montrent aussi qu'une plaque, à cause de sa rigidité, se déplace en un seul bloc.

• ***Que se passe-t-il alors au niveau de la limite de deux plaques quand celles-ci s'éloignent l'une de l'autre, ou, au contraire, lorsqu'elles se rapprochent ?***

A Quand deux plaques s'écartent

Les flèches correspondent aux données GPS de très nombreuses stations. De part et d'autre de la **dorsale** qui sillonne le milieu de l'océan Atlantique, du nord au sud, les plaques s'écartent.

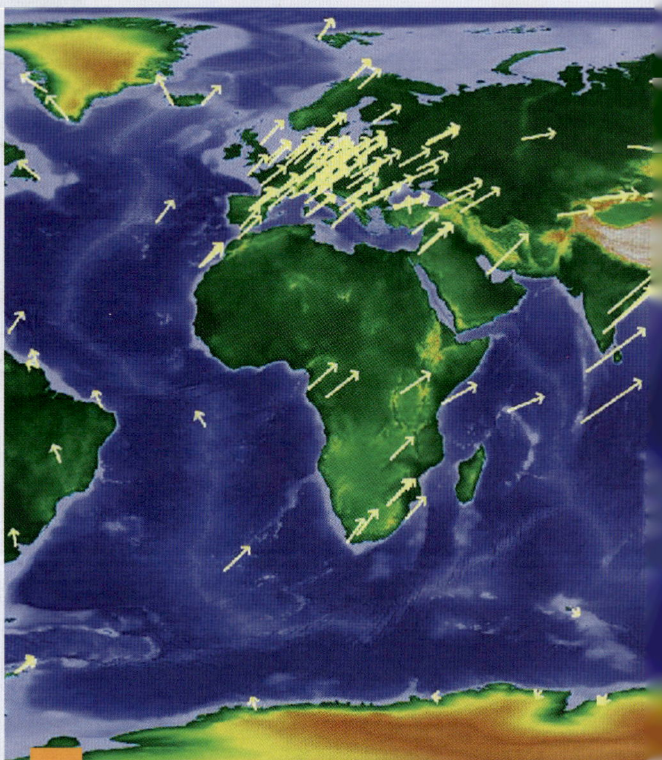

DOC 1 **Carte du déplacement des plaques lithosphériques** *(carte obtenue avec le logiciel Tectoglob).*

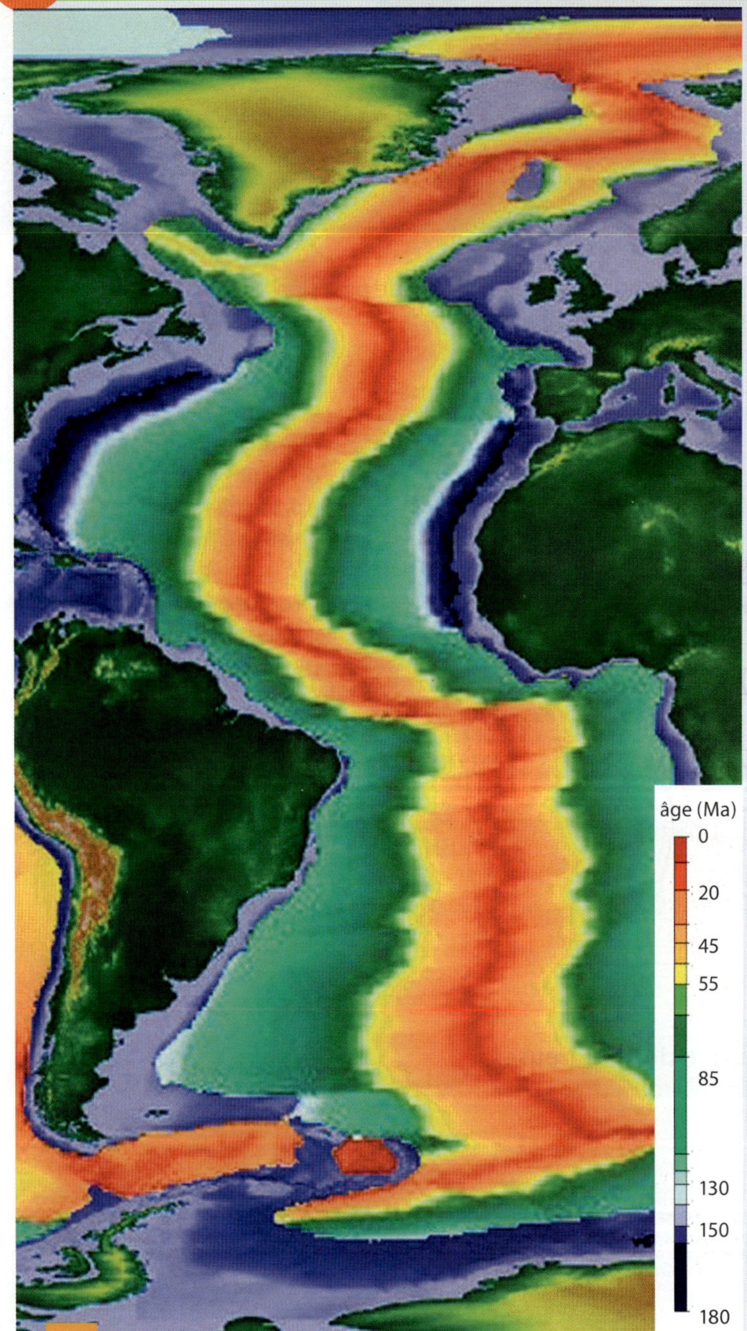

DOC 2 **Âge des roches constituant le plancher de l'océan Atlantique** *(carte obtenue avec le logiciel Tectoglob).*

B Quand deux plaques se rapprochent

Activités pratiques

- À l'aide d'un logiciel, on peut représenter la localisation des foyers sismiques en profondeur, au niveau d'une zone où deux plaques se rencontrent, ici l'Amérique du Sud (coupe réalisée avec le logiciel Sismolog).

POUR EN SAVOIR PLUS
www.bordas-svtcollege.fr/liens4e

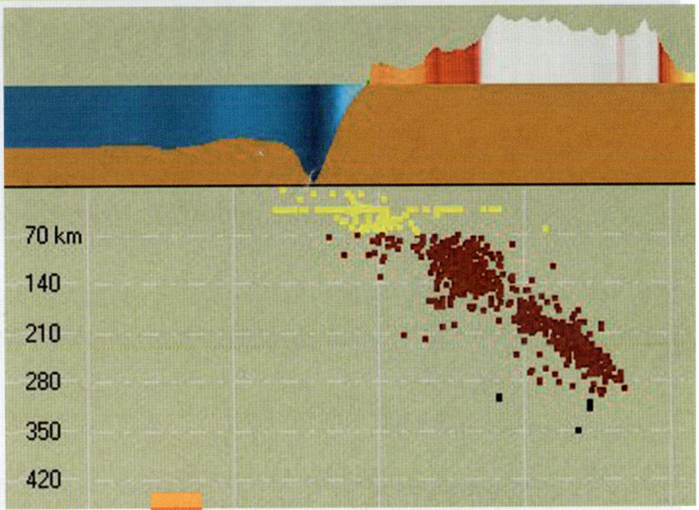

DOC 3 Une coupe réalisée au niveau de la limite entre la plaque de Nazca et la plaque sud-américaine.

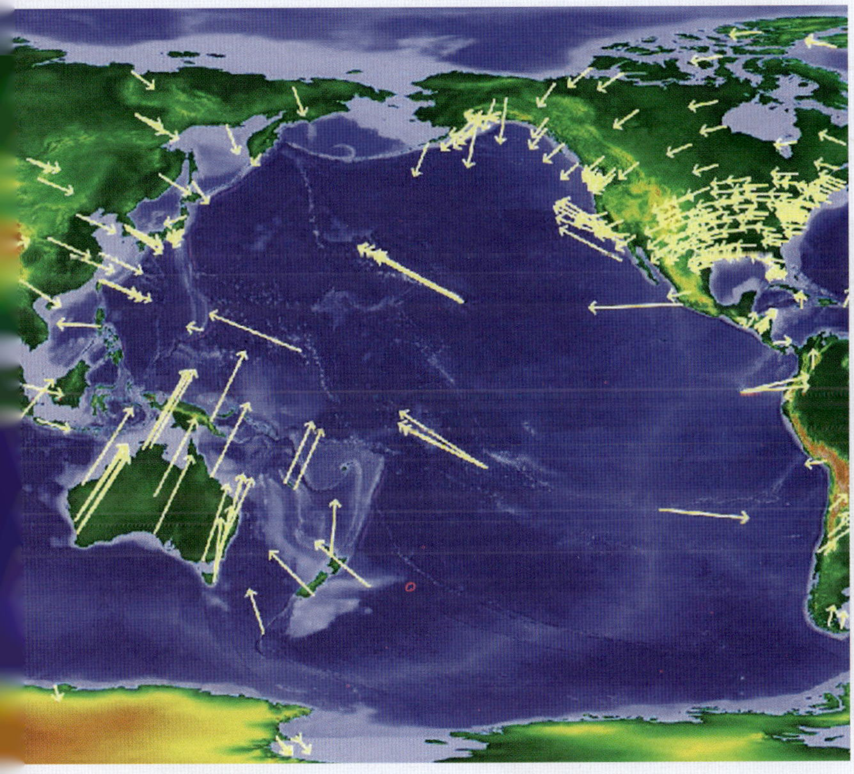

DOC 4 Les données GPS montrent que certaines plaques se rapprochent.

Lexique

→ **Dorsale :** Longue chaîne de montagnes sous-marine (voir carte des fonds océaniques p. 64-65) qui forme un réseau parcourant tous les océans du monde sur plus de 60 000 kilomètres de long.

Pistes de travail

1. Que révèle la carte du DOC 2 ? Que se passe-t-il donc dans les zones d'écartement de deux plaques (DOC 1 et 2) ?
2. Décalquez et légendez le DOC 3 (fosse océanique, montagnes, foyers des séismes, plaque de Nazca, plaque sud-américaine) puis tracez la limite entre les deux plaques.
3. Que peut-il se passer au niveau de la zone de rencontre des deux plaques (DOC 3 et 4) ? Illustrez votre réponse par un schéma.

Pour conclure, sur une carte des plaques lithosphériques, représentez par des flèches les zones d'écartement ou de rapprochement.

Compétences • 1 : S'informer • 2 et 3 : Communiquer, raisonner.

Activité 4 Formation et disparition de la lithosphère océanique

Au niveau des dorsales océaniques, de la lithosphère océanique nouvelle apparaît alors qu'à d'autres endroits, la lithosphère âgée disparaît.

• ***Comment se déroulent ces processus ?***

A La formation de lithosphère au niveau des dorsales océaniques

« Le plancher des océans est formé au niveau d'une chaîne volcanique sous-marine, la dorsale océanique mondiale. Cette structure parcourt les océans du globe. Elle totalise plus de 60 000 kilomètres de longueur et culmine à 2 500 mètres de profondeur. Rien ne transparaît, à la surface des océans, de l'activité volcanique qui règne tout au long de la dorsale. Chaque année, des coulées de lave allument des traînées incandescentes sur les flancs de volcans sous-marins, ou forment des lacs de lave temporaires, à plusieurs kilomètres sous la surface de la mer. »

Thierry Juteau, professeur à l'Institut Universitaire Européen de la Mer (IUEM, Université de Bretagne occidentale, Brest).

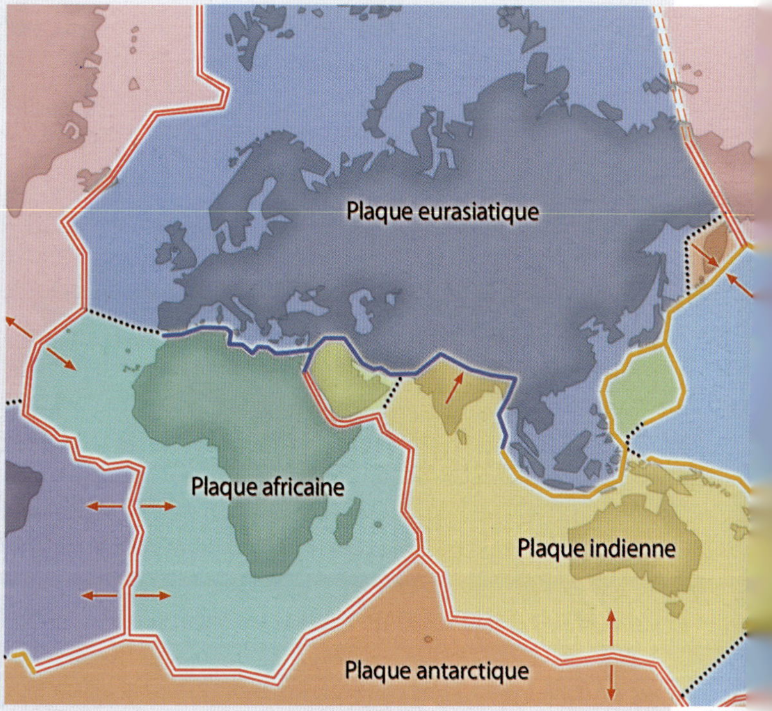

DOC 1 **Dans l'axe des dorsales on observe des émissions de laves fluides** qui, en se refroidissant brutalement au contact de l'eau, prennent la forme de coussins appelés en anglais « pillow-lavas ». La photographie a été prise sur la dorsale médio-atlantique, à 3 150 mètres de profondeur.

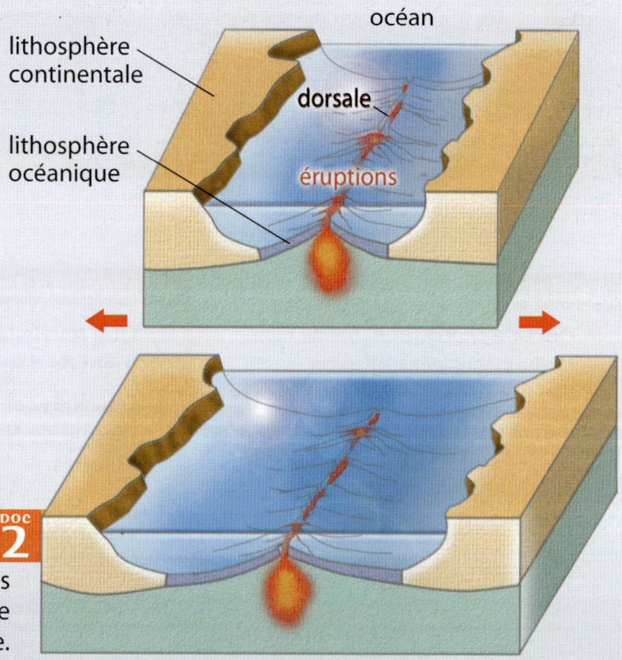

DOC 2 **À mesure que deux plaques s'écartent au niveau du rift d'une dorsale,** des montées de magma viennent combler l'espace disponible et former ainsi une nouvelle portion de lithosphère.

B La disparition de la lithosphère océanique dans les zones de subduction

DOC 3

Les zones de subduction ont un relief remarquable. La Cordillère des Andes culmine à 6 959 mètres tandis que la fosse du Chili atteint – 8 064 mètres ! De nombreux sommets de la Cordillère des Andes sont des volcans *(vue 3D obtenue avec le logiciel Sismolog)*.

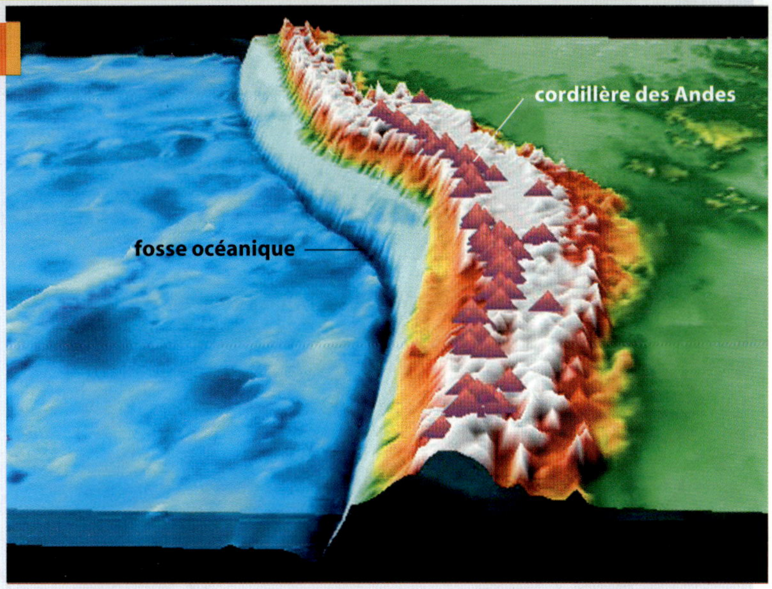

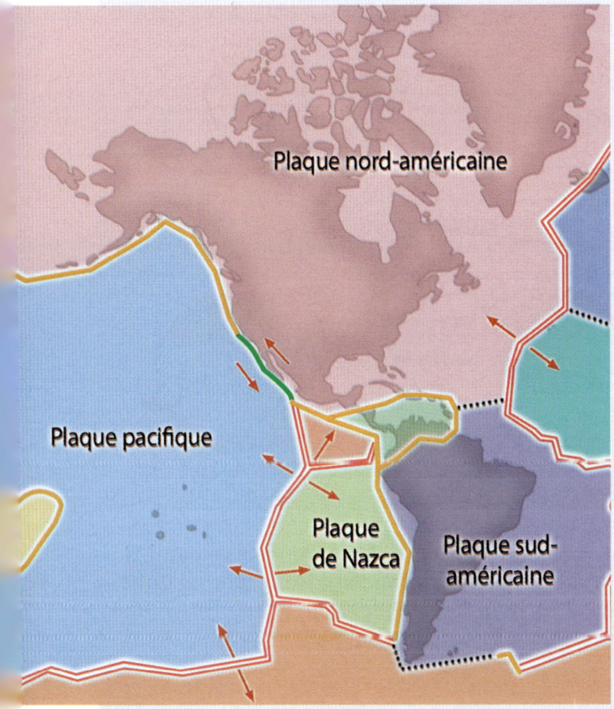

- Écartement de plaques
- Subduction } Affrontement de plaques
- Collision
- Coulissage de plaques
- ······ Limite mal connue
- → Mouvement relatif des plaques

DOC 4

La subduction : l'enfoncement de la plaque océanique sous la plaque continentale est à l'origine du volcanisme explosif et des nombreux séismes qui caractérisent ces limites de plaques.

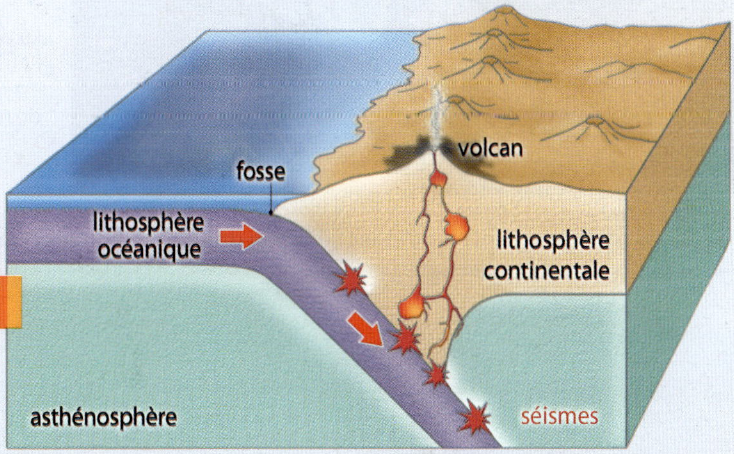

Lexique

- **Rift :** fossé d'effondrement fissuré, dont la largeur peut atteindre une dizaine de kilomètres, situé dans l'axe des dorsales.
- **Subduction :** (du latin *subducere* = conduire dessous) enfoncement de la lithosphère océanique dans l'asthénosphère, sous une autre plaque.
- **Fosse océanique :** profonde dépression allongée et étroite du fond océanique (voir p. 21).

Pistes de travail

1. **Comment se forme la lithosphère océanique (DOC 1 et 2) ?**
2. **Comment pouvez-vous maintenant expliquer la disposition des bandes sur la carte de l'âge des fonds océaniques présentée p. 54 ?**
3. **Expliquez le relief remarquable des zones de subduction. Pourquoi ces régions sont-elles à haut risque sismique (DOC 3 et 4) ?**

Pour conclure, montrez que l'expansion des fonds océaniques et la subduction sont des phénomènes complémentaires. Localisez ces zones sur un planisphère.

Compétences • 1 : S'informer • 2 et 3 : Raisonner.

Activité 5

Ouverture et fermeture d'un océan

L'étude des mouvements des plaques lithosphériques nous permet de comprendre qu'un océan n'a pas toujours existé et qu'il n'est pas éternel : il naît, grandit puis disparaît.

• ***Quelles structures témoignent de l'ouverture ou de la fermeture d'un océan ?***

A La fracturation d'un continent et l'ouverture d'un océan

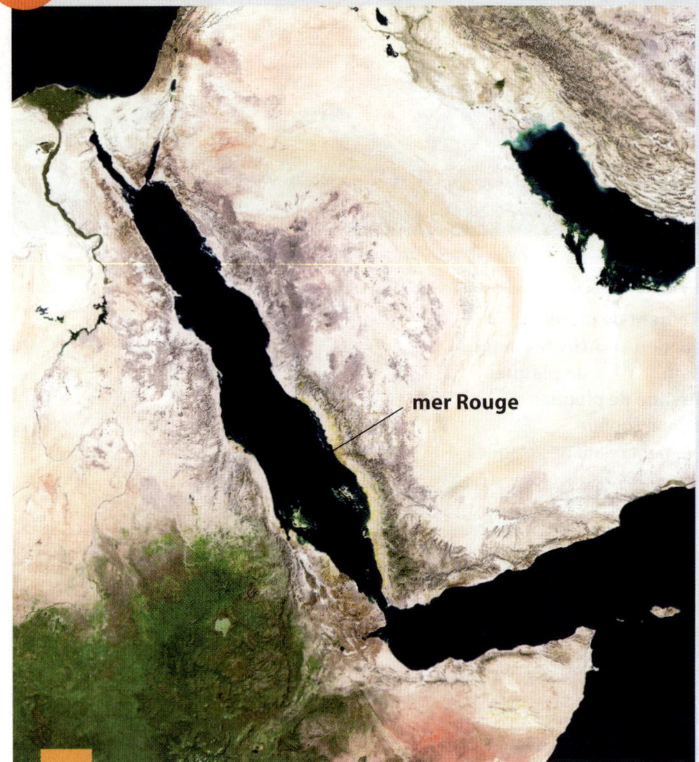

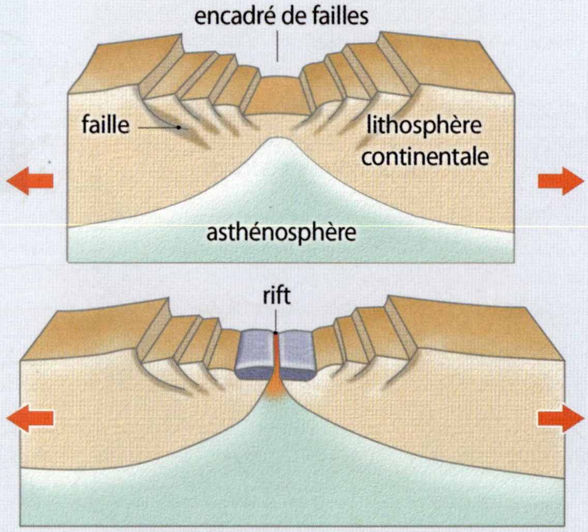

La péninsule arabique, autrefois collée à l'Afrique, s'éloigne de l'Afrique à la vitesse de 2 cm par an. Au nord, le fond de la mer est constitué de roches continentales ; plus au sud, il est formé de roches caractéristiques du plancher océanique.

DOC 1 **La mer Rouge** est un très jeune océan dont la géographie remarquable apparaît bien sur cette image satellitale.

DOC 2 **Le rift africain est un gigantesque fossé d'effondrement** qui sillonne l'est de l'Afrique : le continent qui se fracture est le berceau d'un futur océan.

B La fermeture d'un océan et la collision des continents

DOC 3 **L'Himalaya, vu ici de la station spatiale internationale.**

L'Himalaya résulte de l'affrontement de l'Inde et de l'Asie ; ces deux masses continentales, ne pouvant être entraînées dans la subduction, s'écrasent l'une contre l'autre et forment une gigantesque chaîne de montagnes.

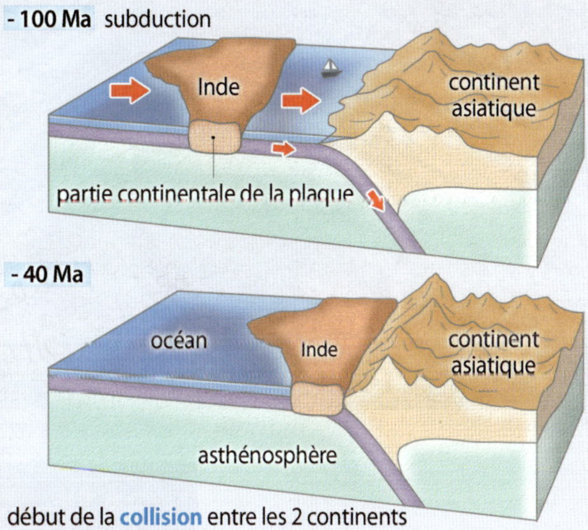

DOC 4 **Image satellitale du continent asiatique.**
La collision de l'Inde et du continent asiatique est l'étape ultime de la disparition de l'océan qui séparait autrefois ces deux masses continentales.

Lexique

- **Fossé d'effondrement :** effondrement d'une portion de lithosphère entre deux systèmes de failles.
- **Collision :** lorsque deux plaques continentales s'affrontent, elles s'écrasent l'une contre l'autre et il y a formation d'une chaîne de montagnes.

Pistes de travail

1. Faites une série de trois schémas légendés pour reconstituer, dans l'ordre chronologique, les principales étapes de l'ouverture d'un océan (DOC 1 et 2).
2. Qu'est devenue la lithosphère océanique qui séparait l'Inde du reste de l'Asie (DOC 3) ?
3. Comment expliquer la formation de chaînes de montagnes comme l'Himalaya (DOC 3 et 4) ?

Pour conclure, montrez que le mouvement des plaques lithosphériques transforme en permanence le visage de la Terre.

Compétences • 1 : Communiquer • 2 : S'informer, raisonner • 3 : Raisonner.

Activité 6

Les déformations des roches, témoignage des contraintes subies

Lorsque deux plaques lithosphériques s'affrontent et entrent en collision, les roches sont soumises à de fortes contraintes.

• ***Quelles déformations observables à l'échelle de l'affleurement résultent de ces contraintes sur les roches ?***

A De remarquables structures issues de l'affrontement des plaques

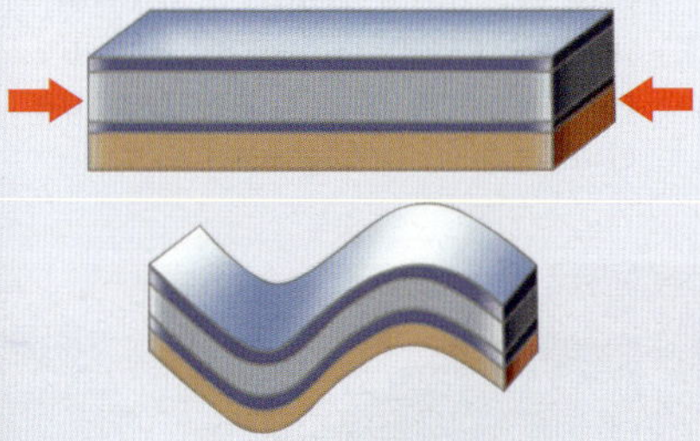

DOC 1 **Une déformation « souple » des roches.** *Photographie :* grotte d'Harpéa (Pays Basque).

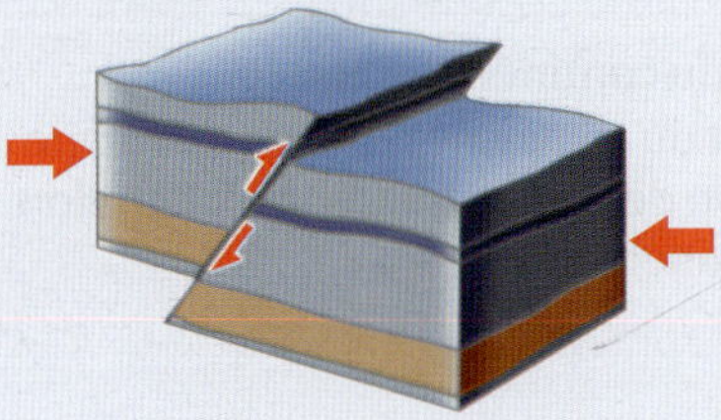

DOC 2 **Une déformation cassante des roches.**

B Une modélisation des effets de la compression des roches

Activités pratiques

- Avec des lames de verre pour microscopie et du papier adhésif, fabriquer une sorte de « petit aquarium ».
- À l'intérieur, placer une autre lame verticalement à une extrémité.
- Saupoudrer alternativement de la farine et du chocolat en poudre pour simuler des strates de roches (sur la moitié de la hauteur de la boîte).
- Déplacer latéralement la lame verticale et observer.
- Recommencer la même expérience après avoir tassé les couches.

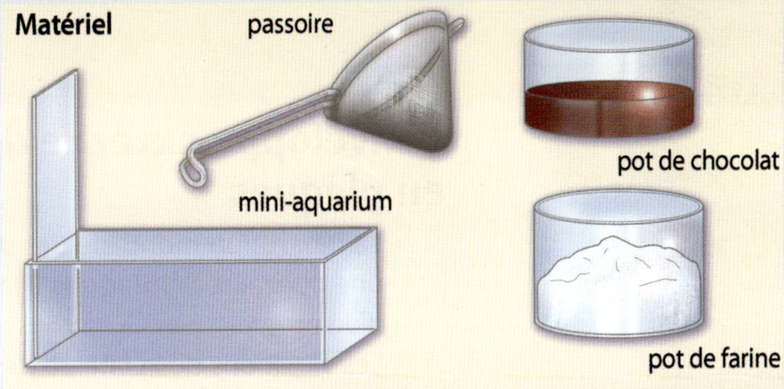

Couches tassées (rigides)

Couches non tassées (souples)

DOC 3 **Une modélisation simple des déformations des roches.**

Lexique

- **Faille :** cassure des terrains et déplacement relatif des parties séparées par cette cassure.
- **Pli :** ondulation des couches de terrains sous l'effet de contraintes.

Pistes de travail

1. Identifiez les déformations des roches visibles sur les deux affleurements (DOC 1 et 2).
2. Comparez les déformations obtenues par modélisation et celles visibles sur les affleurements (DOC 1 à 3). Critiquez la modélisation utilisée.

Pour conclure, faites la relation entre les déformations des roches illustrées ici et le mouvement des plaques lithosphériques.

Compétences • 1 : S'informer • 2 : Raisonner.

Le bilan des activités

P. 50-51 Activité 1

L'enveloppe externe de la Terre est découpée en plaques

La répartition mondiale des séismes et des volcans actifs permet de délimiter une douzaine de **plaques** à la surface du globe, assemblées comme les pièces d'un puzzle.

Les variations de la vitesse des ondes sismiques en profondeur permettent de distinguer la **lithosphère** rigide de l'**asthénosphère** qui l'est moins. On connaît ainsi l'épaisseur des plaques lithosphériques.

P. 52-53 Activité 2

Les plaques lithosphériques sont animées de mouvements

L'idée de la mobilité des continents a été suggérée dès 1928 par **Alfred Wegener**. Le déplacement des plaques lithosphériques au-dessus de l'asthénosphère est une réalité que l'on peut aujourd'hui mesurer par **GPS**. Il est de l'ordre de **quelques centimètres par an**.

P. 54-57 Activités 3-4

Les plaques s'éloignent ou se rapprochent

Dans l'axe des **dorsales océaniques**, du plancher océanique se forme : les **plaques s'écartent** et il y a élargissement de l'océan.

Lorsque deux **plaques se rapprochent**, il y a **subduction** du plancher océanique : la plaque océanique s'enfonce dans l'asthénosphère au niveau d'une **fosse océanique**.

P. 58-61 Activités 5-6

Le déplacement des plaques transforme la lithosphère

Contrairement à ce que pensait Alfred Wegener, les continents ne se déplacent pas seuls : leur mobilité est une conséquence du déplacement de la plaque qui les porte.

L'écartement de deux plaques se traduit par l'**ouverture** et l'**expansion des océans**.

Le rapprochement de deux plaques aboutit à la **fermeture de l'océan** qui les sépare. L'affrontement des plaques aboutit à la formation de **chaînes de montagnes**. Les roches sont alors soumises à de fortes contraintes responsables de leur déformation.

Les mots-clés

- Plaque
- Lithosphère
- Asthénosphère
- Dorsale océanique
- Fosse océanique
- Expansion
- Subduction
- Collision
- Chaîne de montagnes

L'essentiel

Ce qu'il faut savoir

- La partie externe de la Terre, la lithosphère, est formée de plaques rigides qui reposent sur l'asthénosphère, moins rigide.
- Ces plaques se déplacent :
  – elles s'écartent au niveau des dorsales océaniques où il y a formation de plancher océanique ;
  – elles se rapprochent et s'enfouissent au niveau des fosses océaniques.
- Les mouvements des plaques assurent l'ouverture, l'expansion et la fermeture des océans et aboutissent à la formation de chaînes de montagnes.

Le schéma-bilan — Les mouvements des plaques modifient le visage de la Terre

1 Les plaques naissent, grandissent, puis disparaissent.

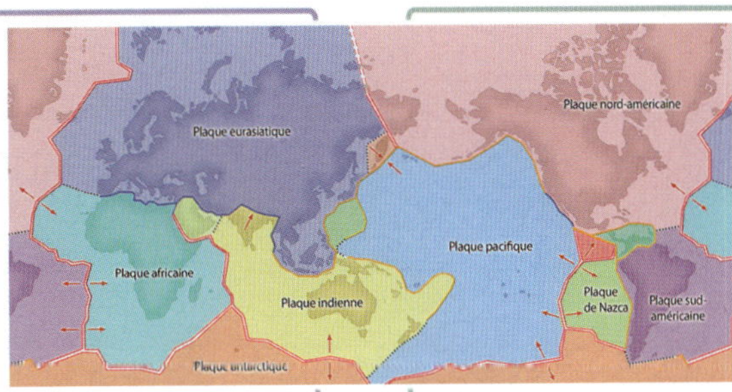

2 Le visage de la Terre se modifie sans cesse.

La lithosphère océanique se forme et s'écarte dans l'axe des dorsales

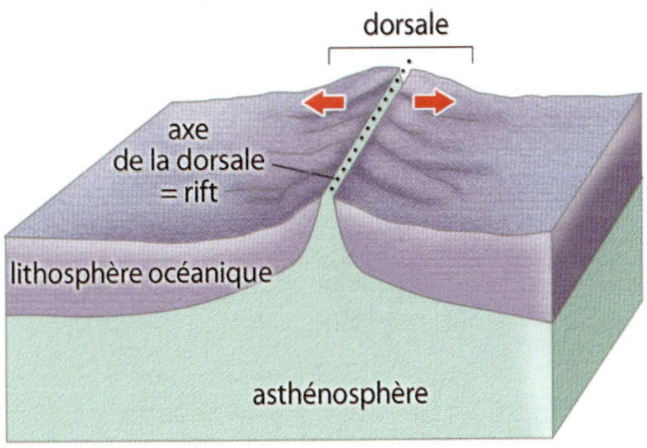

La lithosphère océanique disparaît en plongeant dans l'asthénosphère

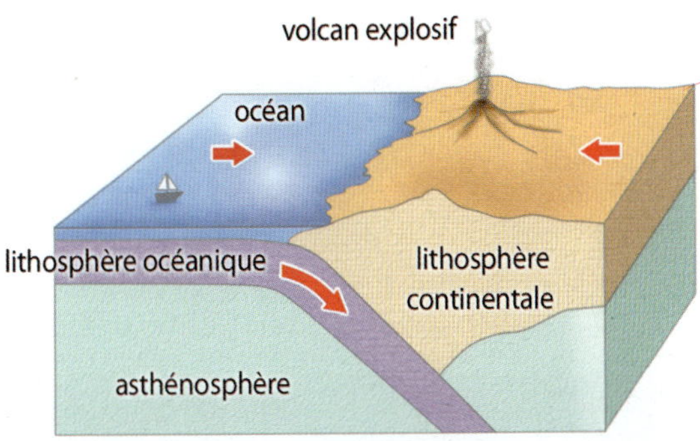

Des océans naissent et s'élargissent

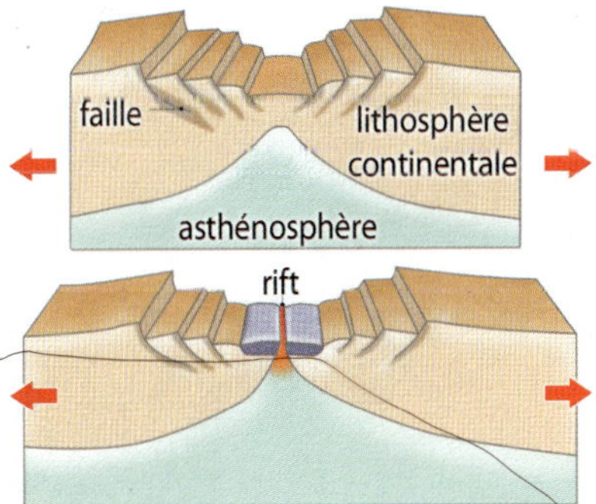

Des océans se ferment et des chaînes de montagnes se forment

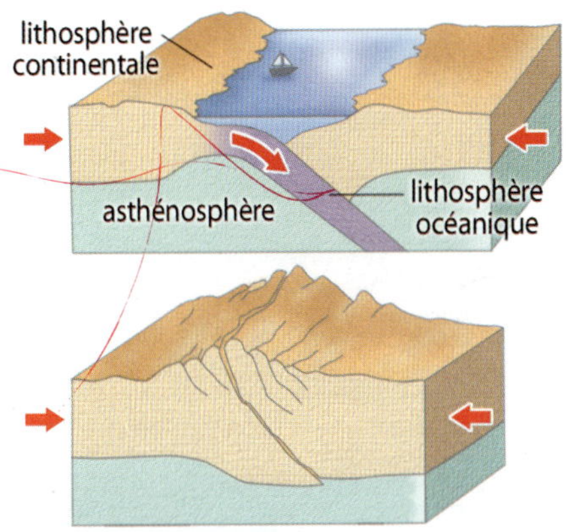

Pour **découvrir**

… le relief des fonds

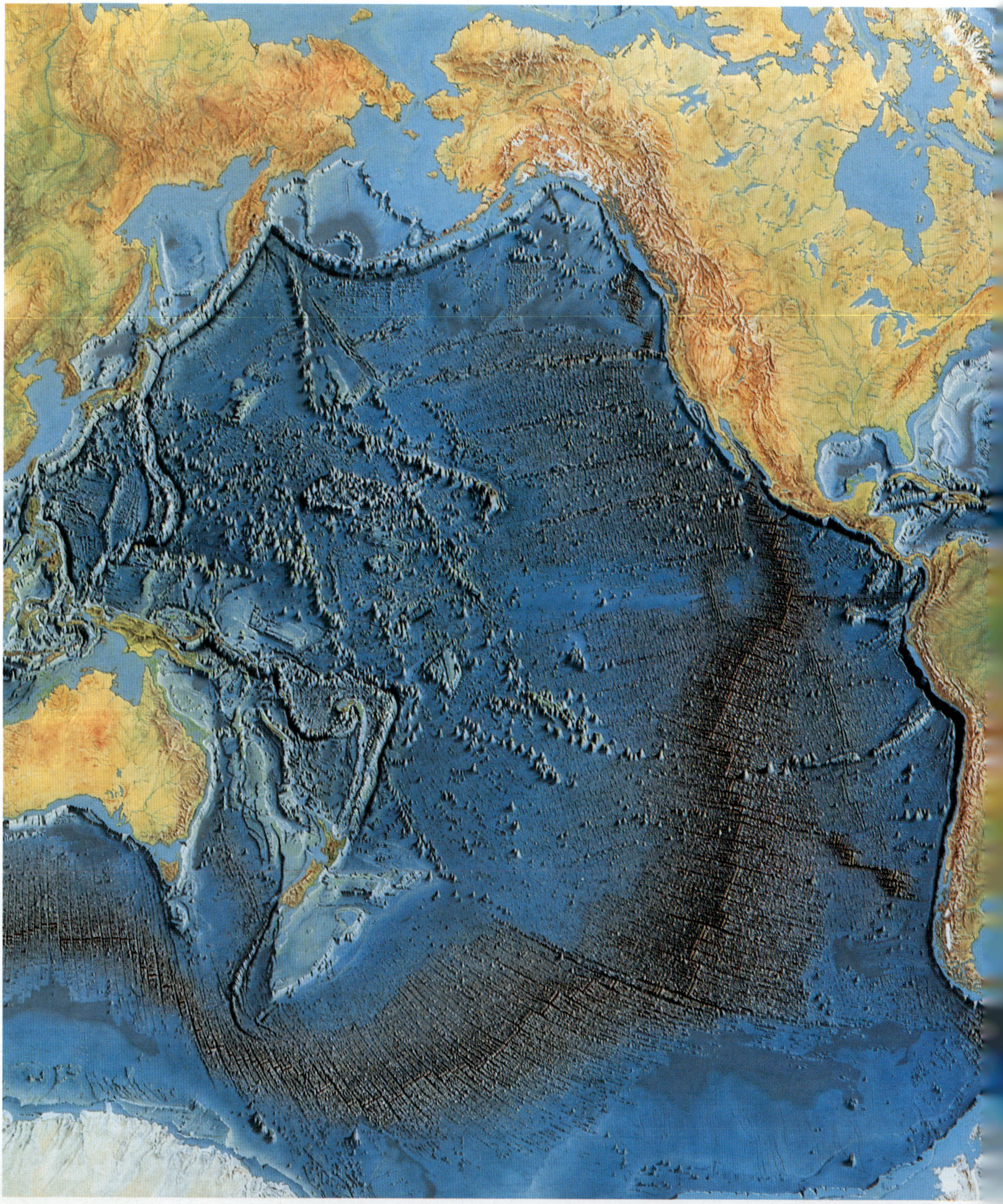

sous-marins

Plongée dans les fonds océaniques

Depuis 1954, première plongée d'un bathyscaphe français à plus de 4000 mètres de profondeur, de nombreuses missions ont permis de découvrir les abysses. Les scientifiques ont ainsi pu étudier en détail la dorsale médio-Atlantique tandis que d'autres plongées ont permis d'explorer des zones de subduction.

Mission Dorsale

Lors de l'été 2006, l'IFREMER (Institut Français de Recherche pour l'Exploitation de la mer) a envoyé, au large des Açores, ses deux plus grands navires.

■ *L'Atalante* équipé du *Nautile*, submersible pouvant plonger jusqu'à 6000 mètres de profondeur. Deux pilotes et un scientifique peuvent prendre place à bord de ce submersible qui est équipé de projecteurs, de caméras ainsi que de pinces permettant de prélever des échantillons et de manipuler des outils. Il permet de rendre accessible plus de 95% de la superficie des fonds sous-marins.

■ Le *Pourquoi-Pas*, avec le robot *Victor 6000*, capable d'explorer les fonds jusqu'à 6 000 mètres au bout du câble qui le relie au navire.

Étranges créatures autour de sources brûlantes

Dans les fonds sous-marins, au niveau des dorsales, l'eau de mer s'infiltre dans des fissures ; à cause de l'intense activité volcanique, cette eau se réchauffe, se charge en minéraux puis jaillit sous forme de sources brûlantes à plus de 300 °C. Autour de ces sources se développe tout un monde vivant, inconnu ailleurs : vers géants blancs et rouges, curieux crabes, poissons rosâtres, énormes bivalves… et à quelques mètres, pas de vie ou presque…

Éruption en direct !

Au printemps 2006, une équipe de scientifiques américains a exploré l'arc des Mariannes dans la zone de subduction entre la plaque des Philippines et la plaque Pacifique à l'aide du robot submersible Jason, capable comme le Nautile de plonger à 6000 mètres de profondeur. Pour la première fois une éruption volcanique sous-marine a été observée en direct et filmée, des échantillons de roches ont pu être récoltés.

POUR EN SAVOIR PLUS : www.bordas-svtcollege.fr/liens4e

Exercices

Je teste mes connaissances

EXERCICE 1 **Vrai ou Faux ?**

Certaines affirmations sont exactes. Recopiez-les. Corrigez ensuite les affirmations inexactes.

a. La répartition mondiale des séismes et des volcans permet de délimiter les plaques.

b. Les plaques lithosphériques sont immobiles.

c. La lithosphère se forme au niveau des fosses océaniques.

d. La lithosphère océanique se forme au niveau des dorsales.

e. La lithosphère disparaît au niveau des dorsales.

f. L'asthénosphère repose sur la lithosphère.

g. Les plaques peuvent entrer en collision.

h. Les chaînes de montagnes se forment par affrontement de deux plaques océaniques.

EXERCICE 2 **Cherchez l'intrus en justifiant votre choix.**

a. Enfoncement de la lithosphère, fosse océanique, dorsale, séismes.

b. Asthénosphère, lithosphère, plaques rigides.

c. Zone d'écartement, dorsale, fosse océanique, volcanisme.

EXERCICE 3 **Associez un mot à sa définition.**

Asthénosphère ; lithosphère ; dorsale ; fosse océanique.

a. Zone du globe sur laquelle reposent les plaques.

b. Relief océanique très profond correspondant à une zone d'enfoncement d'une plaque.

c. Zone de formation des plaques océaniques.

d. Couche superficielle rigide du globe terrestre.

EXERCICE 4 **Expliquez comment...**

a. Les continents se déplacent.

b. Les océans s'agrandissent.

c. Les chaînes de montagnes se forment.

J'utilise mes connaissances

EXERCICE 5 **Les Antilles et la plaque Caraïbe**

S'INFORMER **Trouver les informations dans un document.**

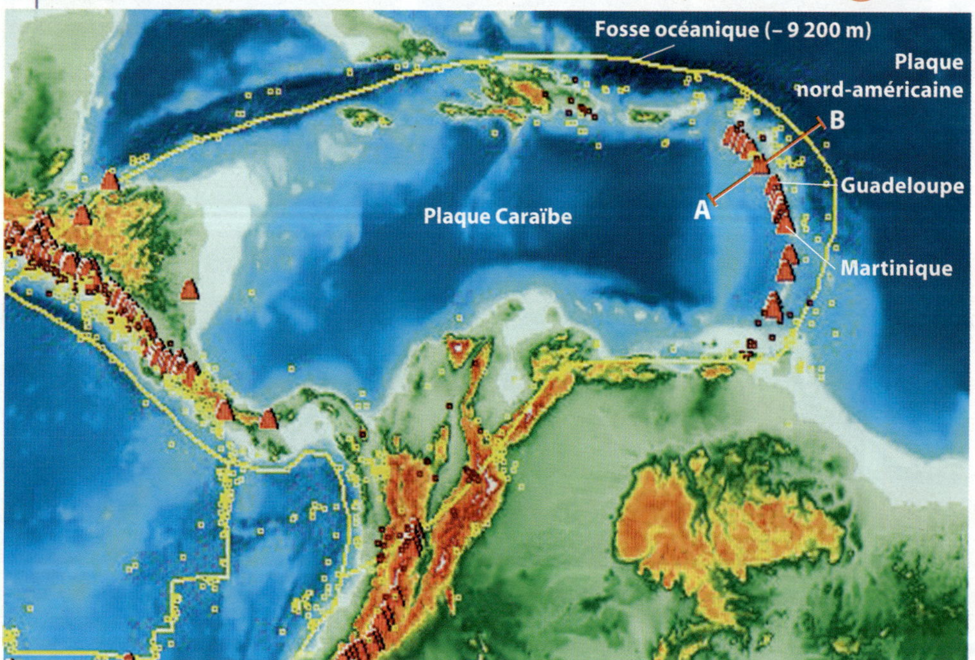

Les Antilles forment un archipel d'îles volcaniques situé au large de l'Amérique centrale.
Ces îles portent des volcans explosifs comme la montagne Pelée à la Martinique, les soufrières de la Guadeloupe, de Montserrat... Par ailleurs, dans cet archipel, les séismes sont fréquents.

▲ volcan explosif
■ séisme

1. Citez les arguments qui permettent de délimiter la plaque Caraïbe.

2. La limite entre cette plaque et la plaque américaine est-elle une zone d'écartement ou une zone de rapprochement ? Justifiez votre réponse.

3. En vous aidant de la page 57, faites un schéma du contact entre les deux plaques au niveau de la coupe AB.

Indiquez, par des flèches, les mouvements relatifs des deux plaques.

EXERCICE 6 Un exemple de mesures GPS

Communiquer — Représenter sur une carte.

• Les **graphiques** ci-dessous traduisent la position de Bruxelles, mesurée par GPS, de 1994 à 2005.

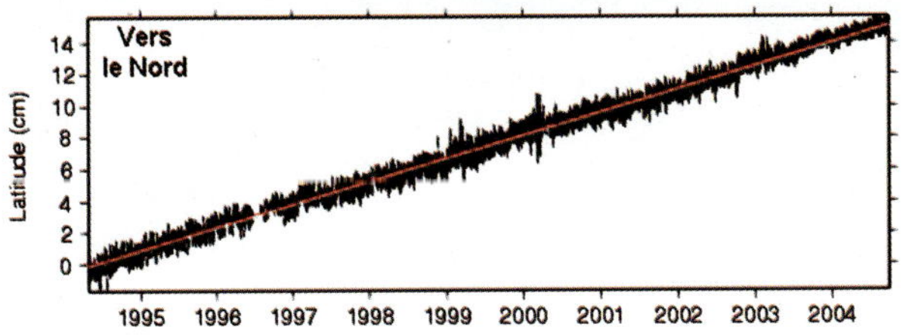

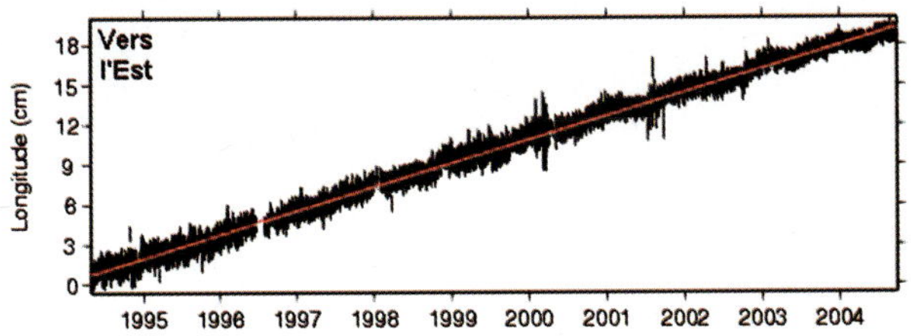

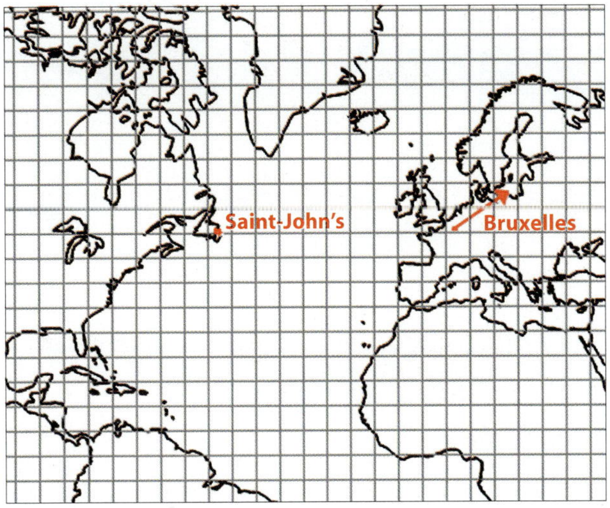

On peut alors représenter sur une carte ce mouvement mesuré par GPS : à partir des données obtenues, on représente par une flèche le déplacement de la station.

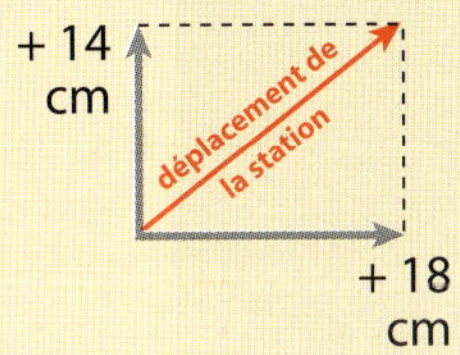

• Le **tableau** ci-dessous indique les valeurs du déplacement relevées pour la station de Saint-John's (Terre Neuve) :

	Vers le nord	Vers l'ouest
1994 - 2005	12 cm	16 cm

1. Quels renseignements fournissent les graphiques à propos de la position de Bruxelles entre 1994 et 2005 ? Donnez une réponse chiffrée.

2. Sur un fond de carte (ou après avoir décalqué la carte ci-dessus), représentez par une flèche le déplacement de la station de Saint-John's.

3. Comment expliquez-vous les mouvements relatifs de ces deux stations ?

EXERCICE 7 La lithosphère, un jeu de plaques

Communiquer — Réaliser un schéma fonctionnel.

Le dessin ci-contre représente une coupe partielle du globe terrestre au niveau de l'hémisphère Sud.

1. Reproduisez cette coupe, coloriez différemment les plaques que vous repérez et légendez votre dessin.

2. Localisez la lithosphère et l'asthénosphère.

3. Au niveau des frontières de ces plaques, indiquez :
- par des flèches bleues, l'écartement des plaques ;
- par des flèches rouges, le rapprochement des plaques.

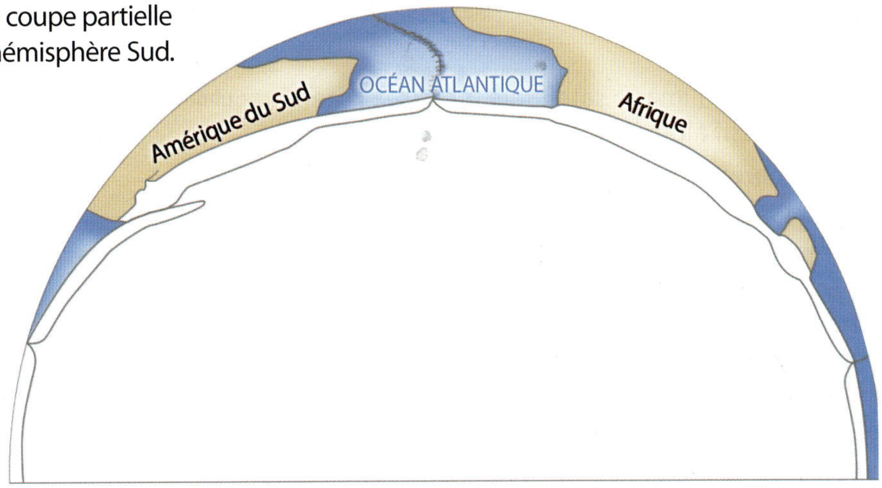

D'après *La dérive des continents, Pour La Science*.

Exercices

EXERCICE 8 La formation des Alpes

Mettre en relation des données.

◄ **a.** Une image satellitale permettant de localiser l'« arc alpin ».

▲ **b.** Des basaltes « en coussins » observés près de Briançon et datant de 140 millions d'années.

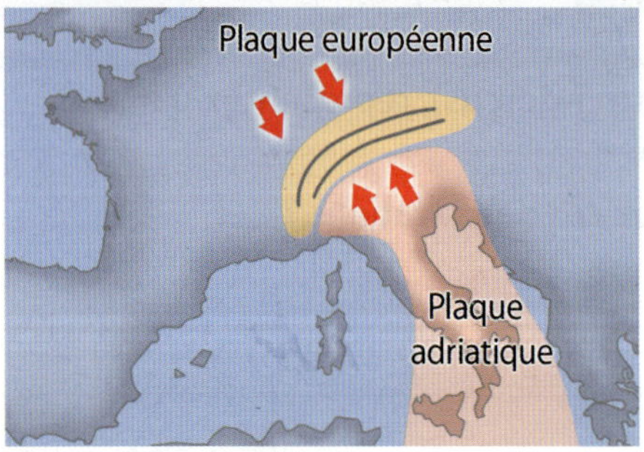

c. Un scénario de la formation des Alpes établi par les géologues. ▼

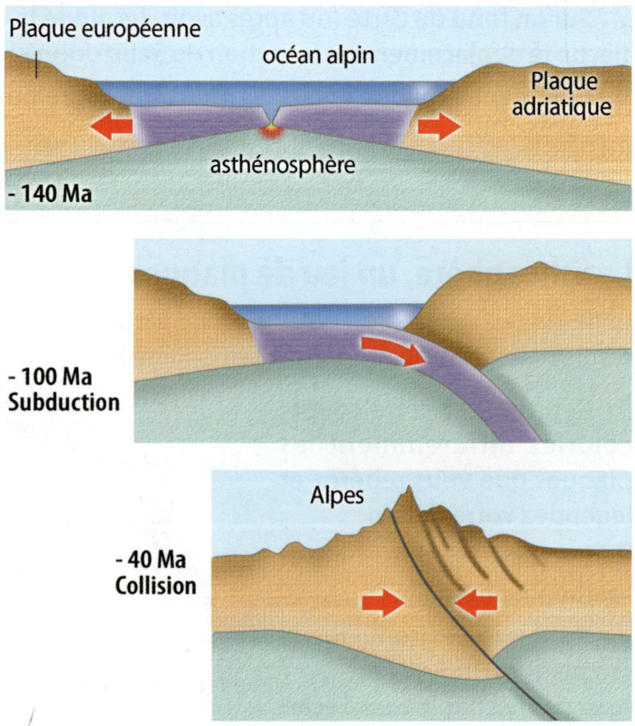

1. À l'aide de l'image satellitale, précisez l'étendue du massif alpin.

2 Comparez la photographie **b** et la photographie 1, p. 56. Où et comment se sont formés ces basaltes « en coussins » ?

3. Écrivez un petit texte accompagnant la série de schémas **c** de façon à montrer que les Alpes sont une conséquence du mouvement de plaques lithosphériques.

4. On estime que le mont Blanc grandit encore de quelques millimètres par an. Comment expliquez-vous ce fait ?

Surveillance de l'activité d'un volcan (prélèvement de gaz) par un volcanologue.

Chapitre 4

Les risques liés à l'activité interne du globe

Les séismes et les éruptions volcaniques représentent des risques pour les populations et l'environnement. Afin de limiter ces risques géologiques, les scientifiques sont toujours à l'écoute de ces phénomènes.

• Comment l'Homme connaît-il les zones à risques ? Quels moyens de prévention et de protection met-il en œuvre ?

Activité 1 Les risques liés aux séismes et aux volcans

L'activité de la planète engendre des risques pour l'Homme. Ces risques sont bien réels aussi bien en France d'outre-mer qu'en France métropolitaine.

• ***Quels sont les risques sismiques et volcaniques en France ?***

A Le risque sismique en France

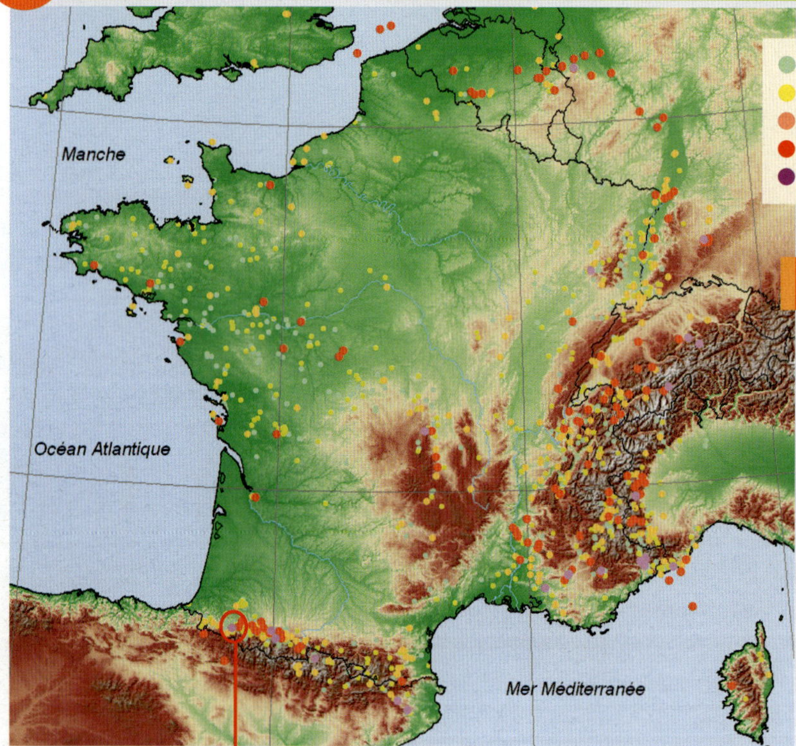

DOC 1 Carte des séismes les mieux connus, en France, depuis 700 ans. La France métropolitaine est affectée d'une activité sismique modérée. Les Antilles quant à elles constituent une zone à sismicité importante (21 séismes destructeurs en 300 ans).

Ne pas confondre **risque** et **aléa** (voir le Lexique).

Source : SISFRANCE, 2006, BRGM-EDF-IRSN (http: //www.sisfrance.net)

Séisme d'Arette en 1967

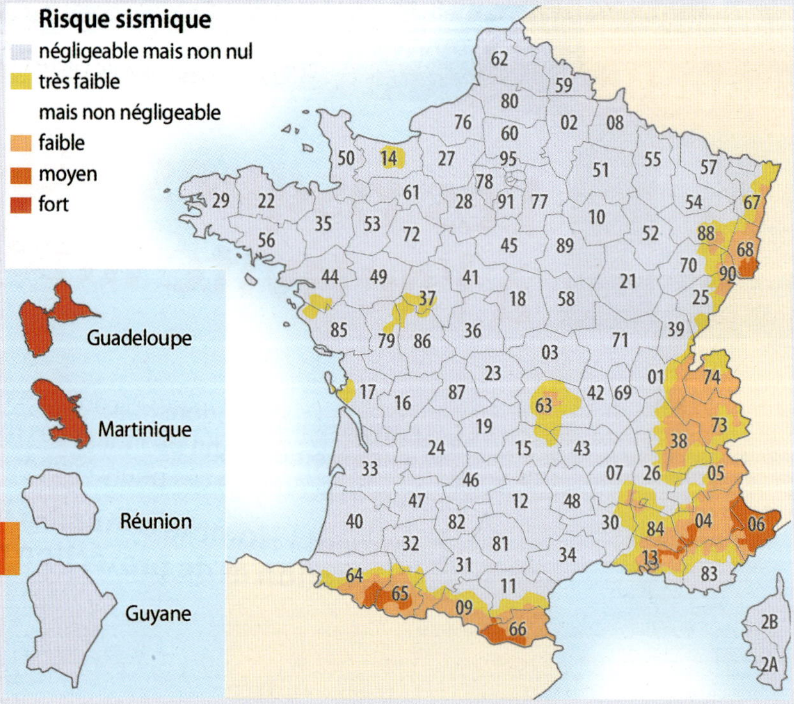

DOC 2 Carte du risque sismique en France. Cette carte est utilisée pour déterminer les zones à risques qui nécessitent la prise de mesures de prévention (voir pages 75 et 77).

B Des volcans actifs plus ou moins dangereux

La montagne Pelée à la Martinique entre en éruption le 8 mai 1902. En moins de deux minutes, une nuée ardente détruit la ville de Saint-Pierre, causant 28 000 morts.

La Soufrière de la Guadeloupe semble être actuellement le volcan le plus dangereux des Antilles. Plus de 50 000 personnes vivent au pied du volcan.

DOC 3 **Le volcanisme explosif des Antilles représente un risque élevé pour les populations.**

POUR EN SAVOIR PLUS
www.bordas-svtcollege.fr/liens4e

	Type d'éruption	Rythmicité des éruptions (* date de la dernière éruption)
Montagne Pelée (Martinique)	explosive	• 8 éruptions importantes dans le dernier millénaire avec une fréquence très irrégulière (1929 *).
Soufrière (Guadeloupe)	explosive	• 1 éruption mineure tous les 20 à 50 ans (1976 *). • 1 éruption importante tous les 1 000 ans (1440 *). • 1 éruption catastrophique tous les 50 à 100 000 ans (– 100 000 ans *).
Piton de la Fournaise (île de la Réunion)	effusive	• 160 éruptions depuis 400 ans. • 35 éruptions depuis une vingtaine d'années.

DOC 4 **Fréquence des éruptions des trois volcans actifs français.**

DOC 5 **Au piton de la Fournaise, le 25 février 2005, une coulée traversant la RN2 avait attiré de nombreux curieux.**

Lexique

→ **Aléa :** probabilité de survenue d'un phénomène naturel (séisme ou éruption volcanique) en un lieu donné ; cette probabilité est estimée à partir des séismes ou éruptions volcaniques historiques d'une part, des données scientifiques actuelles d'autre part.

→ **Risque :** conséquence d'un aléa pour l'Homme en termes de dégâts et de vies humaines ; par exemple, un aléa élevé dans une zone désertique ne comporte pas de risques.

Pistes de travail

1. Quelles sont les régions sismiques en France (DOC 1) ?
2. En vous aidant du lexique, expliquez pourquoi la Bretagne n'est pas classée « zone à risques » contrairement aux Pyrénées qui le sont (DOC 1 et 2).
3. Les volcans français présentent-ils tous le même danger ? Justifiez votre réponse (DOC 3, 4 et 5).

Pour conclure, expliquez quels sont les risques sismiques et volcaniques en France.

Compétences • 1 : S'informer • 2 et 3 : S'informer et raisonner.

Activité 2 Prévenir le risque sismique

L'activité sismique est un risque naturel majeur, tant par ses effets sur les populations que par ses conséquences économiques.

• ***Comment prévoir et prévenir le risque sismique ?***

A Établir le risque sismique dans une région : l'exemple de la Provence

Théâtre d'un séisme meurtrier en 1909, la Provence est sous surveillance

Le 11 juin 1909, un important séisme frappait la Provence. La magnitude de ce tremblement de terre, dont l'épicentre était à Lambesc (Bouches-du-Rhône), a été évaluée depuis à 6. À l'époque, il avait causé la mort de 46 personnes, provoqué la destruction de nombreux villages provençaux et de la plus grande partie de la ville de Salon-de-Provence. Si un tel événement avait lieu aujourd'hui, il provoquerait des dégâts considérables en raison de l'importante urbanisation de la région et de l'installation d'industries à risque, chimiques et pétrochimiques notamment.

Il était donc nécessaire de localiser et d'étudier la faille à l'origine du séisme afin d'évaluer les risques pour la région provençale…

D'après *Le Monde*, 23 novembre 2005.

DOC 1 Recenser les séismes historiques de la région.
Depuis le XVIe siècle, plus de 20 séismes ont provoqué des dégâts importants en Provence. Actuellement, on peut enregistrer chaque année plusieurs séismes d'une magnitude comprise entre 3 et 4.

Des études récentes ont permis d'analyser le comportement des failles de Provence, dont celle de Trévaresse responsable du séisme de Lambesc. Ces failles encore actives aujourd'hui ont une vitesse de déformation de 0,1 mm par an environ et peuvent être à l'origine de nouveaux séismes dans la région.

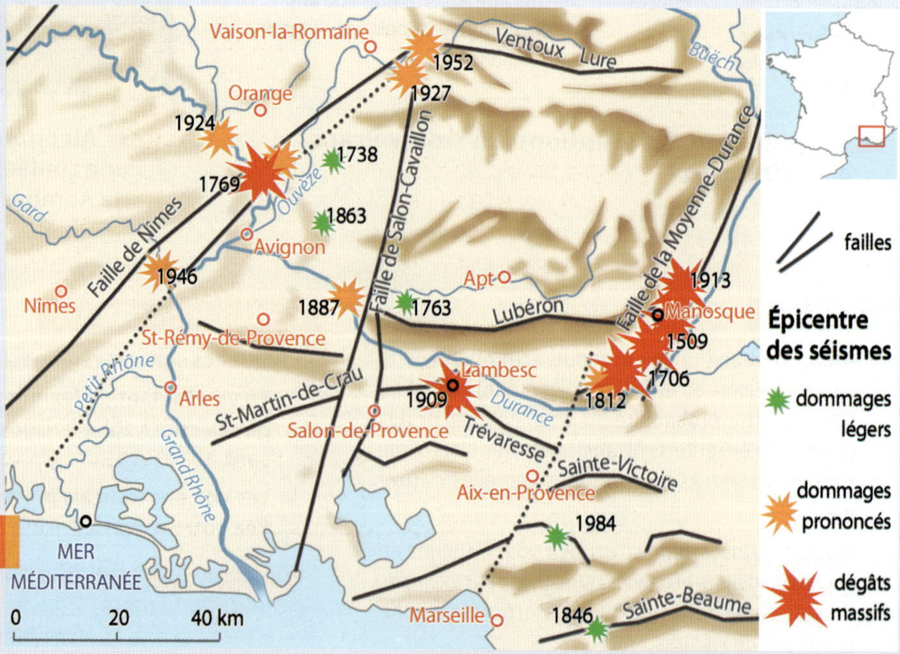

DOC 2 Repérer l'emplacement des failles de la région.

B Prendre des mesures de prévention

Des réflexes qui sauvent en cas de TREMBLEMENT DE TERRE

• Pendant le séisme

Se placer sous une table ou sous un encadrement de porte.

S'éloigner des fenêtres et balcons.

Couper l'électricité et le gaz.

• Après le séisme principal

Écouter la radio pour connaître les consignes à suivre.

S'éloigner des constructions, ou s'abriter sous un porche.

S'éloigner des lignes électriques, des ponts, des falaises.

DOC 3 Informer les populations sur les bons réflexes de sauvegarde en cas de séisme.

DOC 4 Exercice de simulation dans un collège situé dans une zone à risques.

Depuis 2005, le Plan de Prévention des **Risques sismiques** (PPRs) a établi la liste des zones à risques dans lesquelles des **mesures de prévention** s'imposent :
- constructions parasismiques pour les nouveaux bâtiments (les techniques utilisées visent à empêcher la construction de se déformer ou de s'écraser en cas de séisme) ;
- consolidation des structures des bâtiments existants.

POUR EN SAVOIR PLUS
www.bordas-svtcollege.fr/liens4e

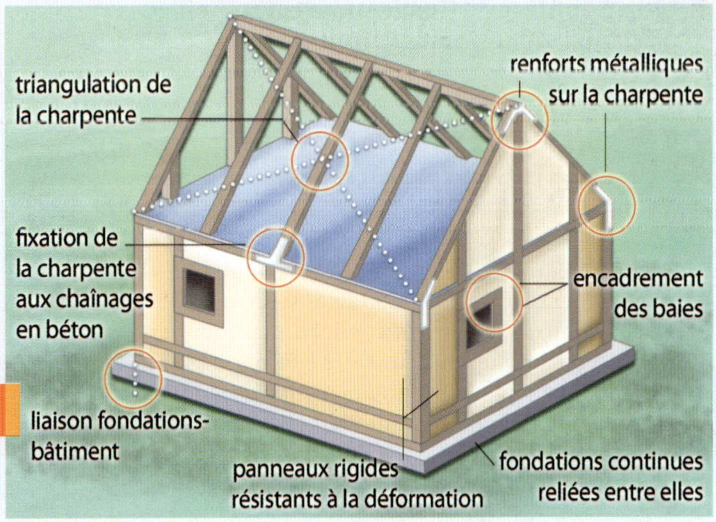

DOC 5 Respecter des règles de construction dans les zones à risques.
Exemples de normes de construction préconisées aux Antilles.

Lexique

→ **Risque sismique :** éventualité qu'un séisme dangereux survienne et provoque des dégâts humains ou matériels.

→ **Mesures de prévention :** mesures destinées à empêcher ou à limiter le risque.

Pistes de travail

1. Pourquoi existe-t-il un risque sismique en Provence (DOC 1 et 2) ?
2. Comment préparer la population à l'éventualité d'un nouveau séisme (DOC 3 et 4) ?
3. En quoi consiste une construction parasismique (DOC 5) ?

Pour conclure, résumez en quelques lignes comment l'Homme réagit face au risque sismique.

Compétences • 1, 2 et 3 : S'informer, raisonner.

Activité 3 Prévenir le risque volcanique

Une centaine de volcans sont considérés comme très dangereux. Aujourd'hui, 500 millions de personnes sont concernées par le risque volcanique lié à ces volcans.

• ***Comment prévoir et prévenir le risque volcanique ?***

A Placer des volcans sous surveillance

DOC 1 La Soufrière de Guadeloupe est surveillée en permanence depuis l'éruption de 1976.

Un équipement de pointe au chevet du volcan

Des stations automatiques résistantes aux intempéries fonctionnent en permanence sur le volcan. Les sismomètres envoient en continu des enregistrements à la salle d'acquisition de l'Observatoire, une série d'inclinomètres, d'extensomètres et des stations GPS mesurent les déformations du dôme au millimètre près !

Les gaz toxiques qui s'échappent du volcan sont prélevés plusieurs fois par semaine afin de suivre leur évolution.

Quant aux foyers sismiques repérés par les stations régionales, ils révèlent, sur les écrans de la salle d'acquisition, l'avancée de la plaque Atlantique sous la mer des Caraïbes comme si 200 kilomètres d'épaisseur rocheuse étaient devenus transparents !

D'après *Science et Vie* n° 1045, octobre 2004.

Extrait du BILAN mensuel de l'activité de la Soufrière (Août 2006)

OBSERVATOIRE VOLCANOLOGIQUE ET SISMOLOGIQUE GUADELOUPE

Sismicité volcanique
Au cours du mois, l'observatoire a enregistré **6 séismes** d'origine volcanique de magnitude maximale **1,7** localisés à moins de 1 kilomètre de profondeur sous le sommet.

Activité fumerollienne
Activité toujours élevée avec de forts débits au cratère sud et une quantité importante de soufre dans les gaz. Températures moyennes **(106 °C)**, et acidité toujours marquée.

Sources thermales
Certaines sources proches du volcan maintiennent une très faible et lente augmentation de température alors que d'autres sont stables ou en baisse.

Déformations
Pas de déformations significatives de l'édifice en inclinomètre ni en GPS (sommet).

Conclusion OVSG : aucune activité éruptive n'est à prévoir prochainement, mais le niveau actuel reste VIGILANCE.

Volcanologue prélevant des gaz dans une fumerolle.

DOC 2 Le bulletin mensuel de l'OVSG (Observatoire Volcanologique et Sismologique de Guadeloupe), établi à partir des différentes mesures réalisées, est largement diffusé auprès des populations.

Niveaux d'alerte	VERT = Pas d'alerte	JAUNE = Vigilance	ORANGE = Pré-alerte	ROUGE = Alerte

B Évaluer le risque d'éruption et prendre des mesures de prévention

DOC 3 **Simulation du risque volcanique** en cas d'une éruption explosive de la Soufrière de la Guadeloupe. C'est à partir de la surveillance actuelle du volcan et de la connaissance de ses éruptions passées que l'on peut imaginer les conséquences que pourrait avoir une nouvelle éruption.

Éruptions explosives mineures
- Projections de blocs dans un rayon de 2 km.

Éruptions explosives majeures
- Projections de blocs dans un rayon de 4 km.
- Coulées de boue, pouvant déborder des vallées.
- Avalanches de débris en cas d'explosion partielle du dôme.
- Avalanches de débris en cas d'explosion totale du dôme.

• En 1976, la dernière **crise éruptive** de la Soufrière faisait craindre l'effondrement du dôme :
- 26 explosions en 8 mois ;
- des émanations de gaz acides ;
- environ 870 000 tonnes de blocs et cendres éjectés ;
- plus de 16 000 séismes dont 153 ont été ressentis.

• Par précaution, les autorités firent évacuer 75 000 personnes pendant plusieurs mois, perturbant ainsi l'activité économique de l'île. Cette éruption fut finalement bénigne mais elle fit prendre conscience de la nécessité d'un meilleur suivi de l'activité du volcan.

• Depuis, un plan de secours a été élaboré ; il prévoit les principales mesures à prendre en fonction du niveau d'alerte : évacuation partielle ou totale de la zone en fonction du degré d'activité du volcan prévue.

POUR EN SAVOIR PLUS
www.bordas-svtcollege.fr/liens4e

Une forte activité de la Soufrière en 1976.

À partir de quel moment faut-il évacuer les populations ? DOC 4

Lexique

→ **Risque volcanique :** éventualité qu'une éruption volcanique dangereuse survienne et provoque des dégâts humains ou matériels.

→ **Crise éruptive :** intense activité d'un volcan laissant prévoir une éruption imminente.

Pistes de travail

1. Comment s'effectue la surveillance d'un volcan (DOC 1) ? Quels renseignements fournit le bulletin de surveillance à propos de l'activité de la Soufrière de Guadeloupe en août 2006 (DOC 2) ?
2. Comment évaluer le risque volcanique (DOC 3) ?
3. Pourquoi est-il difficile de décider une évacuation des populations en cas de « crise volcanique » (DOC 4) ?

Pour conclure, expliquez comment prévenir le risque volcanique.

Compétences • 1 : S'informer • 2 et 3 : Raisonner.

Le bilan des activités

P. 72-73 Activité 1

Les risques liés aux séismes et aux volcans

Pour prévenir les risques, l'Homme doit identifier les **zones à risques sismiques et volcaniques** :
– il recense les séismes et les éruptions volcaniques historiques, note leur fréquence et leur importance ;
– il estime les dégâts humains et matériels possibles en fonction de la densité de population concernée ;
– il établit ensuite des **cartes de risques** qui signalent les principales zones à risques : Provence, Alpes, Côte d'Azur, Alsace, Pyrénées et Antilles pour le risque sismique, surtout les Antilles pour le risque volcanique.

P. 74-75 Activité 2

Prévenir le risque sismique

Les séismes surviennent sans prévenir mais le risque peut être apprécié en fonction des données historiques et tectoniques (présence de failles...).

L'Homme prend des **mesures de prévention** : réglementation des normes de construction (constructions parasismiques) et éducation des populations (conduite à tenir en cas de séisme).

P. 76-77 Activité 3

Prévenir le risque volcanique

La prévention du risque volcanique tient compte de la fréquence des éruptions historiques. Certains volcans sont placés sous haute surveillance afin de connaître l'état dans lequel ils se trouvent et de détecter d'éventuels signes précurseurs d'une éruption.

Cette évaluation du risque volcanique permet de prendre des **mesures de prévention** : information des populations, évacuation de la zone en cas d'éruption imminente.

Les mots-clés

- Risque
- Zone à risques
- Risque sismique
- Risque volcanique
- Mesures de prévention

L'essentiel

Ce qu'il faut savoir

- L'activité interne du globe (séismes, éruptions volcaniques) engendre des risques géologiques pour l'Homme.
- Pour limiter les conséquences de ces risques, l'Homme détermine les principales zones à risques sismiques et volcaniques puis établit un plan de prévention des risques : surveillance de l'activité volcanique et des zones à risque sismique, réglementation des normes de construction (constructions parasismiques) et information des populations.

Le schéma-bilan Les risques liés à l'activité interne du globe

Définir un risque sismique ou volcanique

Recenser les séismes ou les éruptions historiques (leur fréquence, leur importance...).

Estimer les dégâts humains et matériels possibles.

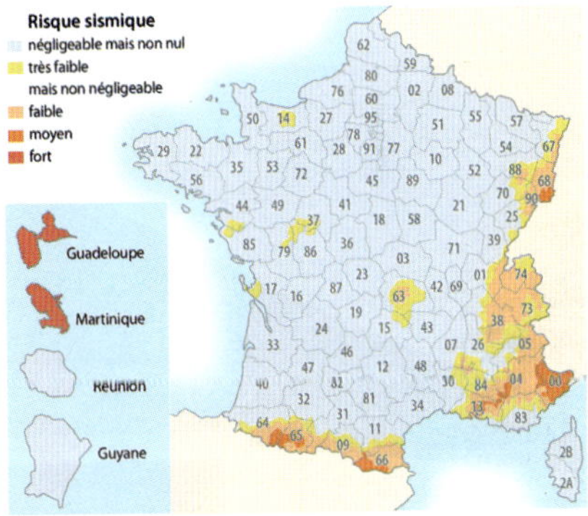

Établir une carte des risques.

Prévenir un risque sismique

Informer les populations.

Construire selon des normes parasismiques.

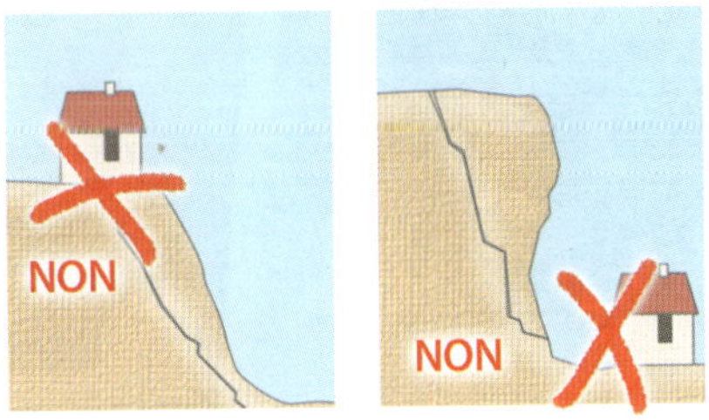

Ne pas construire n'importe où.

Prévoir une éruption volcanique

Surveiller l'activité du volcan.

OBSERVATOIRE VOLCANOLOGIQUE ET SISMOLOGIQUE GUADELOUPE

Informer les populations.

Évacuer la zone en cas d'éruption imminente.

Vivre au pied d'un volcan

Dans le monde, 500 millions d'individus sont directement concernés par le risque volcanique. Parmi les quelque 1 500 volcans actifs de la planète, une centaine apparaissent comme particulièrement dangereux. De tout temps pourtant, les pentes de ces volcans ont attiré les hommes car ce sont des sols prodigieusement fertiles.

Terres fertiles mais attention danger

Au Japon, le volcan Sakurajima projette si souvent des cendres et des blocs de roches que les enfants doivent obligatoirement se rendre à l'école protégés par un casque. En revanche, ses pentes sont si fertiles que l'on peut y faire pousser une variété géante de radis que l'on ne trouve nulle part ailleurs.

Au pied du Vésuve

Au pied du Vésuve, dans la baie de Naples, vivent 3 millions de personnes dont plus de 700 000 sont installées sur les pentes du volcan. Une éruption comparable à celle qui anéantit Pompéi en l'an 79 causerait aujourd'hui une des plus grandes catastrophes de l'humanité. Le Vésuve est pour cette raison un des volcans les plus surveillés au monde.

Bain chaud à volonté

La géothermie est la source d'énergie principale de l'Islande : l'eau souterraine chauffée par les volcans permet de faire fonctionner des centrales électriques qui fournissent environ 20 % de la production d'électricité du pays. De plus, la chaleur géothermique fournit le chauffage et l'eau chaude d'environ 87 % des habitants de l'île. Le trop-plein des eaux chaudes alimente un lac artificiel, le lagon bleu, lieu de baignade apprécié toute l'année par les Islandais et les touristes.

Les huit éruptions volcaniques historiques les plus meurtrières

Laki (Islande) 1783
10 000 victimes
Coulées de laves et retombées de cendres qui causèrent une famine.

Vésuve (Italie) an 79
3 500 victimes
Nuées ardentes qui détruisirent Herculanum et Pompéi.

Unzen (Japon) 1792
14 500 victimes
Explosions, coulées de boue, tsunami.

Santa-Maria (Guatemala) 1902
5 000 victimes
Eruption explosive.

Tambora (Indonésie) 1895
92 000 victimes
Nuées ardentes et famine.

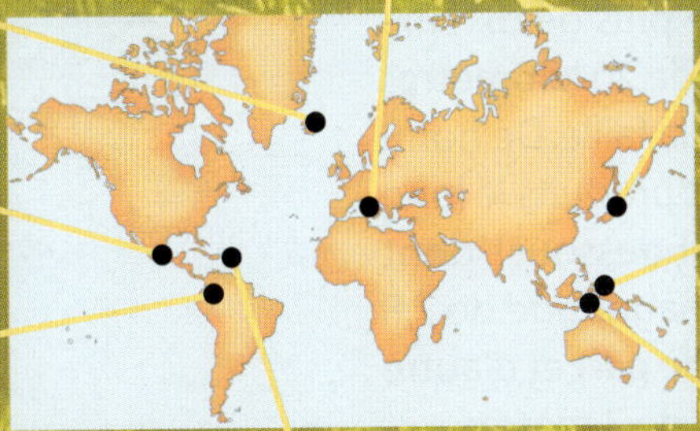

Nevado del Ruiz (Colombie) 1985
10 000 victimes
Coulées de boue.

Montagne Pelée (Martinique) 1902
28 000 victimes. Nuées ardentes qui détruisirent la ville de Saint-Pierre.

Krakatau (Indonésie) 1883
36 000 victimes
Explosion du volcan et tsunami.

Exercices

Je teste mes connaissances

EXERCICE 1
Vrai ou faux ?

Certaines affirmations sont exactes. Recopiez-les. Corrigez ensuite les affirmations inexactes.

a. Il est possible de prévoir les éruptions volcaniques.

b. Il n'y a pas de risques sismiques en France métropolitaine.

c. La Martinique et la Guadeloupe sont particulièrement exposées aux risques sismiques.

d. Les risques volcaniques d'une région sont établis en tenant compte des éruptions historiques.

e. Dans les zones à risques sismiques, les constructions doivent être réalisées selon certaines normes.

f. Tous les volcans actifs présentent le même danger pour les populations.

EXERCICE 2
Expliquez comment…

a. Les cartes des principales zones à risque sismique ou volcanique sont établies.

b. Les risques sismiques peuvent être limités.

c. La prévision des éruptions volcaniques est rendue possible.

EXERCICE 3
Faites une phrase courte pour retrouver une notion importante.

a. Prévenir ; risques volcaniques ; surveillance ; plan de secours.

b. Prévenir ; risques sismiques ; zones à risques ; plan de prévention des risques sismiques.

EXERCICE 4
Trouvez le mot caché

Recopiez la grille ci-dessous puis complétez-la à partir des définitions suivantes.

1
2
3
4
5
6

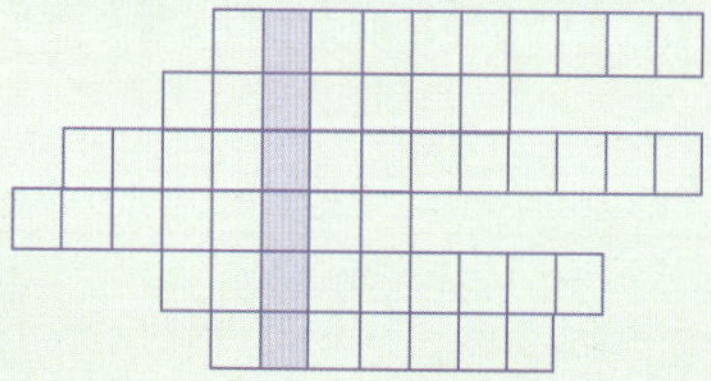

1. Ensemble de mesures destinées à limiter le risque.

2. Il faut connaître leur emplacement afin d'évaluer le risque sismique d'une région.

3. Constructions préconisées dans les zones à risque sismique.

4. La Provence est une région où ce risque existe.

5. Nom d'un volcan antillais très actif.

6. Leur nombre augmente à l'approche d'une éruption volcanique.

Découvrez le mot caché et donnez-en une définition.

J'utilise mes connaissances

EXERCICE 5
Une zone à fort risque sismique

S'INFORMER **Saisir des informations sur une carte.**

Une grande faille de coulissage, la faille nord-anatolienne, longue de plus de 1 800 kilomètres, traverse d'est en ouest la Turquie depuis l'Iran jusqu'à la mer Égée. La ville d'Istanbul qui compte plus de dix millions d'habitants est située à moins de 20 kilomètres au nord de la branche principale de la faille. De nombreux tremblements de terre se sont produits le long de cette faille depuis 1939 (carte ci-dessous), dont celui d'Izmit (17 août 1999), d'une magnitude de 7,8 au cours duquel les terrains, placés de part et d'autre de la faille, se sont déplacés de plus de 3 mètres.

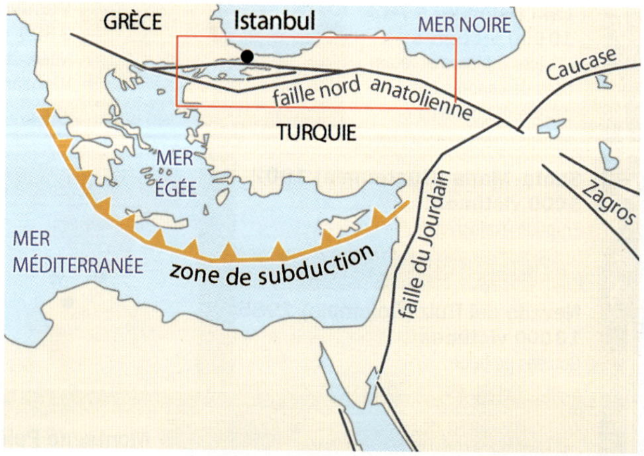

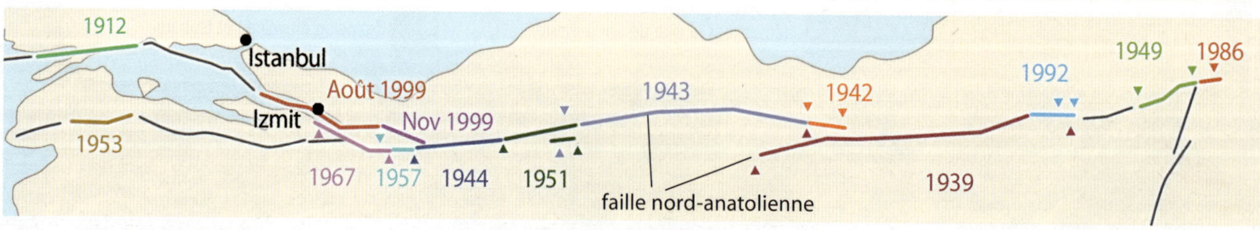

1. Comment évolue la localisation des séismes le long de la faille depuis 1939 ?

2. Expliquez pourquoi la ville d'Istanbul est considérée comme une zone à très haut risque sismique.

EXERCICE 6

Le Vésuve, un volcan sous haute surveillance

Ra RAISONNER Comparer des documents et proposer une explication.

Le Vésuve est un volcan italien qui domine la baie de Naples. C'est l'un des plus dangereux de la planète, son réveil, dans quelques dizaines ou centaines d'années apparaît comme une certitude aux yeux des scientifiques. Les flancs du Vésuve sont gagnés par l'urbanisation. On dénombre actuellement 3 millions de personnes à Naples et dans ses environs.

C'est aussi le volcan le plus surveillé du monde avec 12 stations sismiques, des mesures régulières des déformations du sol, une surveillance des gaz et de la température ; il y a même un satellite qui observe le volcan en permanence.

Années des principales éruptions : 79*, 203, 472, 1500, 1631, 1848, 1855, 1906, 1944.

* Destruction de Pompéi et Herculanum

D'après NASA World Wind

PLAN NATIONAL D'URGENCE

élaboré par la Protection Civile italienne en tenant compte du scénario probable de la prochaine éruption.

A
- Risque très élevé, nuée ardente dès les premières minutes de l'éruption.
- Évacuation de la zone avant l'éruption (700 000 personnes concernées).

B
- Risque élevé, retombées massives de blocs de cendres et de lapilli.
- Évacuation de la zone dès le début de l'éruption (un million de personnes concernées).

C
- Risque élevé, zone menacée par des coulées de boue.

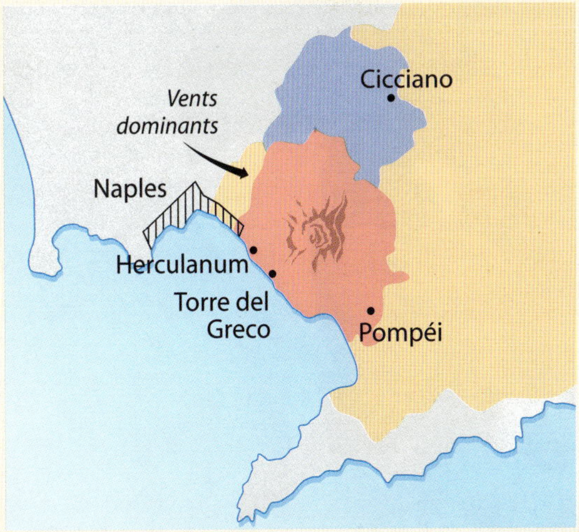

1. Comment le risque volcanique de cette région a-t-il pu être évalué ?

2. Dites quels sont les risques encourus à Naples, Torre del Greco et Cicciano.

3. Comment pouvez-vous expliquer l'allure de la zone B ?

4. Quels sont les différents moyens de prévention mis en œuvre pour éviter une catastrophe ?

Un couple de grues couronnées.

Reproduction sexuée et milieu de vie

Partie 2

Retrouver des acquis... et s'interroger

La reproduction des animaux

a

b

c

d

e

f

? *Ces photographies, placées dans le désordre, illustrent le cycle de reproduction de la grenouille. Replacez ces photographies dans l'ordre pour retrouver les principales étapes de la reproduction d'une grenouille.*

La reproduction des végétaux

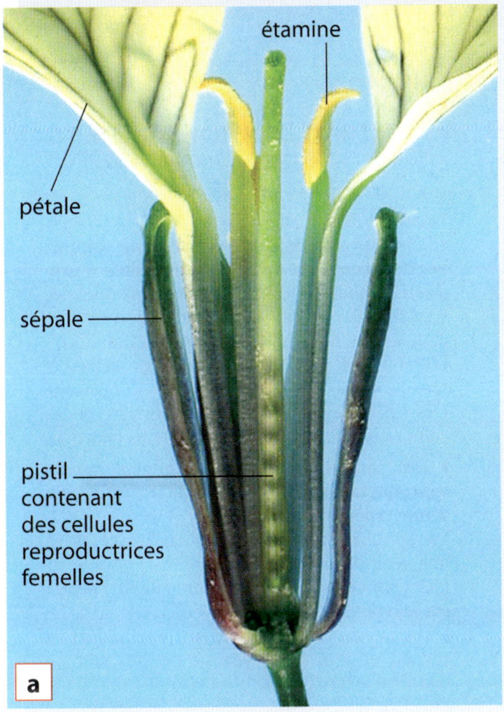

Coupe longitudinale d'une fleur de radis ravenelle.

Des centaines de grains de pollen se sont collés sur les soies de cette abeille. La photographie (c) est une vue de la tête (base des antennes) au microscope électronique.

Un fruit ouvert avec ses graines.

? *Retrouvez, à l'aide de ces photographies, les étapes de la transformation de la fleur du radis ravenelle en un fruit contenant des graines.*

L'Homme modifie le peuplement des milieux

? *Savez-vous ce qu'illustrent ces photographies ? Trouvez d'autres exemples d'activités humaines ayant des conséquences positives ou négatives sur le peuplement des milieux.*

Reproduction sexuée et milieu de vie

Partie 2

EXTRAIT DU PROGRAMME

(B.O. n°5 du 25 août 2005, hors série)

Durée conseillée : 6 heures.

- **La reproduction sexuée animale comme végétale comporte l'union d'une cellule reproductrice mâle et d'une cellule reproductrice femelle. Le résultat de la fécondation est une cellule-oeuf à l'origine d'un nouvel individu.**

L'union des cellules reproductrices mâles et femelle a lieu dans le milieu ou dans l'organisme Des mécanismes à l'échelle des individus et des cellules reproductrices favorisent la fécondation.

- **Les conditions du milieu influent sur la reproduction sexuée et ainsi que sur le devenir d'une espèce.**

La reproduction sexuée permet aux espèces de se maintenir dans un milieu.

Les ressources alimentaires du milieu influent sur la reproduction sexuée.

L'Homme peut aussi influer sur la reproduction sexuée, et ainsi porter atteinte ou préserver ou recréer une biodiversité.

Le coassement, « chant d'appel » de la grenouille mâle.

Chapitre

1 La reproduction sexuée des êtres vivants

La plupart des êtres vivants, animaux et végétaux, assurent une descendance par reproduction sexuée. Cette dernière est caractérisée par un événement majeur, la fécondation, qui nécessite la rencontre de cellules reproductrices mâles et femelles.

• **En quoi consiste la fécondation ? Quels mécanismes la favorisent ?**

Activité 1 — Des élevages en classe

Les élevages donnent lieu à des observations intéressantes sur la reproduction sexuée des animaux. Ils permettent de suivre au fil des semaines le cycle de vie de ces animaux et d'assister parfois à des naissances.

• ***Que nous apprennent les élevages sur la reproduction sexuée ?***

A L'élevage du grillon (domestique ou champêtre)

J'élève des grillons

- Installer un bac en verre contenant les éléments numérotés sur la photographie et recouvert d'un couvercle grillagé.
- Maintenir une humidité et une température constantes (28 °C).
- Apporter une nourriture variée : fruits et légumes lavés, croquettes pour animaux, pain, herbe…
- Nettoyer le vivarium régulièrement.

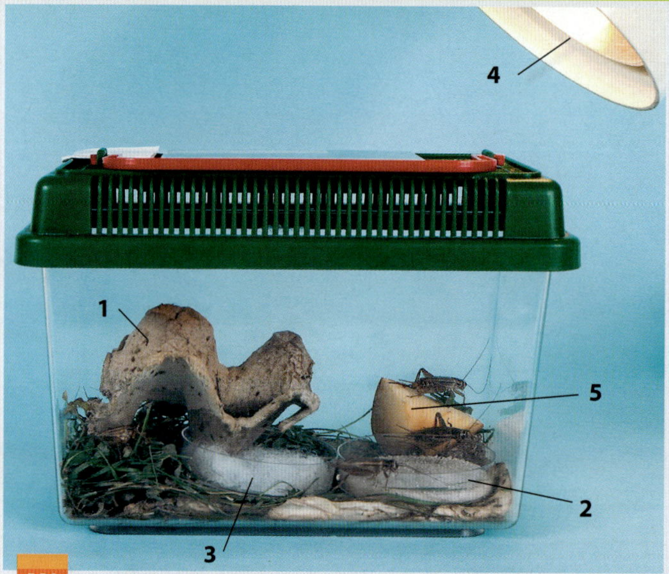

1. Abri type boîte d'œufs.
2. Pondoir : petite boîte remplie de sable humide.
3. Abreuvoir : coupelle avec du coton humide.
4. Ampoule chauffante.
5. Nourriture.

DOC 1 **Le vivarium :** créer un milieu proche des conditions naturelles.

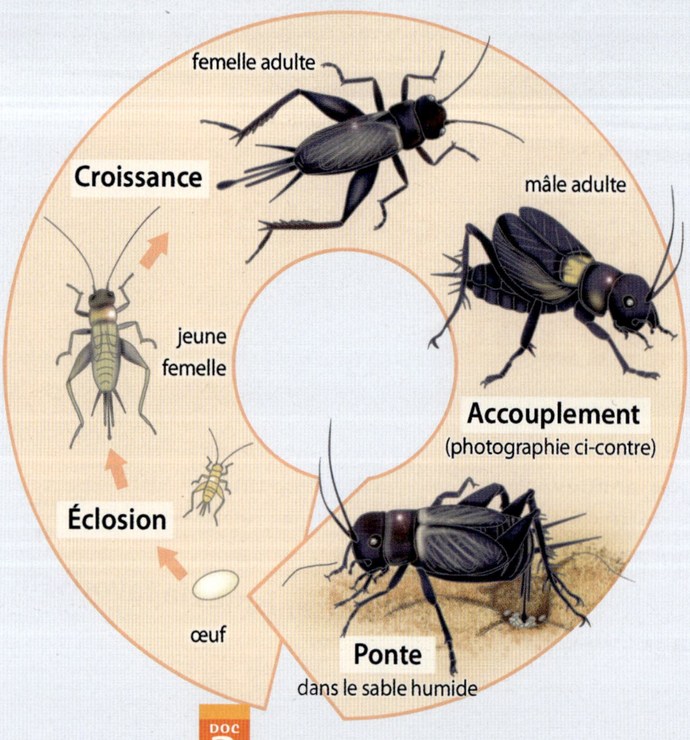

DOC 2 **Le cycle de développement du grillon.**

L'accouplement de grillons

Dans l'élevage, on peut observer des accouplements de grillons adultes : le mâle dépose alors une petite poche blanchâtre contenant des **spermatozoïdes** près de l'orifice génital de la femelle. Peu après, cette poche libère les spermatozoïdes qui migrent à l'intérieur de l'appareil reproducteur à la rencontre des **ovules**. Quelques jours plus tard, la femelle pond ses œufs dans le sable.

B L'élevage du poisson combattant

J'élève des combattants

- Installer un aquarium muni d'un couvercle.
- Placer le mâle et la femelle chacun dans un compartiment.
- Nourrir ces poissons carnivores avec des flocons ou des proies vivantes.

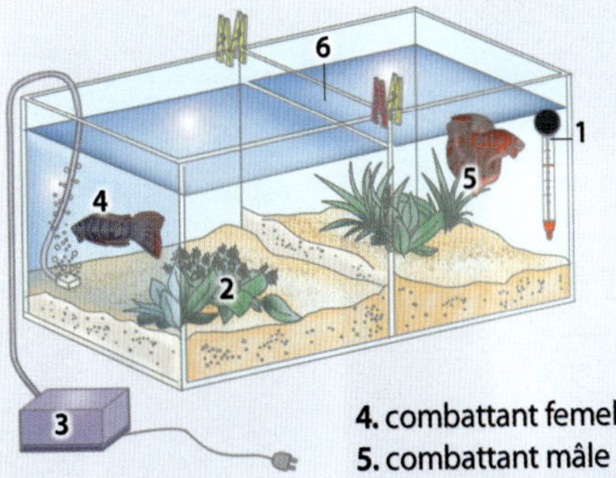

1. eau chauffée (25-30°C)
2. plantes aquatiques
3. diffuseur d'air
4. combattant femelle
5. combattant mâle
6. cloison transparente amovible (car le mâle est très agressif)

DOC 3 **Mâle (rouge) et femelle de combattant.**

En période de reproduction, lorsque l'abdomen de la femelle est bien rebondi et rayé, le mâle construit un nid de bulles près de la surface de l'aquarium. Il suffit alors d'enlever la cloison amovible pour que le mâle attire la femelle vers le nid par une danse. La femelle pond des ovules que le mâle arrose avec son **sperme**. Le mâle récupère les œufs ainsi formés et les transporte dans le nid de bulles où il les surveille attentivement. Après 30 heures d'incubation naissent de jeunes alevins.

DOC 4 **Un comportement qui révèle le mode de reproduction.**

Lexique

- **Ovule :** cellule reproductrice femelle.
- **Spermatozoïde :** cellule reproductrice mâle.
- **Sperme :** liquide contenant les spermatozoïdes.

Pistes de travail

1. Que se passe-t-il en période de reproduction lorsque les grillons mâles et femelles cohabitent dans le même élevage (DOC 1 et 2) ?
2. Recherchez les points communs et les différences entre la reproduction du grillon et celle du poisson combattant (DOC 1 à 4).
3. Où se forment les œufs dans chaque cas (DOC 2 et 4) ?

Pour conclure, expliquez en quoi consiste une reproduction sexuée.

Compétences • 1 : S'informer • 2 et 3 : Raisonner.

Activité 2

La fécondation, événement central de la reproduction

Au cours de la reproduction sexuée, la naissance de nouveaux individus n'est possible que si les cellules reproductrices femelles sont fécondées par les cellules reproductrices mâles.

• ***Comment se déroule la fécondation ? Où se produit-elle ?***

A Étude pratique d'une fécondation externe

DOC 1 **Il existe des oursins mâles et des oursins femelles.** À la fin de l'hiver, c'est la période de reproduction : les oursins libèrent dans l'eau de mer leurs cellules reproductrices, soit des spermatozoïdes, soit des ovules.

Activités pratiques

▸ **Observation des cellules reproductrices au printemps**

- Placer des oursins sur des récipients remplis à ras-bord d'eau de mer.

Les mâles libèrent un liquide blanchâtre et les femelles un liquide orangé assez épais.

- Observer au microscope une goutte de chaque liquide : l'une contient des spermatozoïdes, l'autre des ovules.

▸ **Réalisation d'une fécondation**

- Mélanger sur une lame deux gouttes, l'une contenant des spermatozoïdes, l'autre des ovules.
- Recouvrir d'une lamelle et observer au microscope.

POUR EN SAVOIR PLUS
www.bordas-svtcollege.fr/liens4e

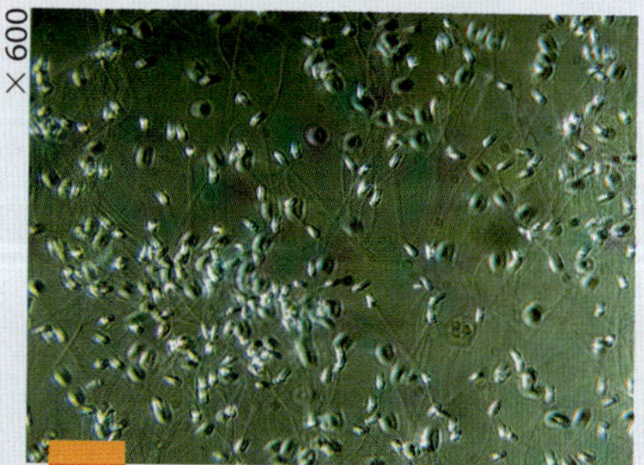

DOC 2 **Spermatozoïdes.**

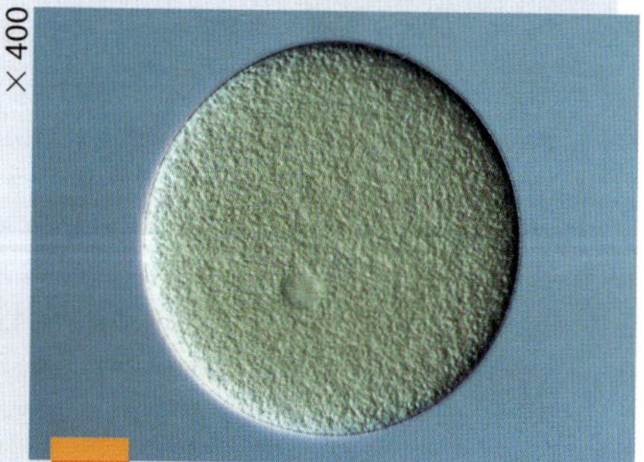

DOC 3 **Ovule.**

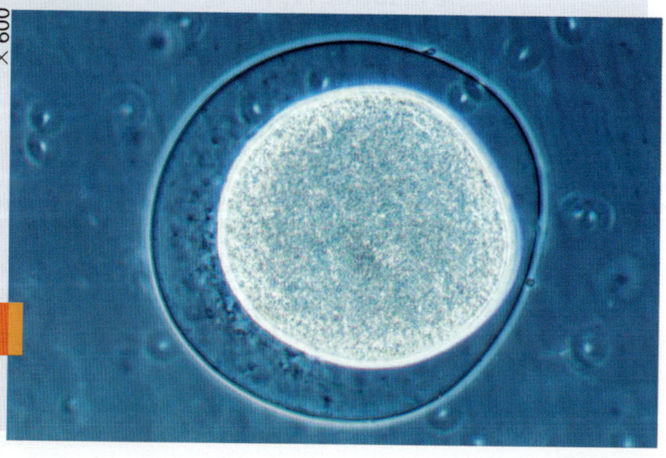

DOC 4 **La fécondation est à l'origine de la cellule-œuf.**

B Un exemple de fécondation interne

DOC 5

Chez de nombreux animaux, au moment de l'accouplement, les cellules reproductrices mâles sont déposées à l'intérieur du corps de la femelle.

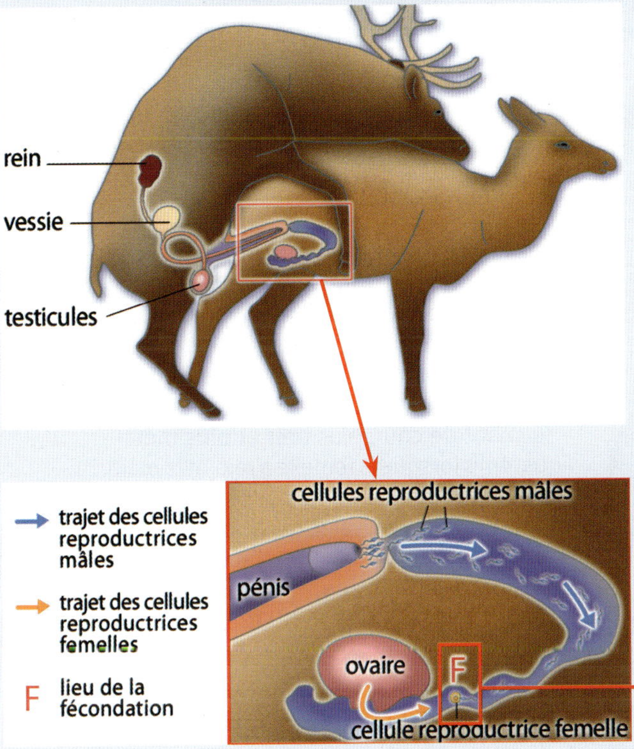

L'accouplement du cerf et de la biche

- Il y a **fécondation externe** quand l'union des deux cellules reproductrices se produit en dehors de l'appareil reproducteur femelle. Comme ces cellules ne peuvent survivre que dans l'eau, la fécondation externe ne peut se dérouler qu'en milieu aquatique.
- Il y a **fécondation interne** lorsque l'union des deux cellules reproductrices a lieu dans l'appareil reproducteur de la femelle. Dans ce cas un accouplement est indispensable.

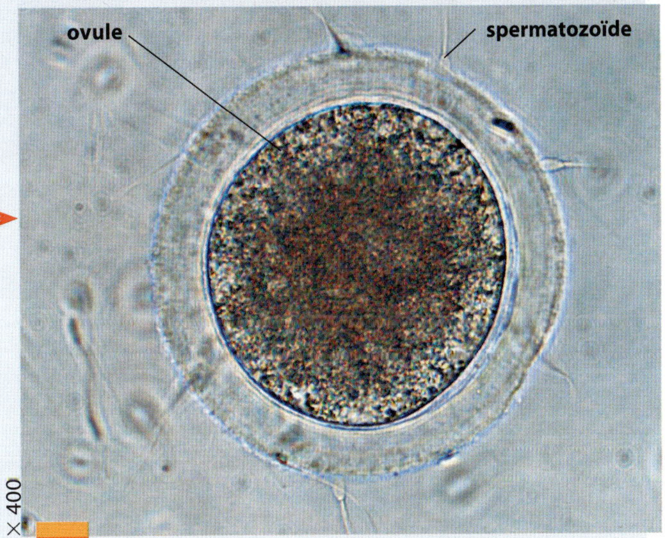

DOC 6 **Les spermatozoïdes et l'ovule se rencontrent au sein de l'appareil génital de la femelle.** Après la fécondation, la cellule-œuf se divise et est à l'origine d'un nouvel individu.

Lexique

- **Fécondation :** union d'une cellule reproductrice mâle et d'une cellule reproductrice femelle, à l'origine d'une cellule-œuf.
- **Cellule-œuf :** première cellule d'un nouvel être vivant.
- **Accouplement :** relation sexuelle entre un mâle et une femelle de la même espèce.

Pistes de travail

1. Décrivez les cellules reproductrices observées chez les oursins mâles et femelles (DOC 1 à 3). Faites une comparaison.
2. Que se passe-t-il lorsque ces cellules reproductrices se rencontrent (DOC 4 et 6) ?
3. Pourquoi parle-t-on de fécondation externe chez l'oursin et de fécondation interne chez le cerf (DOC 1 à 6) ?

Pour conclure, expliquez comment se déroule la fécondation. Précisez où elle peut avoir lieu.

Compétences • 1 et 2 : S'informer • 3 : Raisonner

Activité 3

Le rapprochement du mâle et de la femelle

La fécondation ne peut avoir lieu que si les cellules reproductrices se rencontrent. Dans le cas d'une fécondation interne, cette rencontre nécessite obligatoirement le rapprochement des partenaires.

• ***Quels comportements favorisent le rapprochement des partenaires ?***

A Un exemple : le chant du grillon

Chez le grillon, trois chants ont été clairement identifiés et interprétés :
– le chant d'appel sexuel (le plus fréquent) dont la fonction est d'attirer la femelle vers le territoire du mâle (mâle et femelle vivent dans des terriers différents) ;
– le chant de cour, plus bref et plus métallique, émis lorsque la femelle a rejoint le mâle et qui est un prélude à l'accouplement ;
– la stridulation de rivalité qui a pour fonction d'intimider un autre mâle, ou d'accompagner un combat entre rivaux.

DOC 1 **Les soirs d'été, les grillons emplissent la campagne de leurs « cri-cri » sonores.**
1 : femelle ; **2** : mâle.

Le chant est enregistré à l'aide d'un micro placé près du vivarium ; l'enregistrement traité par ordinateur est visualisé en simultané sur l'écran.

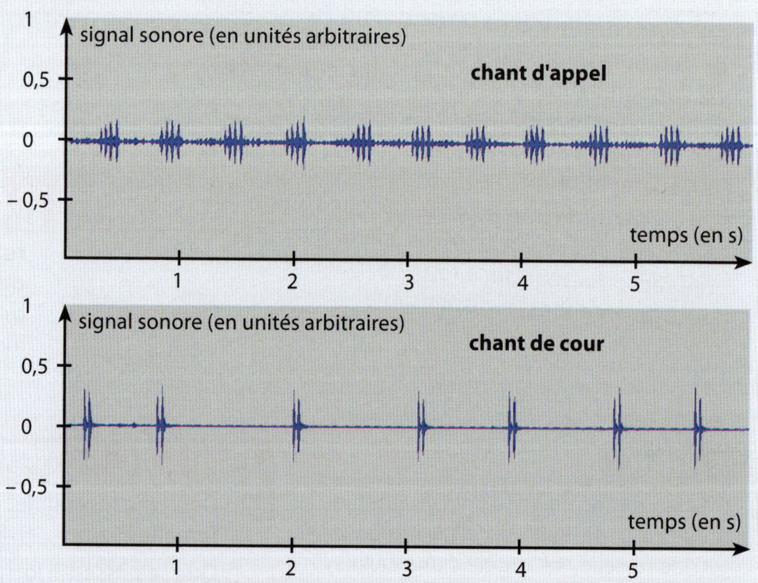

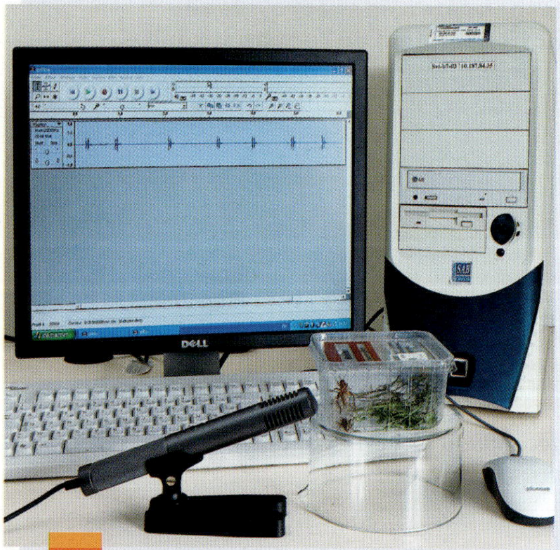

• **1er enregistrement, le chant d'appel,** réalisé lorsque le grillon mâle est seul dans le vivarium.
• **2e enregistrement, le chant de cour,** réalisé après introduction d'une femelle dans le vivarium, lorsque celle-ci est proche du mâle.

DOC 2 **Enregistrement du chant du grillon par ordinateur.**

POUR EN SAVOIR PLUS
www.bordas-svtcollege.fr/liens4e

B D'autres stratégies

DOC 3 **Le brame du cerf, à l'automne, à la tombée de la nuit.** Des meuglements rauques retentissent dans toute la forêt : les cerfs appellent les biches.

Histoire des Sciences

J.-H. Fabre (1823-1915), entomologiste français, élève des papillons de nuit (grand Paon de nuit). Un jour, il constate que dans son élevage, une femelle qui vient de naître est entourée de nombreux mâles alors qu'il n'y en avait pas dans l'élevage ni dans la région. Fabre réalise alors les expériences ci-dessous pour comprendre les causes de « cet exploit ».

Expériences	Résultats
Expérience 1 	En quelques heures, des mâles se pressent autour de la cage.
Expérience 2 	Aucun mâle n'est attiré.
Expérience 3 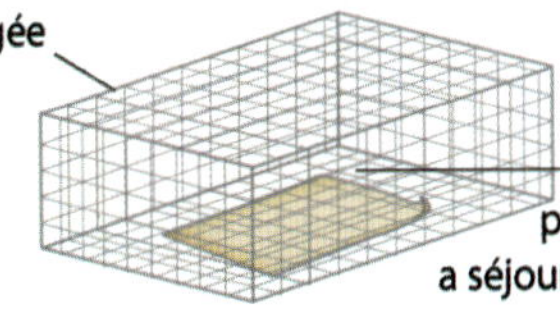	Les mâles sont attirés comme si la femelle était là.

DOC 4 **Des antennes surdimensionnées chez les mâles de certaines espèces d'insectes : à quoi servent-elles ?**

Pistes de travail

1. Comparez les enregistrements des chants du grillon mâle (DOC 2) puis indiquez le rôle de chacun (DOC 1).

2. Quelle est la stratégie utilisée par le cerf pour attirer les femelles (DOC 3) ?

3. À partir des expériences de J.-H. Fabre, montrez que la femelle attire les mâles avec une odeur (DOC 4).

Pour conclure, nommez quelques comportements des animaux qui favorisent le rapprochement des partenaires.

Compétences • 1 et 2 : S'informer • 3 : Raisonner.

Activité 4

Le rapprochement des cellules reproductrices

Au cours de la reproduction sexuée, l'union des cellules reproductrices permet la formation d'une cellule-œuf ; cette union nécessite le rapprochement de ces cellules.

• ***La rencontre des cellules reproductrices se fait-elle au hasard ou bien des mécanismes favorisent-ils ce rapprochement ?***

A Des observations et des expériences chez une algue, le fucus

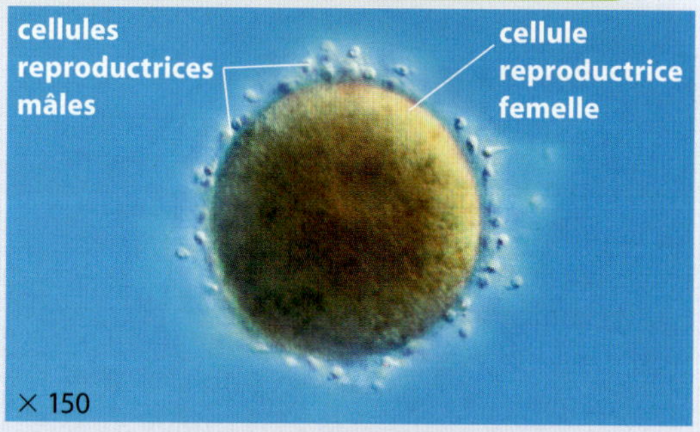

En période de reproduction (début du printemps), les pieds portent des renflements reproducteurs qui libèrent une gelée orangée pour les pieds mâles et une gelée verdâtre pour les pieds femelles. Ces gelées contiennent les cellules reproductrices qui vont se rencontrer dans l'eau de mer.

DOC 1 **Le fucus est une algue brune commune de l'océan Atlantique.**

Activités pratiques

- Chez un fucus en période de reproduction, prélever de la gelée orangée dans un renflement reproducteur mâle et de la gelée verdâtre dans un renflement reproducteur femelle.
- Réaliser les expériences indiquées dans le tableau.

Illustration de l'expérience 1

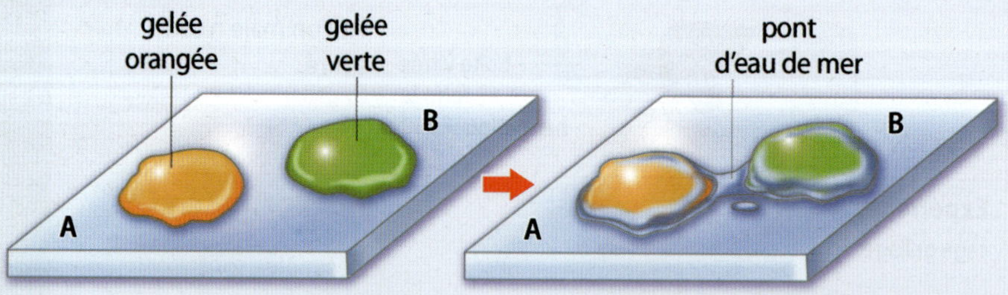

	Protocole	Résultats
Expérience 1	• Déposer sur une lame une goutte de gelée orangée (A) et une goutte de gelée verdâtre (B). Observer chaque goutte au microscope. • Réunir les deux gouttes par un « pont » d'eau de mer et observer aussitôt au microscope.	• Les cellules reproductrices mâles passent dans la goutte B.
Expérience 2	• Réaliser la même opération en remplaçant la goutte B par une goutte d'eau de mer ayant contenue des cellules reproductrices femelles (éliminées par filtration).	• Les cellules reproductrices mâles passent dans la goutte B.
Expérience 3	• Réaliser la même opération en remplaçant la goutte B par une goutte d'eau de mer n'ayant jamais contenue des cellules reproductrices femelles.	• Les cellules reproductrices mâles restent dans la goutte A.

DOC 2 **Des expériences que l'on peut réaliser en classe si l'on dispose de fucus en période de reproduction.**

B Des observations chez une plante à fleurs

Une fleur de tulipe ouverte

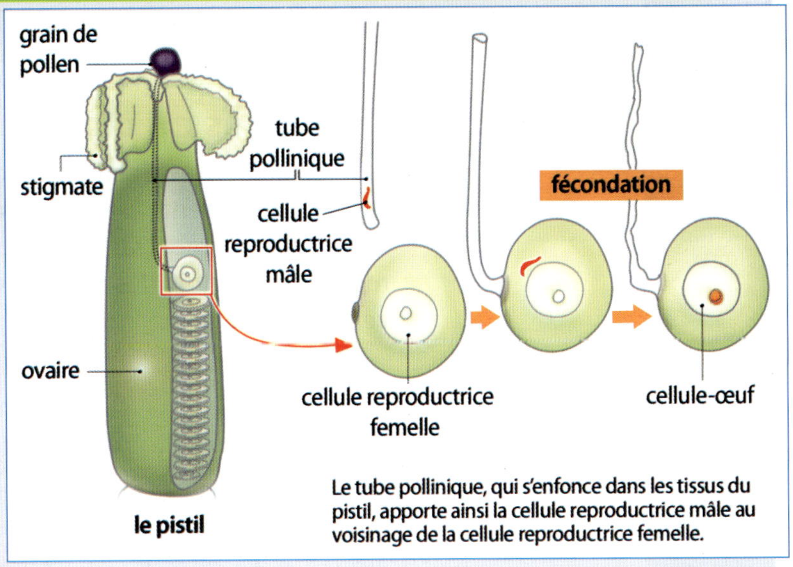

Le tube pollinique, qui s'enfonce dans les tissus du pistil, apporte ainsi la cellule reproductrice mâle au voisinage de la cellule reproductrice femelle.

DOC 3 **Arrivé sur le stigmate, le pollen germe et produit un tube pollinique qui s'enfonce jusqu'à l'ovaire.**

Activités pratiques

- Utiliser deux lames sur lesquelles un milieu de culture à base de gélose sucrée a été préparé.
- Déposer sur une des deux lames une coupe transversale de pistil.
- Saupoudrer les lames de grains de pollen issus d'une étamine mûre.
- Suivre au microscope la germination du pollen pendant quelques heures.

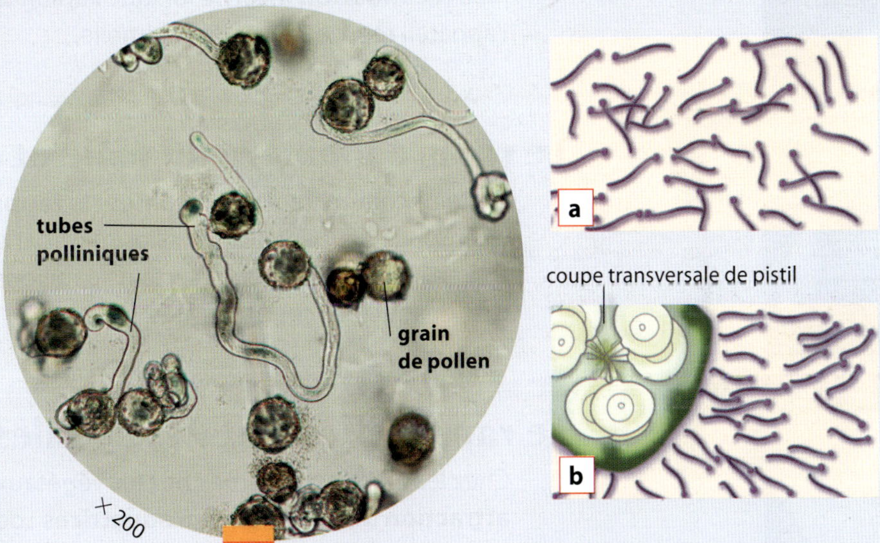

DOC 4 **Germination des grains de pollen** en l'absence (**a**) ou en présence (**b**) d'une coupe transversale de pistil.

Lexique

- **Pollen :** élément reproducteur mâle dont la germination produit un tube pollinique.
- **Tube pollinique :** long tube produit par la germination du grain de pollen et qui apporte la cellule reproductrice mâle au voisinage de la cellule reproductrice femelle.

Pistes de travail

1. En quoi la rencontre des cellules reproductrices est-elle problématique chez le fucus (DOC 1) ?
2. Formulez une hypothèse permettant d'expliquer ce qui favorise la rencontre des cellules reproductrices du fucus. Justifiez la réponse à partir de l'analyse des expériences (DOC 2).
3. Expliquez comment s'effectue la rencontre des cellules reproductrices chez les plantes à fleurs (DOC 3 et 4).

Pour conclure, résumez en quelques lignes ce qui favorise la rencontre des cellules reproductrices.

Compétences • 1 : S'informer • 2 et 3 : Raisonner.

Le bilan des activités

P. 90-91 Activité 1

Des élevages en classe

Les élevages en classe permettent de suivre le cycle de vie des animaux et apportent des renseignements sur la **reproduction sexuée**. Chez les grillons comme chez les poissons combattants, la reproduction sexuée fait intervenir des individus **mâles** et des individus **femelles** qui produisent des œufs, à l'origine de nouveaux êtres vivants.

P. 92-93 Activité 2

La fécondation, événement central de la reproduction

Toute reproduction sexuée comporte l'union d'une **cellule reproductrice mâle** et d'une **cellule reproductrice femelle**. Cette union est appelée **fécondation**. Elle aboutit à la formation d'une **cellule-œuf**, première cellule d'un nouvel individu.

Il y a **fécondation externe** quand l'union des deux cellules reproductrices se produit en dehors du corps de la femelle, dans le milieu aquatique.

Il y a **fécondation interne** lorsque l'union des cellules reproductrices a lieu dans l'appareil reproducteur de la femelle.

P. 94-95 Activité 3

Le rapprochement du mâle et de la femelle

Certains comportements favorisent le **rapprochement des partenaires** et ainsi la rencontre des gamètes. Le grillon mâle, par exemple, émet des signaux sonores qui attirent les femelles ; chez certains papillons, la femelle attire les mâles en émettant des substances odorantes.

P. 96-97 Activité 4

Le rapprochement des cellules reproductrices

Chez les animaux comme chez les végétaux, la fécondation est facilitée par une **attraction des cellules reproductrices** : des substances attractives libérées par les cellules reproductrices femelles attirent les cellules reproductrices mâles.

Les mots-clés

- Cellule reproductrice femelle
- Cellule reproductrice mâle
- Fécondation
- Cellule-œuf
- Fécondation externe
- Fécondation interne
- Rapprochement des partenaires
- Attraction des cellules reproductrices

L'essentiel

Ce qu'il faut savoir

- La reproduction sexuée animale comme végétale comporte l'union d'une cellule reproductrice mâle et d'une cellule reproductrice femelle. Cette fécondation aboutit à la formation d'une cellule-œuf à l'origine d'un nouvel individu.
- La fécondation est externe lorsqu'elle a lieu dans l'eau. Elle est interne lorsqu'elle a lieu dans le corps de la femelle à la suite d'un accouplement. Le comportement des individus et l'attraction des cellules reproductrices favorisent la fécondation.

Le schéma-bilan La reproduction sexuée des êtres vivants

La reproduction sexuée comporte toujours une fécondation

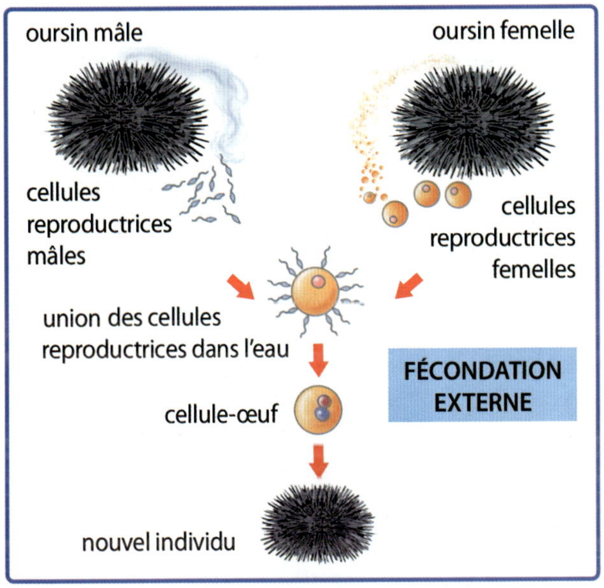

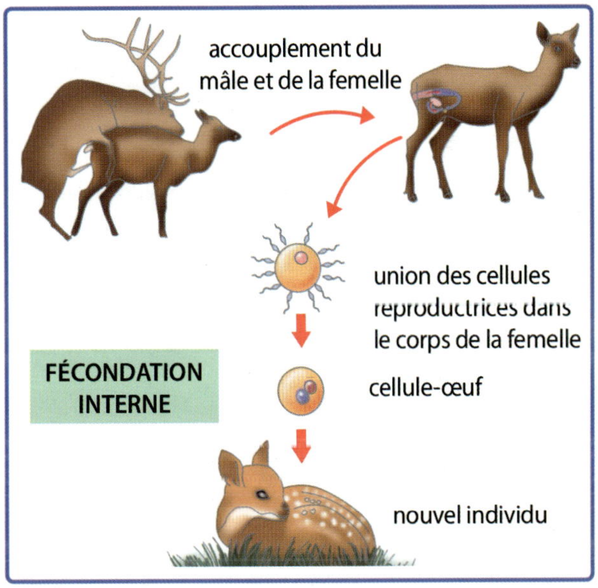

Des mécanismes favorisent la fécondation

- **Le rapprochement des partenaires**

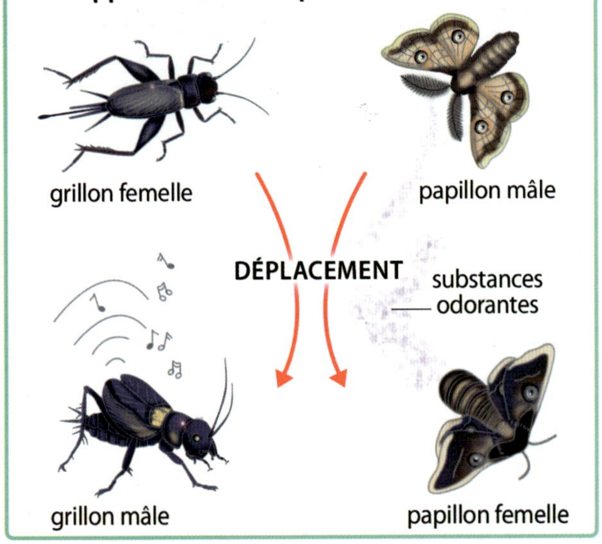

- **Le rapprochement des cellules reproductrices**

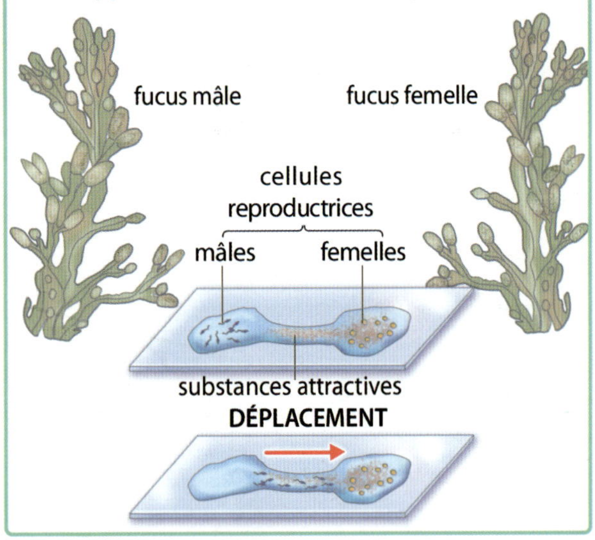

La reproduction sexuée nécessite le rapprochement des partenaires. Le plus souvent, l'initiative revient aux mâles qui cherchent à séduire les femelles en adoptant des comportements particuliers appelés parades nuptiales. Chez les oiseaux, celles-ci sont particulièrement élaborées.

L'art de la séduction chez les oiseaux

Ne suis-je pas le plus beau ?

Chez le paon bleu, le mâle, plus grand que la femelle, possède un plumage brillant et coloré et une queue en forme de traîne. Au printemps celui-ci est le point de mire des femelles qu'il tente de séduire en faisant la roue, les plumes de la queue largement déployées en un gigantesque éventail.

Tu ne vas pas résister à un si beau jabot !

Au cours de la parade, le mâle de la frégate superbe gonfle comme un ballon la grande poche rouge de sa gorge ; il parade, tête rejetée en arrière, tout en regardant la femelle qui vole au-dessus de sa tête.

Je suis le meilleur chanteur de mon espèce !

L'animal est donc là, dans la pénombre, juché sur une branche… il pond un à un avec une application touchante ses « Cou-cou ! » inlassables. À chaque note, il balance la tête de haut en bas et ponctue sa phrase par un petit hochement de la queue…
Le coucou (comme d'ailleurs l'immense majorité des oiseaux) ne chante que dans un but bassement égoïste : défendre son territoire…
Pourquoi le coucou monte-t-il aussi sévèrement la garde autour de son territoire ? Pour le seul plaisir de provoquer les passants en duel ?... Ce n'est pas aussi simple, vous vous en doutez. L'animal cache une autre idée derrière son petit crâne gris. Une idée très banale au demeurant, que des millions d'individus ont eue avant lui et qui tient en une phrase : séduire une femelle.

D'après *La Hulotte* n° 38

Tu ne vas pas refuser un cadeau !

Chez le sterne arctique, la parade débute dans les airs, le mâle descend en zigzags puis tourne autour de la femelle en voletant, un cadeau de fiançailles dans le bec. Il lui offre un joli poisson tout frais pêché, gage qu'il saura nourrir la future couvée. Le couple ainsi formé reste uni pour la vie.

Regarde comme je danse bien !

Chez le fou à pieds bleus, le mâle danse d'un pied sur l'autre, une, deux, une, deux… comme dans une parade militaire et montre ainsi à la femelle ses beaux pieds bleus palmés.

Exercices

Je teste mes connaissances

EXERCICE 1 Vrai ou faux ?

Certaines affirmations sont exactes. Recopiez-les. Corrigez ensuite les affirmations inexactes.

a. La fécondation est la rencontre de l'ovule et des spermatozoïdes.

b. Le spermatozoïde est la cellule reproductrice mâle.

c. La cellule-œuf est la cellule reproductrice femelle.

d. Chez le grillon la fécondation est externe.

e. Le résultat de la fécondation est une cellule-œuf.

f. Différents comportements favorisent la rencontre du mâle et de la femelle.

g. La reproduction sexuée comporte toujours un accouplement.

h. Plusieurs spermatozoïdes peuvent féconder le même ovule.

i. Il existe une reproduction sexuée chez les végétaux.

EXERCICE 2 Dans la liste ci-après, recherchez les mots ou expressions qui se rapportent…

a. À la fécondation externe d'une part.

b. À la fécondation interne d'autre part.

Mâle ; femelle ; accouplement ; cellule reproductrice femelle ; cellule reproductrice mâle ; cellule-œuf ; fécondation ; union des cellules reproductrices ; dans le corps de la femelle ; dans l'eau.

EXERCICE 3 Expliquez pourquoi…

a. Les parades nuptiales favorisent la fécondation.

b. L'attraction des cellules reproductrices favorise la fécondation.

EXERCICE 4 Faites une phrase courte pour retrouver une notion importante

a. Cellule-œuf ; ovule ; fécondation ; spermatozoïde.

b. Appareil reproducteur de la femelle ; cellules reproductrices mâles ; accouplement.

c. Papillon mâle ; papillon femelle ; substances odorantes.

EXERCICE 5 Trouvez le mot caché.

Recopiez la grille ci-dessous puis complétez–la à partir des définitions suivantes.

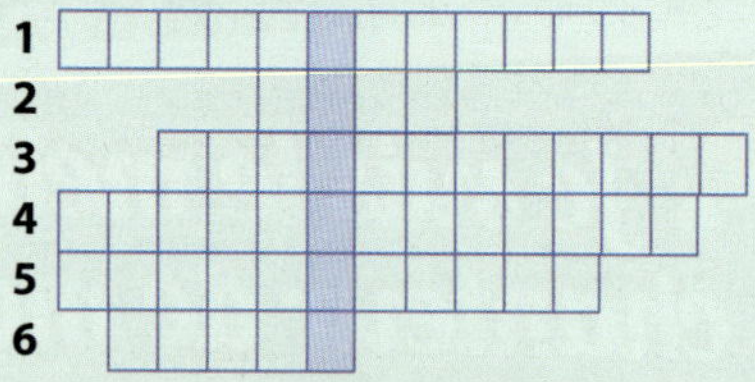

1. Précède la fécondation interne.
2. Individu qui produit des spermatozoïdes.
3. Elle est le plus souvent sexuée.
4. Cellule reproductrice mâle.
5. Union d'une cellule reproductrice mâle et d'une cellule reproductrice femelle.
6. Cellule reproductrice femelle.

Découvrez le mot caché et donnez-en une définition.

J'utilise mes connaissances

EXERCICE 6 La reproduction de la truite fario

S'informer — Saisir des informations à partir d'un texte.

Après avoir creusé une petite cuvette avec sa nageoire caudale, la femelle y dépose une grande quantité de « billes » orangées, qui sont immédiatement recouvertes par la laitance du mâle. En effet, au contact de l'eau, ces « billes » durcissent en moins d'une minute et deviennent imperméables à la semence du mâle.

La femelle recouvre ensuite les œufs de graviers afin de les protéger du courant de la rivière et d'éventuels prédateurs. Ces œufs incubent une quarantaine de jours puis éclosent, donnant naissance à des alevins.

Dès octobre, les truites fario remontent les rivières à la recherche d'un site favorable à la reproduction, une frayère, zone peu profonde bien oxygénée à fonds de graviers.

1. Que représentent les petites « billes » orangées ? la laitance ?

2. Que se passe-t-il lorsque les petites « billes » sont recouvertes de laitance ? Précisez votre réponse et justifiez le fait que la rencontre doit être très rapide.

3. S'agit-il d'une fécondation interne ou externe?

4. Construisez le cycle de reproduction de la truite.

EXERCICE 7 Des expériences historiques

RAISONNER Ra Mettre en relation des informations et des connaissances.

En 1770, l'abbé italien, Lazzaro Spallanzani, réalise sur des grenouilles des expériences célèbres.

• Expérience 1
Spallanzani prélève des boules noires dans l'appareil reproducteur de 156 femelles. Il les met dans de l'eau de mare et constate qu'elles ne donnent jamais naissance à des têtards.

• Expérience 2
Spallanzani recueille des boules noires dans l'appareil reproducteur d'une grenouille accouplée et dans la ponte elle-même. Il écrit : « Comme il faut plus d'une heure pour la sortie entière des boules noires je prenais le reste des boules qui restaient dans la grenouille, quelques moments avant la fin de la ponte. Je les mettais dans de l'eau recueillie dans une mare ainsi que les boules émises naturellement par la femelle. Mais tandis que celles-ci donnaient bientôt naissance aux têtards, les autres se putréfiaient. »

• Expérience 3
Spallanzani fabrique des culottes étanches qu'il met aux grenouilles mâles. Ainsi habillés, les mâles s'accouplent avec les femelles mais aucune des boules noires émises à l'extérieur par les femelles ne se développe. Spallanzani observe dans les culottes de petites gouttes d'une « *liqueur* » transparente.

• Expérience 4
Spallanzani prélève des boules noires dans l'appareil reproducteur d'une femelle et les met en contact avec la « *liqueur* » recueillie dans les culottes. Après quelques jours passés dans l'eau d'une mare, les boules se développent et donnent naissance à des têtards.

Illustration de l'expérience 3

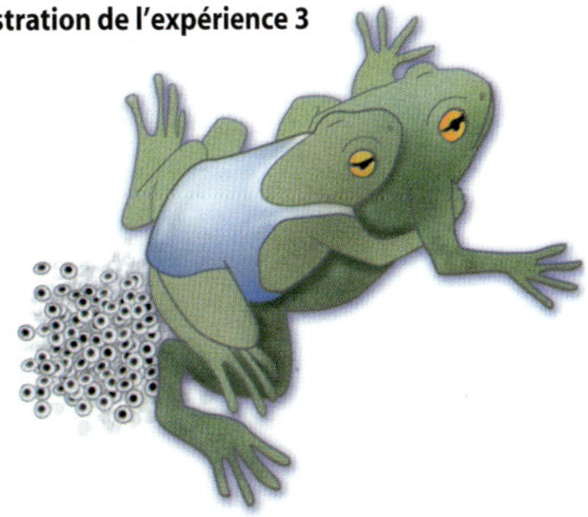

1. Remplacez les expressions « boules noires » (expérience 1) et « liqueur » (expérience 3) par des mots précis scientifiquement.

2. Expliquez pourquoi les boules noires prélevées dans l'appareil reproducteur des grenouilles femelles ne donnent jamais de têtards alors que celles prélevées au moment de l'accouplement se développent et donnent naissance à des têtards.

3. Que voulait vérifier Spallanzani en mettant des culottes aux grenouilles mâles (expérience 3) ?

4. Pourquoi a-t-il réalisé l'expérience 4 ?

EXERCICE 8 Des stratégies particulières chez des insectes

S'INFORMER I Saisir des informations à partir de documents.

Ce **papillon mâle** se distingue de la femelle car il porte sur chacune de ses ailes des taches obliques foncées formées par des sortes d'écailles odorantes. Ces substances odorantes attirent les femelles, même à de longues distances.

Le **ver luisant** ou lampyre n'est pas un ver mais un insecte. Les soirs d'été, la femelle signale sa présence aux mâles qui volent dans les parages en soulevant l'extrémité de son abdomen qui luit comme un lampion.

1. Indiquez pour chacun de ces insectes :
– le partenaire (mâle ou femelle) qui attire l'autre ;
– le moyen utilisé pour attirer le partenaire.

2. Expliquez l'intérêt de ces comportements.

EXERCICE 9 Les œufs de poule : il y a « œuf » et « œuf» !

Ra RAISONNER Mettre en relation des informations.

À l'âge adulte, la poule possède quelques milliers d'ovules dans ses ovaires. Chaque jour, en période de ponte, l'un d'eux se développe et devient le « jaune ». Puis, il sort de l'ovaire et descend progressivement dans l'appareil reproducteur de la poule. Au cours de sa descente, il s'entoure du blanc, des membranes coquillières et finalement de la coquille avant d'être pondu.

Dans une basse-cour, il y a généralement un coq pour une dizaine de poules. Le coq s'accouple avec chacune d'elles. Les spermatozoïdes du coq remontent dans l'appareil reproducteur de la poule à la rencontre des ovules.

Dans un élevage de poules pondeuses il n'y a jamais de coq ; ces poules peuvent pondre plus de 200 œufs par an. Faire un œuf est un phénomène spontané qui ne nécessite pas obligatoirement la présence du coq.

1. Chez la poule, la fécondation est-elle externe ou interne ? Proposez une explication.

2. L'œuf produit dans un élevage de poules pondeuses est-il l'équivalent de celui pondu dans une basse-cour ? Justifiez votre réponse.

3. Quels sont les œufs qui en étant couvés donneront des poussins ?

EXERCICE 10 Un ravageur pris au piège

Ra RAISONNER Relier des informations à des connaissances.

Le carpocapse est un petit papillon nocturne d'à peine 2 centimètres de long. La femelle pond ses œufs sur les feuilles et les jeunes pousses d'un pommier. Chaque jeune chenille qui sort d'un œuf se déplace à la recherche d'une pomme dans laquelle elle pénètre en creusant une galerie jusque dans la zone des pépins où elle se développe. La pomme est alors dite « véreuse » et elle est impropre à la commercialisation. Dans de nombreux vergers, les producteurs de pommes placent de drôles de pièges permettant de capturer les mâles (photographie ci-contre).

1. Dites pourquoi les carpocapses mâles se font prendre par les pièges installés dans les vergers.

2. Comment pouvez-vous expliquer que la présence de pièges dans un verger permet d'obtenir une meilleure récolte de pommes ?

Apport par hélicoptère de truites reproductrices dans un lac difficile d'accès.

Chapitre 2

Conditions du milieu et reproduction sexuée

Par son action sur le milieu, l'Homme peut influer sur la reproduction d'une espèce. Son action peut, dans certains cas, porter atteinte à la biodiversité. Dans d'autres cas, en revanche, son action est positive et vise à favoriser la reproduction des espèces dans le milieu naturel.

- **Comment les conditions de vie influent-elles sur la reproduction sexuée ? Quelle peut être l'action de l'Homme ?**

Activité 1 Ressources alimentaires et reproduction sexuée

Dans un milieu, les ressources alimentaires disponibles peuvent varier. Par exemple, la production de glands, aliments favoris des sangliers, est plus ou moins abondante suivant les années.

• ***Quel peut être l'impact des ressources alimentaires disponibles sur la reproduction d'une espèce ?***

A Le sanglier, une espèce très prolifique !

DOC 1 Le sanglier est un animal très répandu dans les forêts françaises.

Les populations sont en pleine expansion : on estime que les effectifs sont dix fois plus importants aujourd'hui qu'il y a trente ans. Le sanglier se nourrit principalement de végétaux : glands (fruits du chêne), faînes (fruits du hêtre), champignons, plantes cultivées… mais aussi vers de terre, escargots.

À partir de 18 mois, les mâles deviennent solitaires. En revanche, les **laies** vivent ensemble, par 2 ou 3, avec leurs **marcassins**.

Les laies ne rencontrent les mâles qu'au moment du **rut**. Quand les conditions sont normales, le rut s'étend sur les mois de décembre et janvier. Après 115 jours de gestation, la femelle met au monde 3 à 5 marcassins en moyenne. Les jeunes femelles atteindront à leur tour le poids minimum pour se reproduire (35 à 40 kg) environ 20 mois après la naissance.

Sept.	Oct.	Nov.	Déc.	Janv.	Fév.	Mars	Avril	Mai	Juin	Juil.	Août
			Rut								
				Gestation							
							Naissances				
								Allaitement			
										Sevrage	
Repos sexuel											

DOC 2 Le cycle de reproduction du sanglier.

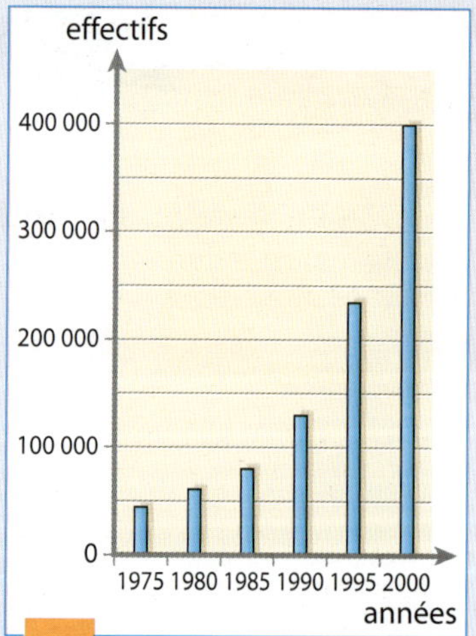

DOC 3 Des effectifs en progression : évolution du nombre de prélèvements de sangliers de 1975 à 2000 en France.

B Le potentiel reproducteur peut varier

Les années de forte production de glands, la période de repos sexuel est réduite de plusieurs mois et le rut peut intervenir dès le mois de septembre. De plus, l'alimentation très abondante profite à tous les sangliers jusqu'à l'été suivant. Les jeunes laies peuvent alors atteindre la maturité sexuelle et s'accoupler 11 à 14 mois seulement après leur naissance au lieu de 20 mois habituellement.

<table>
<tr><th>Sept.</th><th>Oct.</th><th>Nov.</th><th>Déc.</th><th>Janv.</th><th>Fév.</th><th>Mars</th><th>Avril</th><th>Mai</th><th>Juin</th><th>Juil.</th><th>Août</th></tr>
<tr><td>Rut</td><td></td><td></td><td></td><td></td><td></td><td></td><td></td><td></td><td></td><td></td><td></td></tr>
<tr><td></td><td colspan="4">Gestation</td><td></td><td></td><td></td><td></td><td></td><td></td><td></td></tr>
<tr><td></td><td></td><td></td><td></td><td colspan="2">Naissances</td><td></td><td></td><td></td><td></td><td></td><td></td></tr>
<tr><td></td><td></td><td></td><td></td><td></td><td colspan="3">Allaitement</td><td></td><td></td><td></td><td></td></tr>
<tr><td></td><td></td><td></td><td></td><td></td><td></td><td></td><td colspan="2">Sevrage</td><td></td><td></td><td></td></tr>
</table>

DOC 4 L'influence des ressources alimentaires sur le cycle de reproduction.

DOC 5 Jeune laie, bientôt adulte. Elle pourra à son tour participer à la reproduction.

Poids de la laie (en kg)	Nombre de marcassins par portée
30-40	2-3
40-50	3-4
50-60	4-5
+ de 60	5-6

DOC 6 Variation du nombre de marcassins en fonction du poids de la laie.
Le nombre de marcassins par portée est variable. Exceptionnellement, certaines portées comportent jusqu'à 8 marcassins.

Lexique

- **Laie :** nom donnée à la femelle du sanglier.
- **Marcassin :** petit du sanglier, âgé de moins de six mois.
- **Rut :** période d'activité sexuelle chez les mammifères, marquée par l'accouplement.

Pistes de travail

1. **Déterminez à quelle période les nouveau-nés donneront à leur tour naissance à de jeunes marcassins. Montrez alors que, lorsque les conditions sont normales, il n'y a qu'une seule période annuelle de naissances (DOC 1 et 2).**
2. **L'alimentation de la mère peut-elle avoir une influence sur le nombre de marcassins (DOC 6) ? Justifiez votre réponse.**
3. **Comment la reproduction du sanglier est-elle modifiée en cas de nourriture abondante ? Montrez qu'il pourra y avoir, l'année suivante, deux périodes de naissances (DOC 4 à 6).**

Pour conclure, expliquez comment l'abondance de ressources alimentaires favorise l'accroissement des populations de sanglier.

Compétences • 1 : S'informer • 2 et 3 : S'informer, raisonner.

Activité 2

DÉVELOPPEMENT DURABLE

Des aménagements pour préserver la biodiversité

Dans beaucoup de régions, les paysages sont transformés par l'action de l'Homme. Certaines pratiques portent atteinte à la diversité des espèces présentes dans un milieu alors que d'autres peuvent au contraire favoriser cette biodiversité.

• ***Comment certaines actions de l'Homme peuvent-elles avoir une telle influence ?***

A Des jachères en bordure des champs cultivés

DOC 1 Ces deux photographies des mêmes champs, prises du même endroit, illustrent une nouvelle pratique agricole pour préserver la biodiversité.

En **a**, le champ est cultivé jusqu'en bordure de route : la surface semée est étendue au maximum.

En **b**, une **jachère** fleurie.

Dans beaucoup de régions agricoles, les paysages ont été transformés : suppression des haies et des bosquets, assèchement des zones humides… Le déclin de la petite faune (insectes, alouettes, perdrix, etc.) a été bientôt constaté.

De nouvelles pratiques se développent : les haies qui séparent les champs sont préservées ou replantées. Dans le même but, un espace peut être aménagé le long des champs cultivés et planté d'une grande diversité d'espèces végétales, sans utilisation de **pesticides**.

De tels aménagements sont de véritables oasis de vie pour de nombreuses espèces : elles y trouvent abri et nourriture.

Fleurs et graines constituent une abondante source de nourriture.

B Jachères et haies : une influence sur le devenir des espèces

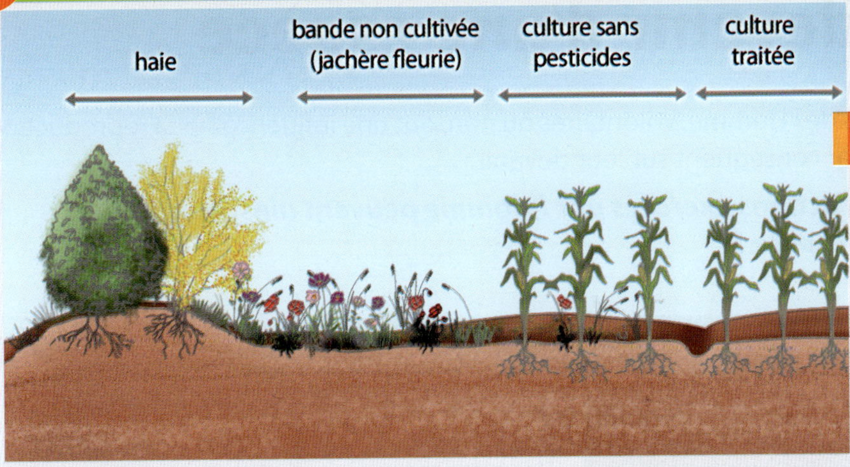

DOC 2 **Par des aménagements et des mesures de protection,** l'Homme peut favoriser la diversité et l'abondance des populations.

Un couple de perdrix rouges

Un nid de perdrix

DOC 3 **Une étude menée sur le territoire d'une ferme de 170 hectares, dans l'Aisne.** On a suivi d'année en année le nombre de couples de perdrix grises, suite à divers aménagements visant à préserver la petite faune.

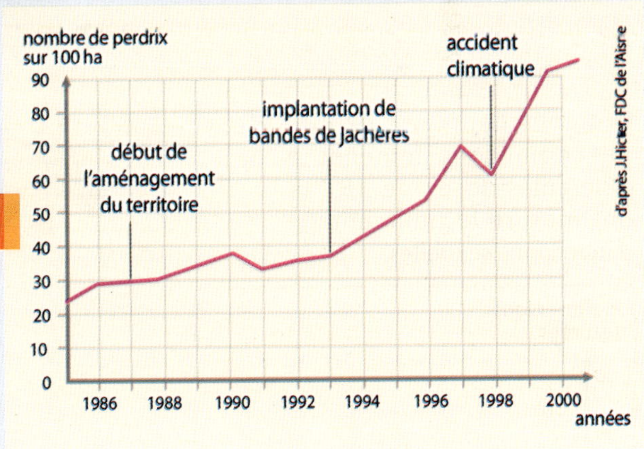

Lexique

- **Pesticides :** produits utilisés pour détruire les animaux et végétaux nuisibles aux cultures.
- **Biodiversité :** nombre total d'espèces vivantes présentes dans un milieu.
- **Jachère :** champ ou parcelle laissée volontairement sans culture.

Pistes de travail

1. Expliquez comment certaines actions de l'Homme peuvent entraîner le déclin d'espèces animales et végétales (DOC 1).
2. Recherchez les différents aménagements ou mesures de protection qui peuvent favoriser la reproduction et donc le peuplement des milieux par diverses espèces (DOC 2 à 3).

Pour conclure, citez, en les expliquant, une action de l'Homme qui porte atteinte à la biodiversité et une action qui recrée une biodiversité.

Compétences • 1 : S'informer • 2 : S'informer, raisonner.

Activité 3

DÉVELOPPEMENT DURABLE

L'Homme peut influer sur le devenir d'une espèce

Certaines actions de l'Homme, volontaires ou non, ont une influence sur la reproduction des espèces et par conséquent sur leur devenir.

• ***Quels types d'actions exercées par l'Homme peuvent ainsi modifier le destin d'une espèce ?***

A Les conséquences d'une pollution

Un buccin commun

DOC 1 **Des espèces menacées.**

Un curieux phénomène affecte certains coquillages des côtes européennes (bigorneaux, buccins, pourpres…) et entraîne la régression des populations. On constate en effet une **masculinisation** des coquillages femelles qui conduit à leur **stérilité** (ovaires avec œufs avortés, développement d'organes reproducteurs mâles…).
Les chercheurs suspectent un produit chimique contenu dans certaines peintures utilisées pour les coques des bateaux, le TBT (tributylétain), d'être à l'origine de ces inversions sexuelles.

Des chercheurs ont exposé des coquillages femelles à différentes doses de TBT et ont mesuré le pourcentage d'inversions sexuelles.

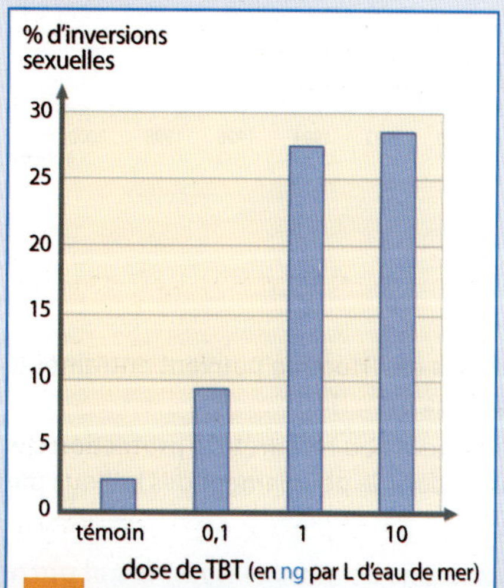

DOC 2 **Les effets du TBT.**

Les effets de la pollution par le TBT sont régulièrement évalués sur les côtes européennes.
Depuis 1980, la législation, variable suivant les pays, restreint l'usage du TBT.
La communauté européenne envisage l'interdiction totale de ce produit toxique, comme c'est le cas, en France, depuis 2003.

Inversions sexuelles
▼ aucun cas relevé
▲ effet constaté plus ou moins important

DOC 3 **Une étude menée sur les côtes de la Manche (île de Wight).**

B L'éradication d'une espèce

DOC 4

La lucilie bouchère est une mouche qui pond ses œufs dans les plaies des mammifères.

Les larves se développent ensuite dans la chair, ce qui cause de grandes pertes aux troupeaux des zones tropicales.

Dans plusieurs pays, la lucilie bouchère a été éliminée sans recourir aux insecticides.

- Le Mexique, par exemple, a pu être déclaré indemne de la lucilie bouchère en 1991.
- En septembre 1990, 3 000 cas d'atteinte par la lucilie bouchère furent recensés en Libye. Une campagne d'**éradication** fut alors engagée sous l'égide de la FAO (Organisation des Nations Unies pour l'Alimentation et l'Agriculture) : chaque semaine, 40 millions de lucilies mâles stérilisées en laboratoire ont été lâchées par avion. En mars 1991, on ne signalait plus aucun cas d'atteinte par cette mouche.

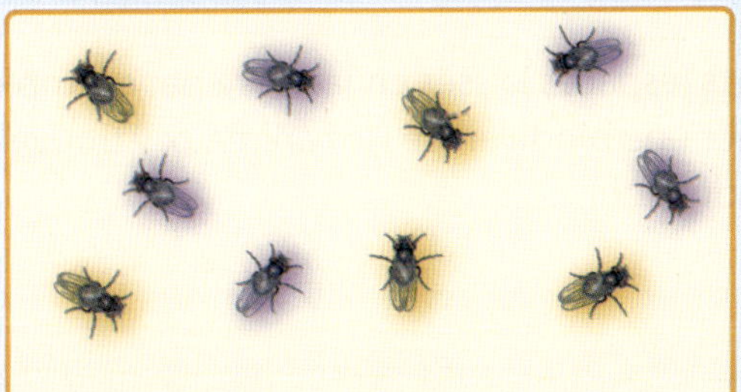

Dans une population naturelle, il y a normalement à peu près autant de mâles que de femelles.

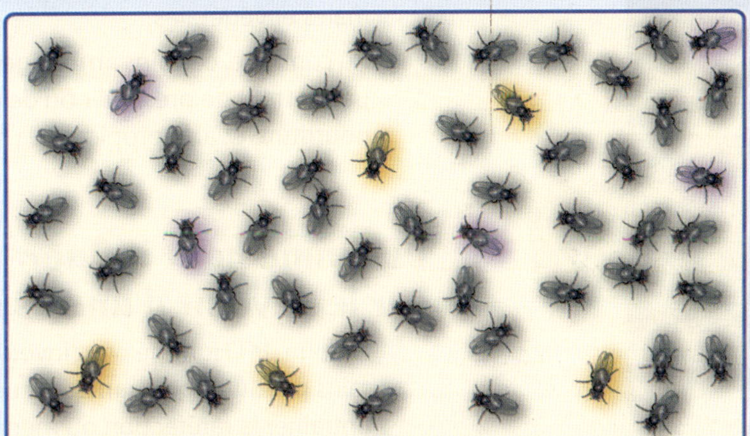

Modification de la population après lâcher de mâles stériles.

DOC 5 **Le principe de la lutte par lâcher de mâles stériles.** La lucilie femelle ne s'accouple qu'une seule fois. On estime que, si la proportion de mâles stériles l'emporte largement sur celle des mâles féconds (au moins 10 fois plus), la population de mouches est rapidement anéantie.

Lexique

- **Masculinisation :** apparition de caractères sexuels mâles.
- **Stérilité :** incapacité à se reproduire.
- **Éradication :** élimination totale.
- **ng (nanogramme) :** très petite unité de masse (un nanogramme est un milliardième de gramme).

Pistes de travail

1. Montrez que le TBT est bien la cause des malformations observées chez les coquillages (DOC 1, 2 et 3).
2. Expliquez pourquoi les effets du TBT se traduisent par une régression des populations (DOC 1).
3. Pourquoi la lutte contre la lucilie bouchère est-elle qualifiée de biologique ? En quoi consiste-t-elle (DOC 4 et 5) ?
4. Expliquez comment cette pratique peut entraîner l'éradication des populations (DOC 4 et 5).

Pour conclure, comparez l'action de l'Homme relatée dans ces deux exemples.

Compétences • 1 : S'informer, raisonner • 2 : Raisonner • 3 et 4 : Raisonner.

Le bilan des activités

P. 106-107 **Activité 1**

Ressources alimentaires et reproduction sexuée

Chez beaucoup d'espèces comme le sanglier, les **ressources alimentaires** influent sur la reproduction sexuée. Une abondance de nourriture augmente la **fécondité** (le nombre de petits par portée est plus élevé), avance l'âge de la maturité sexuelle et raccourcit la durée du **cycle de reproduction**. Ainsi, quand la nourriture abonde, la population animale augmente.

Des recherches sur d'autres espèces animales donnent des résultats analogues.

P. 108-109 **Activité 2**

Des aménagements pour préserver la biodiversité

L'action de l'Homme peut porter atteinte à la **biodiversité**. Ainsi, pour faciliter les travaux agricoles, des modifications du paysage ont été réalisées dans de nombreuses régions : la suppression d'arbres et de haies ou encore l'utilisation irraisonnée de pesticides ont entraîné la **disparition** de nombreuses espèces animales et végétales.

Au contraire, certains **aménagements** (espaces laissés en **jachère** par exemple) permettent de préserver ou de recréer une biodiversité : les animaux y trouvent nourriture et abri propices à la reproduction.

P. 110-111 **Activité 3**

L'Homme peut influer sur le devenir d'une espèce

L'action de l'Homme peut involontairement modifier le destin d'une espèce : certains **produits polluants** ont une action sur la reproduction sexuée et peuvent entraîner la raréfaction ou même la disparition d'une population.

Inversement, la connaissance de la reproduction permet de développer des stratégies de **lutte biologique** qui préservent la biodiversité.

Les mots-clés

- Ressources alimentaires
- Fécondité
- Cycle de reproduction
- Biodiversité
- Aménagements
- Pollution
- Pesticides
- Lutte biologique

L'essentiel

Ce qu'il faut savoir

- Les conditions du milieu, notamment les ressources alimentaires disponibles, influent sur la reproduction sexuée et donc sur le devenir d'une espèce dans le milieu.
- L'action de l'Homme peut exercer une influence positive ou négative sur la reproduction sexuée des espèces. Ainsi, l'Homme peut porter atteinte ou au contraire préserver ou recréer une biodiversité.
- La lutte biologique est un exemple d'intervention de l'Homme sur la reproduction de certaines espèces sans recourir à l'utilisation de pesticides.

Le schéma-bilan Conditions du milieu et reproduction sexuée

Ressources alimentaires disponibles et reproduction

Ressources limitées

Ressources abondantes

L'abondance de nourriture favorise la reproduction sexuée. La rareté réduit la fécondité.

L'Homme peut agir sur la reproduction sexuée

ACTIONS NÉGATIVES

Pollution

substances toxiques dans les peintures
↓
masculinisation des coquillages
↓
atteinte à la biodiversité

Suppression des haies, des jachères

disparition d'espèces
↓
atteinte à la biodiversité

ACTIONS POSITIVES

Lutte biologique

Mise au point de divers moyens pour éliminer les ennemis des productions agricoles sans utiliser d'insecticides.

Aménagement de jachères

Abri et nourriture favorisent la reproduction de nombreuses espèces.

L'Homme peut influencer la reproduction et ainsi porter atteinte, préserver ou recréer une BIODIVERSITÉ.

découvrir

BIODIVERSITÉ

Sauver une espèce menacée

Pour préserver la biodiversité, l'Homme intervient aujourd'hui pour sauver de nombreuses espèces animales et végétales qui sont en voie de disparition.

Carte d'identité

NOM : vautour percnoptère

Signe particulier : le plus petit vautour de France.

Durée de vie : environ 30 ans.

Adresse : niche dans les cavités des falaises abruptes, dans les paysages rocheux et dénudés.

Renseignements familiaux : couple fidèle à vie ; 1 à 3 œufs pondus fin mars - début avril ; Incubation de plus d'un mois assurée par les deux parents.

Alimentation : animaux morts trouvés en terrain dégagé, excréments, insectes.

Migration : présent en France de fin février à fin août. Hiver en Afrique.

La disparition était proche

Les effectifs de ce rapace ont chuté dans le sud-est de la France de presque 90 % au XXe siècle. Les raisons sont diverses. D'une part, ce rapace a vu son alimentation se raréfier : les troupeaux de moutons et de chèvres qui montent dans les alpages sont de moins en moins nombreux, d'où une rareté des carcasses. D'autre part, la reproduction des vautours percnoptères est de plus en plus difficile en raison des activités de plein air et des constructions dans leurs aires de nidification.

Heureusement l'Homme est intervenu

Un programme suivi par la Ligue pour la Protection des Oiseaux (LPO) a été mis en place dans le sud-est de la France. Il vise à mener durant les 5 prochaines années différentes actions de restauration du vautour percnoptère.

- Restauration des ressources alimentaires par la mise en place d'aires de nourrissage ravitaillées en cadavres d'animaux d'élevage.
- Surveillance, restauration et gestion de ses habitats naturels.
- Installation de nouveaux couples.

POUR EN SAVOIR PLUS : www.bordas-svtcollege.fr/liens4e

J'utilise mes connaissances

EXERCICE 1 Une dépendance réciproque

Ra RAISONNER Établir des relations de cause à effet.

La belette est un petit carnivore qui se nourrit essentiellement de campagnols (jusqu'à 90 % de son régime alimentaire). Une belette en consomme en moyenne 350 par an. Les années où il y a beaucoup de campagnols, on peut trouver jusqu'à 30 belettes par km^2. Les naissances ont lieu chaque année au printemps.

	Abondance de campagnols	Peu de campagnols
Maturité sexuelle des jeunes belettes	dès la fin de l'été	au printemps suivant
Nombre de portées par an	2	1
Nombre de petits par portée en moyenne	7	3

1. Calculez combien de campagnols sont mangés par an et par kilomètre carré en période de prolifération de ces rongeurs.

2. Quelles sont les conséquences de la prolifération des campagnols sur la population de belettes ? Quel sera alors l'impact sur la population de campagnols ?

EXERCICE 2 Un exemple de lutte biologique

I S'INFORMER Interpréter un texte et des photographies.

Cycle de développement de l'aleurode

L'aleurode, ou mouche blanche, est un parasite redouté par les maraîchers. En effet, cet insecte vit et se reproduit sur la face inférieure des feuilles de nombreuses plantes cultivées sous serre : les larves, comme les adultes, sucent la sève des plantes, sécrètent un miellat qui rend les feuilles et les fruits « collants » et gênent la croissance de la plante.

Un parasite naturel de l'aleurode

Encarsia formosa est une petite guêpe qui pond ses œufs dans les larves de la mouche blanche : la larve noircit et se transforme en pupe 10 jours plus tard, il en sort un *Encarsia* au lieu d'une mouche blanche ! Pour lutter contre la mouche blanche, les maraîchers peuvent, au lieu d'utiliser des insecticides, suspendre aux plantes de petits cartons enduits de pupes de mouche blanche parasitées par *Encarsia*.

Encarsia en train de pondre dans une larve d'aleurode

1. Décrivez la succession des événements survenant après l'introduction des cartons enduits de pupes parasitées dans une serre infestée par l'aleurode.

2. Pourquoi parle-t-on dans ce cas de lutte biologique ? Quel avantage présente cette action par rapport à l'utilisation d'insecticide ?

Trois générations.

La transmission de la vie chez l'Homme

Partie 3

La transmission de la vie chez l'Homme

Partie 3

EXTRAIT DU PROGRAMME
(B.O. n° 5 du 25 août 2005, hors série)

Durée conseillée : 10 heures.

- **L'être humain devient apte à se reproduire à la puberté.**

Durant la puberté, les caractères sexuels secondaires apparaissent, les organes reproducteurs du garçon et de la fille deviennent fonctionnels.

- **À partir de la puberté, le fonctionnement des organes reproducteurs est continu chez l'homme, cyclique chez la femme jusqu'à la ménopause.**

Les testicules produisent des spermatozoïdes de façon continue. À chaque cycle, un des ovaires libère un ovule. À chaque cycle, la couche superficielle de la paroi de l'utérus s'épaissit puis est éliminée : c'est l'origine des règles.

- **L'embryon humain résulte de la fécondation qui se produit dans les heures suivant un rapport sexuel.**

Lors du rapport sexuel, des spermatozoïdes sont déposés au niveau du vagin. La fécondation a lieu dans les trompes, elle est interne.

- **L'embryon s'implante puis se développe dans l'utérus.**

Si l'ovule fécondé s'implante, la couche superficielle de la paroi utérine n'est pas éliminée : les règles ne se produisent pas, premiers signes de la grossesse. Des échanges entre l'organisme maternel et le foetus permettant d'assurer ses besoins sont réalisés au niveau du placenta, qui représente une grande surface richement vascularisée. Lors de l'accouchement des contractions utérines permettent la naissance de l'enfant.

- **Des méthodes contraceptives, permettent de choisir le moment d'avoir ou non un enfant.**

La contraception représente l'ensemble des méthodes ayant pour but d'empêcher une grossesse en cas de rapport sexuel.
Ces méthodes empêchent :
– la production des cellules reproductrices ;
– la rencontre des cellules reproductrices ;
– l'implantation de l'embryon dans l'utérus.
La diversité des méthodes de contraception permet à chacun de choisir celle étant la plus adaptée à sa situation.

Dans certaines conditions (rapport sexuel non ou mal protégé) la prévention d'une grossesse s'effectue par la prise d'une contraception d'urgence sous contrôle médical.

L'adolescence, une période de grandes transformations.

Chapitre

1 Être capable de transmettre la vie

L'adolescence marque le passage de l'enfance à l'âge adulte. Les modifications très importantes qui ont lieu à ce moment-là caractérisent la puberté, période pendant laquelle l'organisme devient capable de procréer.

- **En quoi consiste la puberté ? Comment filles et garçons deviennent-ils capables de transmettre la vie ?**

Activité 1 Des transformations à la puberté

La puberté, qui marque le passage de l'enfance à l'âge adulte, se caractérise par une série de transformations qui mettent plusieurs années à s'accomplir.

• ***Quelles sont les transformations liées à la puberté ?***

A Les grands changements de la puberté

DOC 1 **De grandes transformations physiques** et des modifications du comportement caractérisent l'adolescence.

• Dès la naissance, un garçon et une fille se distinguent par leurs organes génitaux. Ces différences, qui portent sur les organes reproducteurs, sont appelées **caractères sexuels primaires**.

• Au cours de la **puberté**, des modifications physiques spécifiques à chaque sexe apparaissent. Ces modifications physiques constituent les **caractères sexuels secondaires** :
– la fille se féminise (apparition des seins, élargissement du bassin, affinement de la taille…) ;
– le garçon se virilise (apparition de la barbe, mue de la voix, élargissement des épaules, développement de la musculature…).

DOC 2 **Qu'appelle-t-on caractères sexuels secondaires ?**

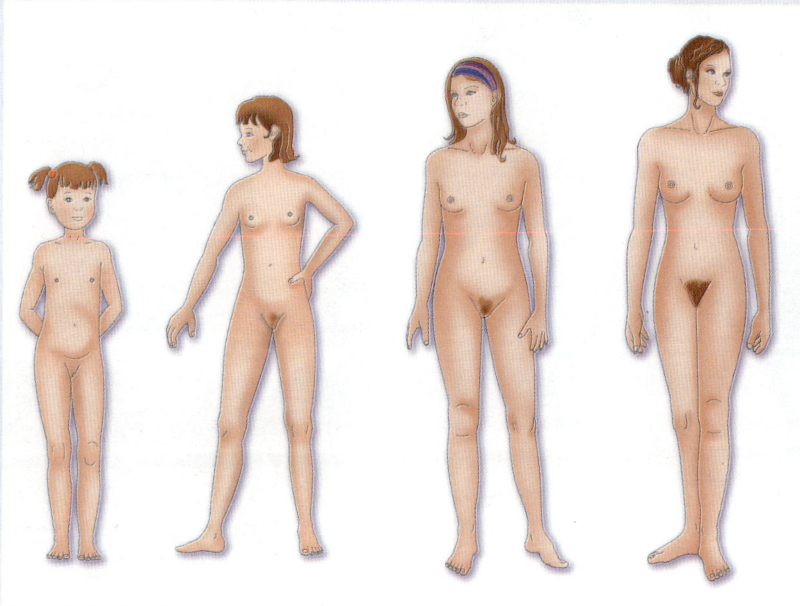

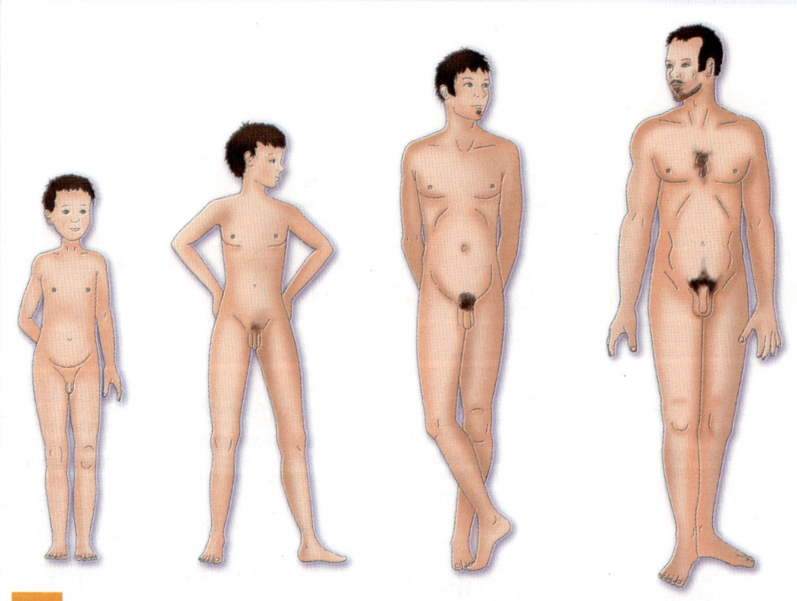

DOC 3 **Les transformations du corps** que l'on observe à l'adolescence permettent de passer progressivement de l'enfance à l'âge adulte.

B L'adolescent devient capable de transmettre la vie

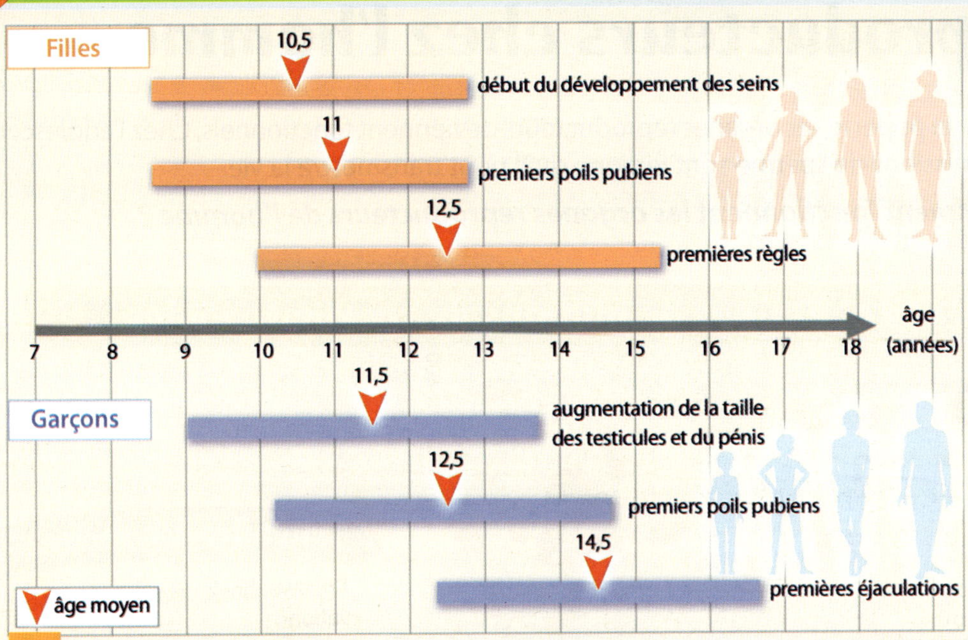

Les bandes colorées indiquent la période pendant laquelle les différents caractères apparaissent chez la majorité des adolescents. L'âge du début de ces transformations et leur durée varient énormément d'un adolescent à l'autre.

DOC 4 **Des modifications de l'organisme à la période pubertaire.**

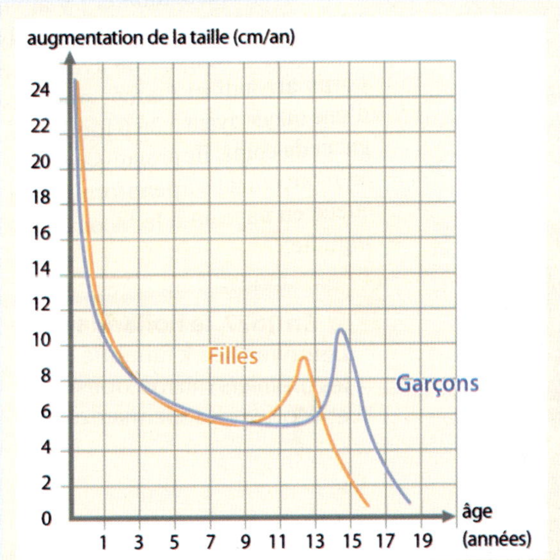

DOC 5 **La vitesse de croissance** des filles et des garçons.

- Des signes témoignent que des **transformations physiologiques** se produisent à l'intérieur du corps à partir de la puberté. Ces signes montrent que l'adolescent devient capable de transmettre la vie.
- Chez la jeune fille, les premières règles apparaissent. Il s'agit d'un écoulement de sang qui se produit en moyenne tous les 28 jours et qui dure de 3 à 5 jours. Au début, les règles sont souvent irrégulières.
- Chez le jeune homme, les premières éjaculations se produisent. Ce sont des émissions de sperme (liquide blanchâtre) par l'extrémité du pénis. Elles surviennent souvent spontanément au cours du sommeil.

DOC 6 **Des manifestations visibles** qui témoignent que les organes génitaux deviennent fonctionnels.

Lexique

→ **Puberté :** période de la vie pendant laquelle l'individu acquiert la capacité de se reproduire. Elle se caractérise par des transformations physiques et physiologiques.

→ **Transformations physiologiques :** transformations qui concernent le fonctionnement des organes.

Pistes de travail

1. **Nommez les transformations physiques qui se produisent à la puberté chez une fille et celles qui se produisent chez un garçon (DOC 1 à 3).**
2. **Pourquoi peut-on dire que la puberté est en général plus précoce chez les filles que chez les garçons (DOC 4 et 5) ?**
3. **Quels signes extérieurs indiquent que les organes reproducteurs commencent à fonctionner (DOC 6) ?**

Pour conclure, résumez en une phrase les transformations qui se produisent au cours de la puberté et qui rendent l'individu apte à se reproduire.

Compétences • 1 à 3 : S'informer.

Activité 2 Le fonctionnement des organes reproducteurs chez l'homme

Durant la puberté, les organes reproducteurs deviennent fonctionnels. Chez l'adolescent, des émissions de sperme sont le signe qu'il peut transmettre la vie.

• ***Comment fonctionnent les organes reproducteurs de l'homme ?***

A Dans le sperme, des centaines de millions de spermatozoïdes

Activités pratiques

- Utiliser une lame mince du commerce avec des spermatozoïdes colorés ou se procurer, dans un centre d'insémination artificielle, du sperme congelé de taureau pour observer des spermatozoïdes vivants.
- Observer au microscope.

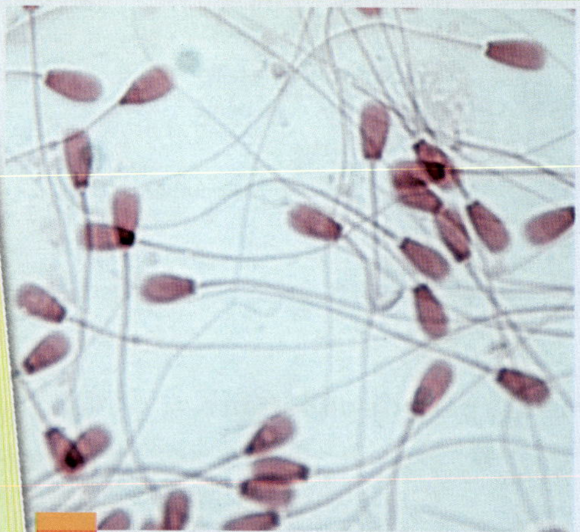

DOC 1 **Observation de spermatozoïdes de taureau** au microscope optique après coloration.

Histoire des Sciences

Leeuwenhoek, décrit ainsi ses observations :

« J'ai, à plusieurs reprises, observé de la semence humaine immédiatement après éjaculation et j'y ai vu une multitude d'animalcules (petits animaux) vivants… Ils avaient le corps arrondi et étaient pourvus d'une queue ayant 5 ou 6 fois la longueur du corps. Ils progressaient par un mouvement serpentiforme de la queue en nageant à la façon d'une anguille. »

DOC 2 **En 1677, le hollandais Leeuwenhoek** fabrique les premiers microscopes et découvre les spermatozoïdes.

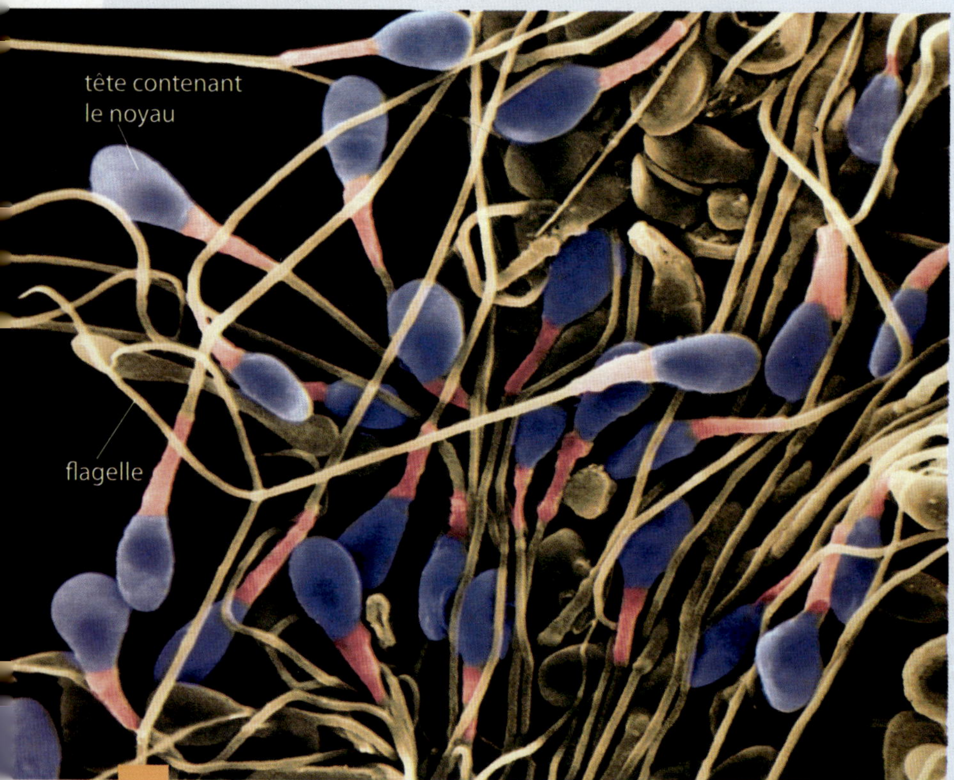

DOC 3 **Spermatozoïdes humains** (microscope électronique, fausses couleurs). Les spermatozoïdes sont des cellules minuscules et mobiles grâce aux battements de leur flagelle.

Caractéristiques des spermatozoïdes

- **Longueur totale :** 75 μm*.
- **Longueur de la tête :** 5 à 6 μm.
- **Survie dans les voies génitales féminines :** 2 à 5 jours.
- **Vitesse de déplacement :** 10 à 50 μm par seconde.
- **Nombre de spermatozoïdes dans un millilitre de sperme :** 50 à 100 millions !

* 1 μm = 1 millième de millimètre.

B De la production des spermatozoïdes à l'éjaculation du sperme

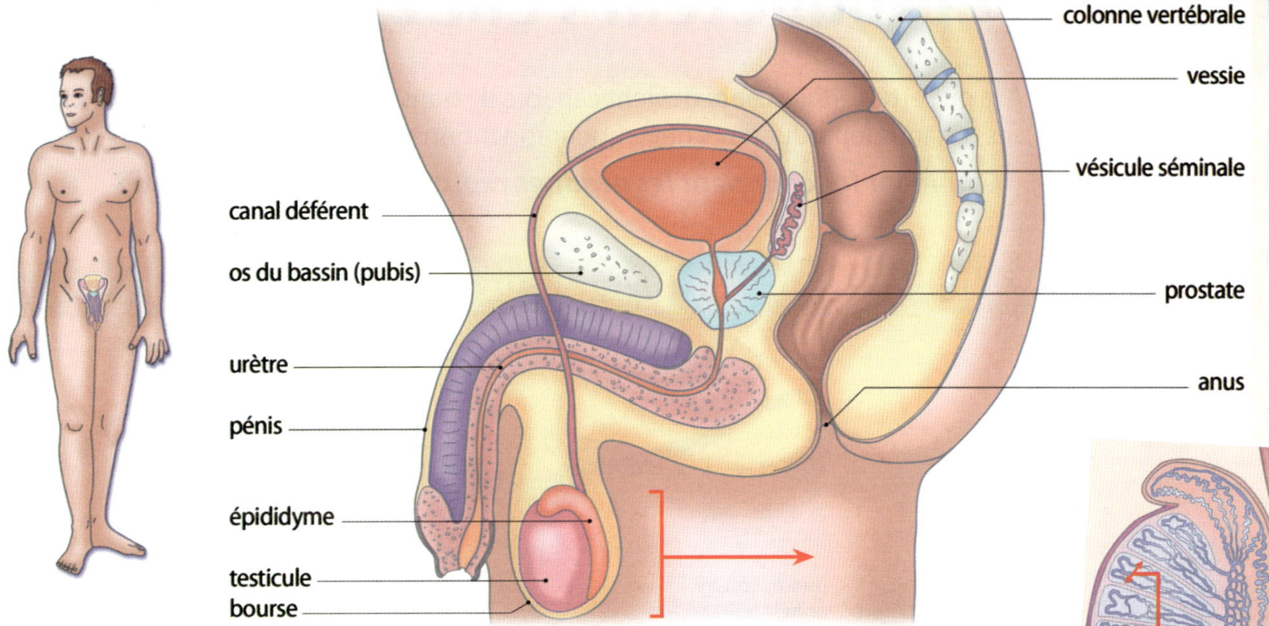

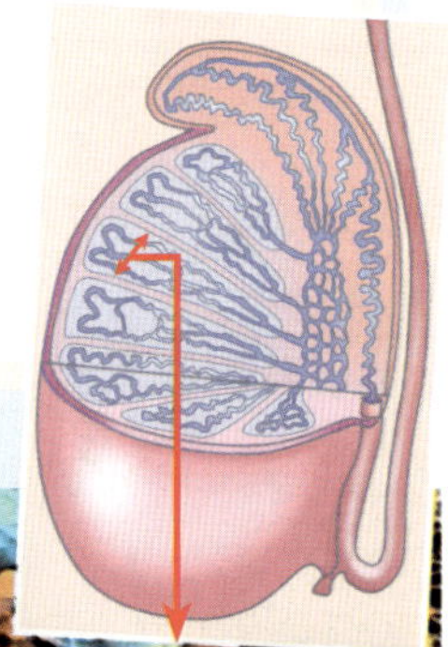

DOC 4 **L'appareil reproducteur de l'homme, vu de profil.**

- Les spermatozoïdes produits par chaque **testicule** séjournent dans l'épididyme 20 jours environ : c'est là qu'ils acquièrent leur mobilité.
- Lors d'une stimulation, un rapport sexuel par exemple, l'épididyme se contracte et expulse les spermatozoïdes dans le canal déférent où ils se mélangent aux sécrétions nourricières produites par les vésicules séminales et la prostate. Le **sperme** ainsi formé est expulsé par l'urètre au moment de l'éjaculation.

DOC 5 **Le trajet des spermatozoïdes** depuis leur lieu de production jusqu'à leur émission lors d'une éjaculation.

DOC 6 **Coupe de testicule** (microscope électronique, fausses couleurs). À partir de la puberté et jusqu'à la fin de la vie, des centaines de tubes produisent en continu un grand nombre de spermatozoïdes : 1 000 par seconde !

Lexique

- **Spermatozoïde :** cellule reproductrice mâle.
- **Sperme :** liquide blanchâtre légèrement collant formé par les spermatozoïdes et les sécrétions des vésicules séminales et de la prostate.
- **Testicule :** glande qui produit les spermatozoïdes.

Pistes de travail

1. **Faites un dessin légendé d'un spermatozoïde en respectant les proportions. Précisez les particularités de cette cellule reproductrice (DOC 1 à 3).**
2. **Décalquez le schéma de l'appareil reproducteur de l'homme, indiquez par une croix le lieu de production des spermatozoïdes puis fléchez leur trajet depuis leur lieu de production jusqu'à leur émission (DOC 4 à 6).**

Pour conclure, expliquez comment fonctionnent les organes reproducteurs de l'homme.

Compétences • 1 : Communiquer, s'informer • 2 : Communiquer, raisonner.

Activité 3 Le fonctionnement des organes reproducteurs chez la femme

À la puberté, l'adolescente devient capable de transmettre la vie ; comme chez le garçon ses organes reproducteurs deviennent fonctionnels.

• ***Comment fonctionnent les organes reproducteurs de la femme ?***

A À partir de la puberté, l'ovaire produit des ovules

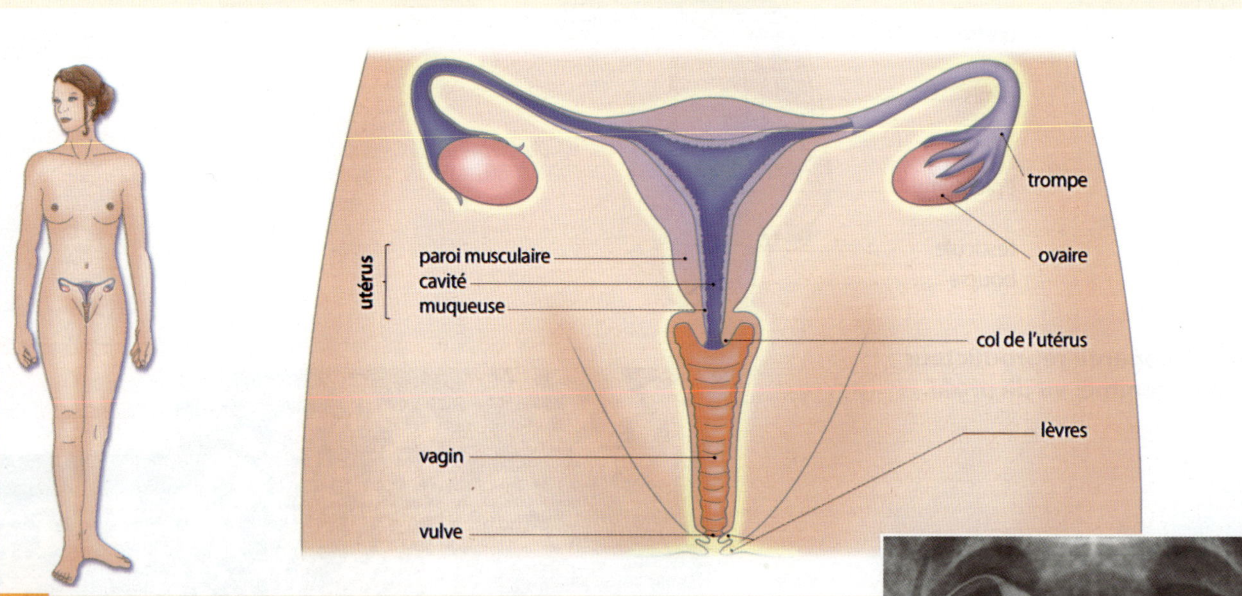

DOC 1 Appareil reproducteur féminin, vu de face et en coupe.

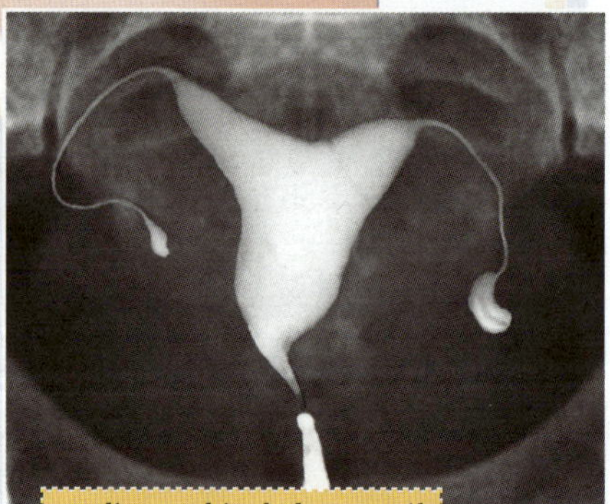

Radiographie de l'appareil reproducteur féminin

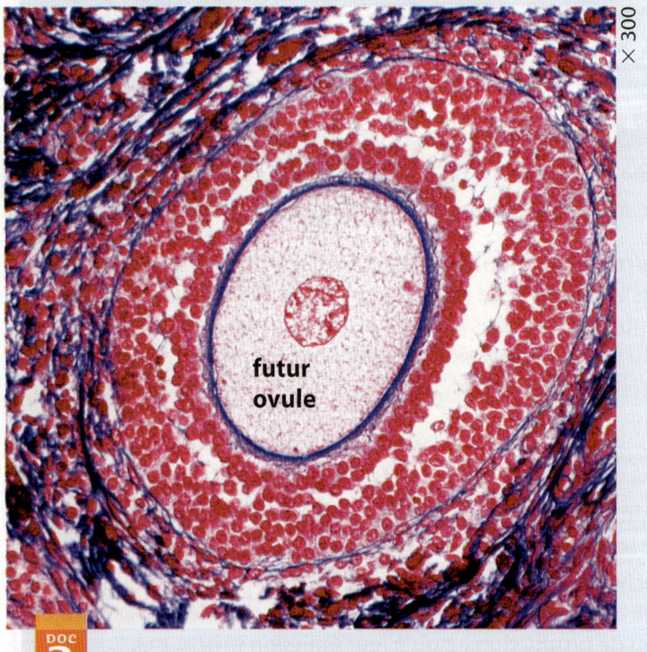

DOC 2 Observation d'un futur ovule sur une coupe d'ovaire. L'ovule, avec un diamètre de plus de 1/10e de mm est la plus grosse cellule de l'organisme. Dans le cytoplasme, le noyau est bien visible.

Chez l'homme	Chez la femme
• La production des spermatozoïdes débute à la puberté et se poursuit de manière continue tout au long de la vie. • Le nombre de spermatozoïdes produits au cours de la vie est considérable. Chaque éjaculat en contient 200 à 300 millions.	• À sa naissance, la petite fille possède dans ses ovaires un stock de « futurs ovules ». Leur maturation dans les ovaires débute à la puberté et s'arrête à la ménopause (vers 50 ans). • Chaque mois, un ovule parvenu à maturité est libéré, ce qui représente environ 400 ovules au cours de la vie d'une femme.

DOC 3 Les rythmes de production des cellules reproductrices chez l'homme et chez la femme.

B À partir de la puberté, l'utérus peut accueillir un embryon

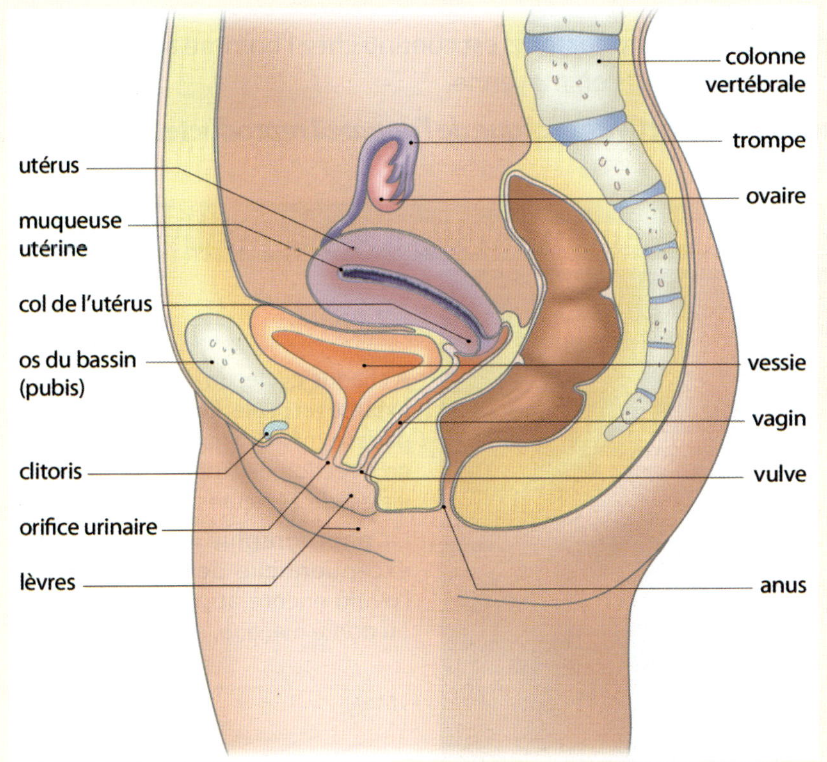

- **Ovaires :** glandes qui produisent des ovules.
- **Trompes utérines :** conduits de 10 cm de long qui assurent une communication entre ovaires et utérus.
- **Utérus :** défini dans le document 5.
- **Vagin :** organe permettant les relations sexuelles mais aussi l'écoulement des règles et la sortie du bébé.
- **Vulve :** organes génitaux externes de la femme.
- **Clitoris :** petit organe allongé (5 à 10 mm) situé à la partie supérieure de la vulve. Très sensible, c'est l'homologue de la verge du garçon.

DOC 4 **Appareil reproducteur féminin, vu de profil et en coupe.**

DOC 5 **L'utérus est un muscle creux** en forme de poire qui s'ouvre au fond du vagin. Sa paroi interne, visible sur la photographie, est tapissée d'un tissu spongieux, la muqueuse utérine, qui peut accueillir un embryon.

Histoire des Sciences

« Ce n'est pas la mère qui engendre ce qu'on appelle son enfant. Elle n'est que la nourrice du germe versé en son sein ; celui qui engendre, c'est le père. La femme, comme dépositaire étranger, reçoit d'autrui le germe, et s'il plaît aux Dieux elle le conserve. »

Extrait d'un texte d'Eschyle (Vᵉ siècle avant J.-C.).

DOC 6 **Ce que l'on croyait dans l'Antiquité du rôle de la femme dans la procréation.**

Pistes de travail

1. Retrouvez sur la radiographie quelques organes présentés sur le schéma du DOC 1.
2. Faites un schéma légendé d'un futur ovule (DOC 2) puis représentez un spermatozoïde à la même échelle.
3. Présentez sous forme d'un tableau une comparaison entre l'ovule et le spermatozoïde : forme, taille, mobilité, lieu et rythme de production (DOC 2 et 3 et p. 122).
4. Précisez le rôle de l'utérus (DOC 4 et 5).
5. Quelle erreur Eschyle commettait-il sur le rôle de la femme (DOC 6) ?

Pour conclure, expliquez en quelques lignes le double rôle des organes reproducteurs de la femme.

Compétences • 1 : S'informer • 2 et 3 : Communiquer, s'informer • 4 et 5 : S'informer.

Activité 4

Le fonctionnement cyclique de l'appareil reproducteur féminin

Le fonctionnement des organes reproducteurs est continu chez l'homme alors que chez la femme il suit des cycles de 28 jours en moyenne.

• ***Que se passe-t-il au cours de l'activité cyclique de l'appareil reproducteur féminin ?***

A Ovaire et utérus ont un fonctionnement cyclique

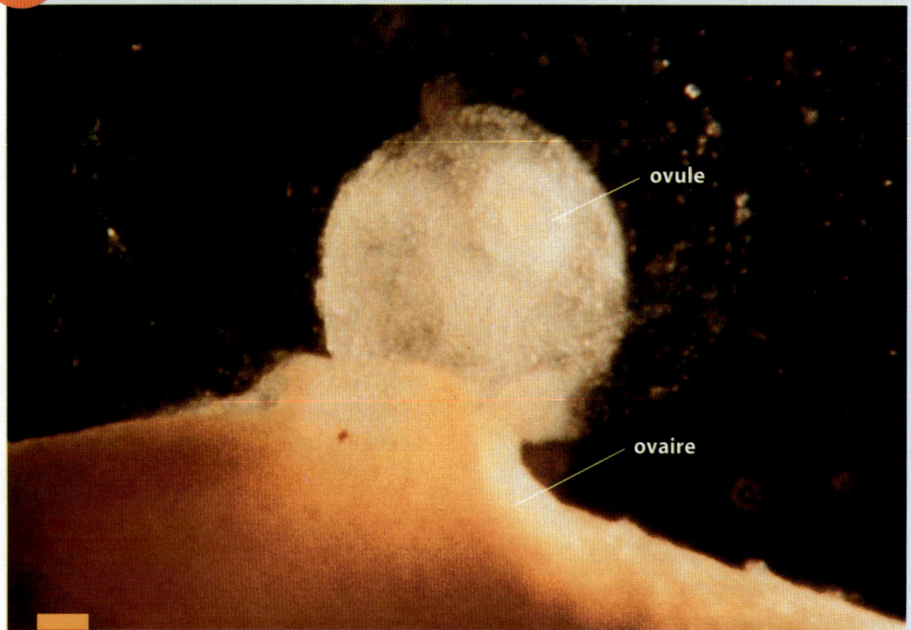

DOC 1 **Une activité cyclique de l'ovaire.**

À chaque **cycle**, un des deux ovaires expulse un ovule. Celui-ci est recueilli par la trompe dans laquelle il progresse en direction de l'utérus. Sa durée de vie est de 24 heures environ.

La photographie est une image exceptionnelle de l'expulsion de l'ovule encore appelée **ovulation** ou ponte ovulaire.

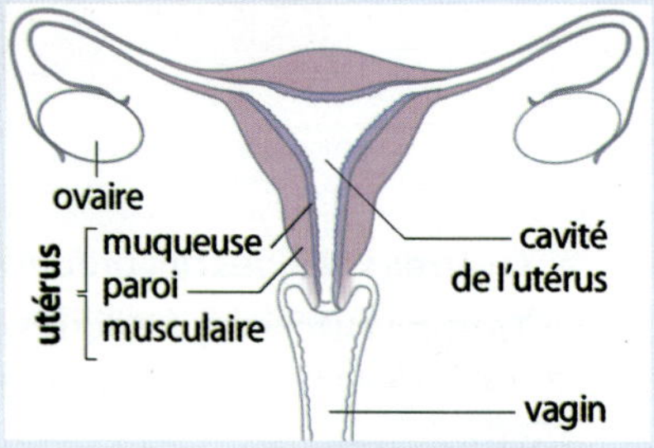

Les photographies correspondent à des coupes de la muqueuse utérine à différents moments d'un cycle de 28 jours (les valeurs indiquent le nombre de jours après le début des règles).

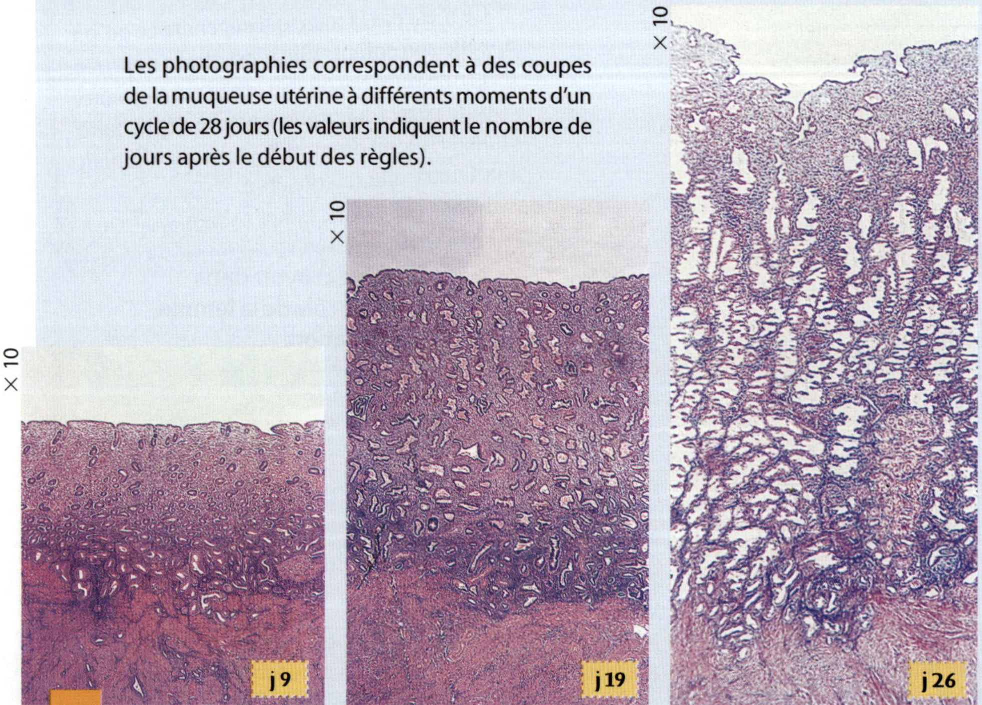

DOC 2 **Une activité cyclique de l'utérus.**

• Les règles reviennent en moyenne tous les 28 jours : c'est la durée de ce que l'on appelle cycle féminin.
Les règles correspondent à la destruction presque totale de la **muqueuse utérine**.

• Dès la fin des règles, la muqueuse utérine s'épaissit à nouveau (son épaisseur passe de 1 à 5 mm en une vingtaine de jours). Des vaisseaux sanguins et des glandes s'y développent de façon considérable.

B Règles et ovulation ont lieu à des moments différents du cycle

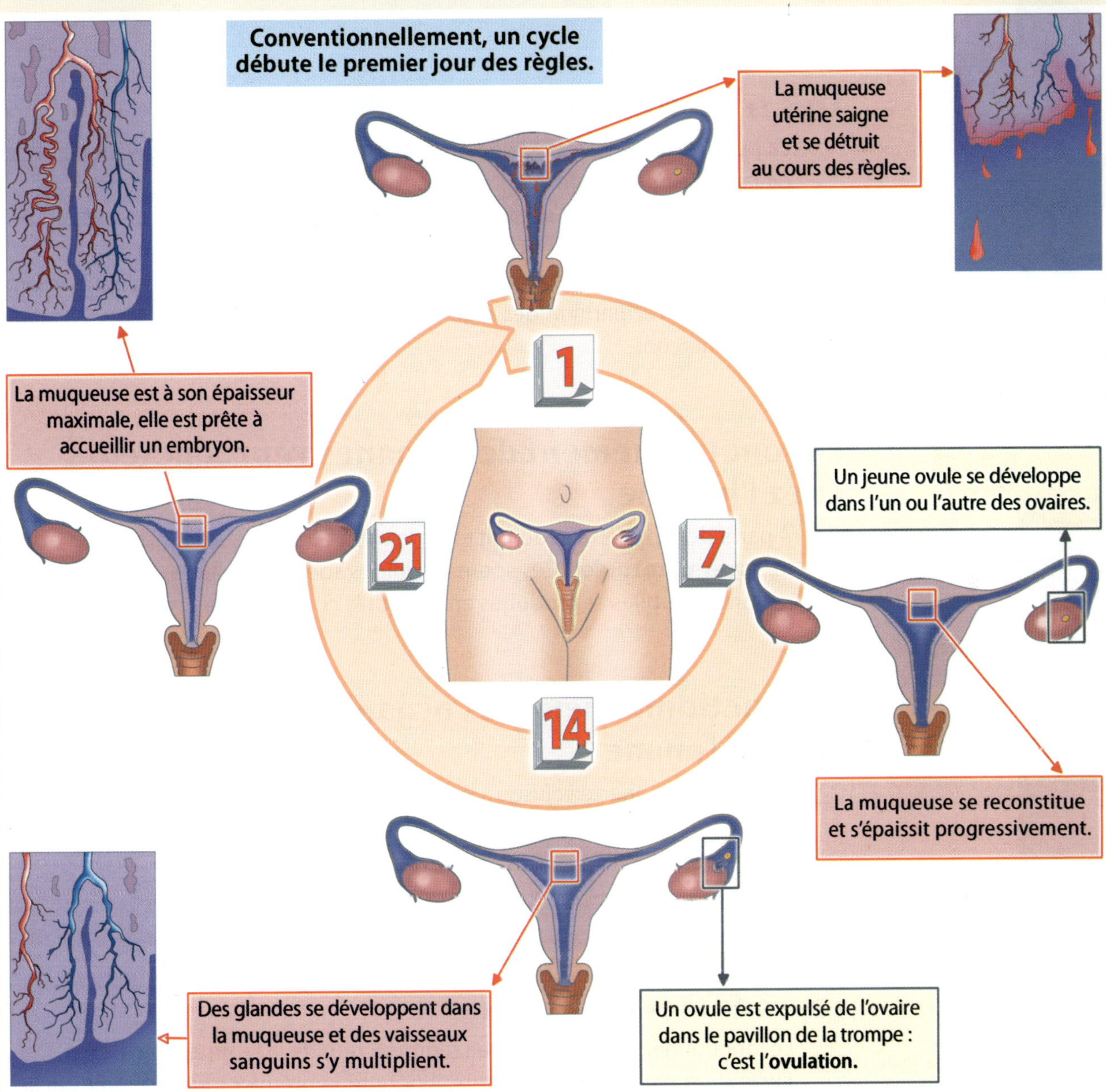

DOC 3 **Le cycle de l'ovaire et le cycle de l'utérus sont synchronisés.**
Les changements au niveau de l'ovaire et de l'utérus se produisent en parallèle.

Lexique

- **Cycle :** suite d'événements qui se répètent de façon régulière.
- **Ovulation :** libération d'un ovule par l'ovaire. Quelle que soit la durée du cycle, l'ovulation a lieu 14 jours avant les règles suivantes.
- **Muqueuse utérine :** (ou endomètre) tissu qui tapisse la cavité interne de l'utérus.

Pistes de travail

1. **Décalquez le schéma de l'appareil reproducteur de la femme puis indiquez où se déroulent les phénomènes présentés sur les photographies des DOC 1 et 2.**
2. **Expliquez l'origine des règles (DOC 2 et 3).**
3. **Tracez un cercle puis placez sur celui-ci : premier jour du cycle, 28e jour, ovulation, règles (DOC 3).**
4. **Pourquoi peut-on dire qu'à chaque cycle l'appareil reproducteur de la femme se prépare à une éventuelle grossesse (DOC 3) ?**

Pour conclure, expliquez brièvement ce qui se passe à chaque cycle dans l'ovaire et dans l'utérus.

Compétences • 1 : Communiquer • 2 : S'informer • 3 : Communiquer • 4 : Raisonner.

Le bilan des activités

P. 120-121 Activité 1

Des transformations à la puberté

La puberté est une période de transition entre l'enfance et l'âge adulte au cours de laquelle des transformations importantes se produisent :
– les **caractères sexuels secondaires** apparaissent (apparition de la pilosité pubienne, développement des seins chez la fille, mue de la voix chez le garçon…) ;
– les organes reproducteurs commencent à fonctionner (ce fonctionnement est marqué par l'apparition des règles chez la fille et par les premières éjaculations chez le garçon).

P. 122-123 Activité 2

Le fonctionnement des organes reproducteurs chez l'homme

À partir de la puberté et durant toute la vie, les **testicules** de l'homme produisent des **spermatozoïdes**. Ces spermatozoïdes sont des cellules très petites (75 µm de long), mobiles et produites en quantités considérables.

P. 124-125 Activité 3

Le fonctionnement des organes reproducteurs chez la femme

À partir de la puberté et jusqu'à la ménopause, les **ovaires** de la femme produisent des **ovules** et son **utérus**, tapissé d'un tissu spongieux nommé **muqueuse utérine**, peut accueillir un embryon.

P. 126-127 Activité 4

Le fonctionnement cyclique de l'appareil reproducteur de la femme

Le fonctionnement de l'appareil reproducteur de la femme est cyclique. Chaque **cycle** dure en moyenne 28 jours, il débute le premier jour des règles et se termine à l'apparition des règles du cycle suivant.

À chaque cycle :
– un des ovaires libère un ovule, c'est l'**ovulation** qui a lieu 14 jours avant les règles suivantes ;
– la muqueuse utérine s'épaissit, s'enrichit en vaisseaux sanguins (si l'ovule n'est pas fécondé, cette muqueuse est éliminée au moment des règles).

Les mots-clés

- Puberté
- Caractères sexuels secondaires
- Règles
- Éjaculation
- Testicule
- Spermatozoïde
- Ovaire
- Ovule
- Utérus
- Muqueuse utérine
- Cycle
- Ovulation

L'essentiel

Ce qu'il faut savoir

- À la puberté, les caractères sexuels secondaires apparaissent et les organes reproducteurs du garçon et de la fille commencent à fonctionner.
- Chez l'homme, à partir de la puberté, le fonctionnement des organes reproducteurs est continu, les testicules produisent des spermatozoïdes.
- Chez la femme, de la puberté à la ménopause, le fonctionnement des organes reproducteurs est cyclique. À chaque cycle (28 jours en moyenne), l'ovaire émet un ovule et la muqueuse utérine s'épaissit puis est éliminée au moment des règles.

Le schéma-bilan — Être capable de transmettre la vie

À la puberté, des transformations importantes

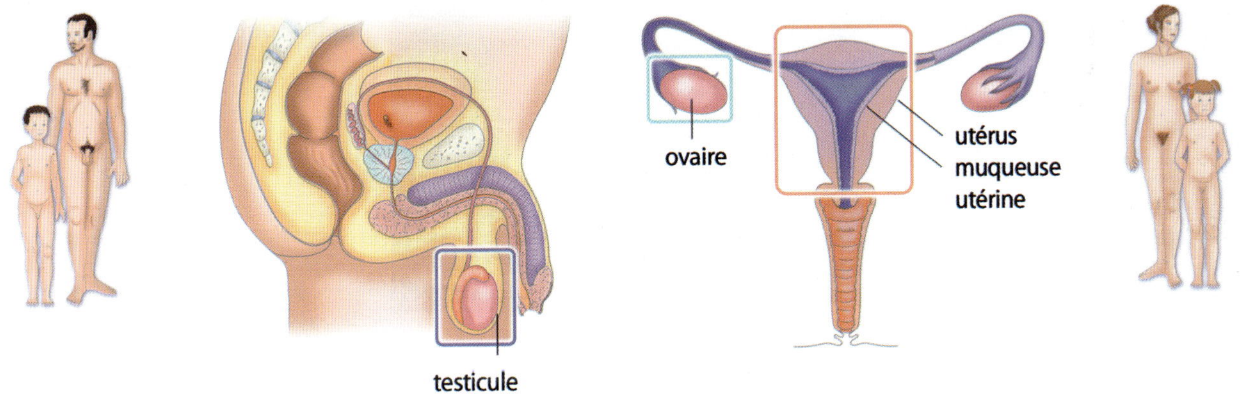

À partir de la puberté, des organes reproducteurs fonctionnels

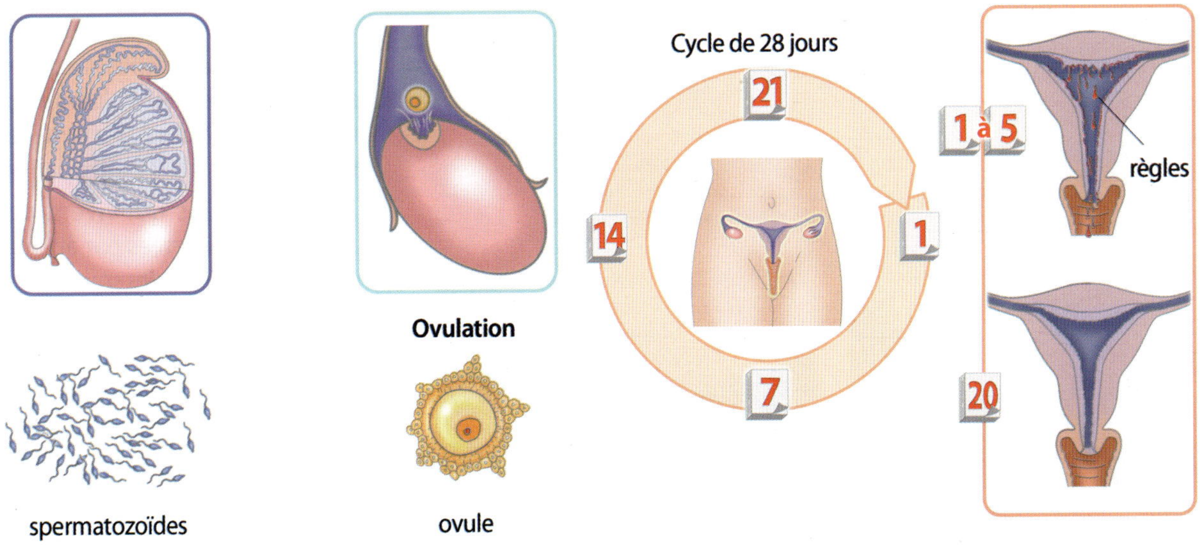

Production continue de spermatozoïdes

Production cyclique d'un ovule jusqu'à la ménopause

Développement cyclique de la muqueuse utérine jusqu'à la ménopause

Une aide

… pour identifier les organes

Des souris grises et des souris blanches

Les souris qui vivent dans la nature ou dans les maisons appartiennent à la même espèce, souris domestique, et ont le poil gris.

Très rarement, elles peuvent donner naissance à des souris blanches. C'est cette dernière variété, dite albinos, qui est principalement élevée dans les laboratoires.

La photographie montre une portée de souris grises dans laquelle deux petits sont albinos.

Les organes génitaux externes

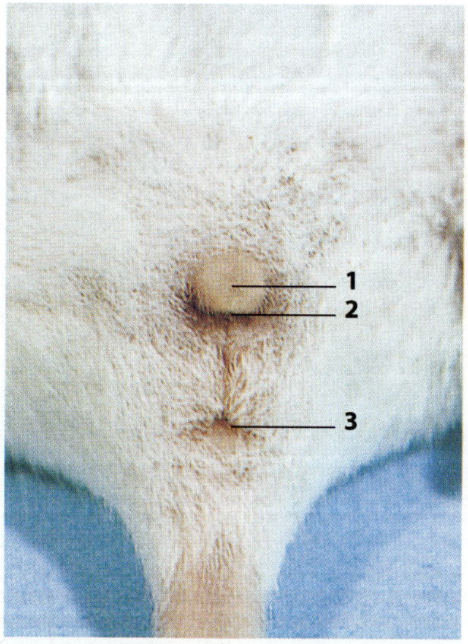

Souris femelle

1. orifice urinaire.
2. orifice génital (vulve).
3. anus.

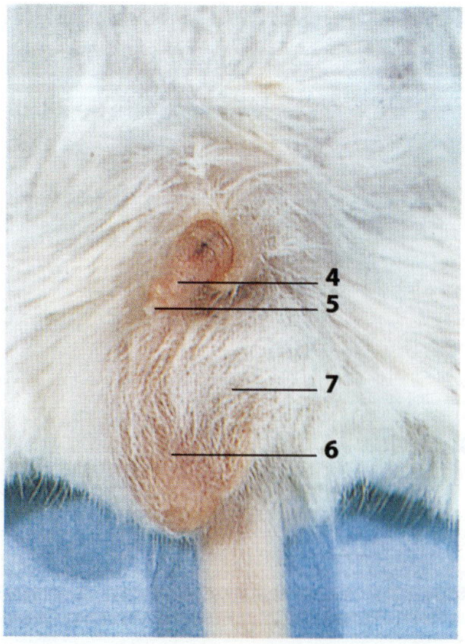

Souris mâle

4. pénis. **5.** orifice urinaire et génital (à l'extrémité du pénis).
6. bourses contenant les testicules.
7. anus caché par les testicules.

La reproduction

- Chez la souris, comme chez tous les mammifères, la fécondation est interne : les spermatozoïdes déposés dans le vagin par le mâle fécondent plusieurs ovules qui ont été produits par la femelle, d'où un nombre de 4 à 8 petits par portée.
- Pour les souris qui vivent dans la nature, il y a 4 portées par an, mais il y en a jusqu'à 10 pour les souris qui vivent dans les maisons.
- La gestation dure 18 à 24 jours et l'allaitement environ 18 jours.
- Les jeunes ouvrent les yeux à 13 jours et sont capables de se reproduire dès l'âge de 6 semaines.
- Les adultes peuvent vivre jusqu'à 3 ans.

POUR EN SAVOIR PLUS
www.bordas-svtcollege.fr/liens4e

génitaux de la souris

Les organes génitaux internes

Souris femelle

Chez la femelle comme chez le mâle, les organes génitaux sont, avec l'appareil urinaire, situés dans la partie inférieure de l'abdomen. Chez la femelle, ces deux appareils sont séparés sur toute leur longueur.

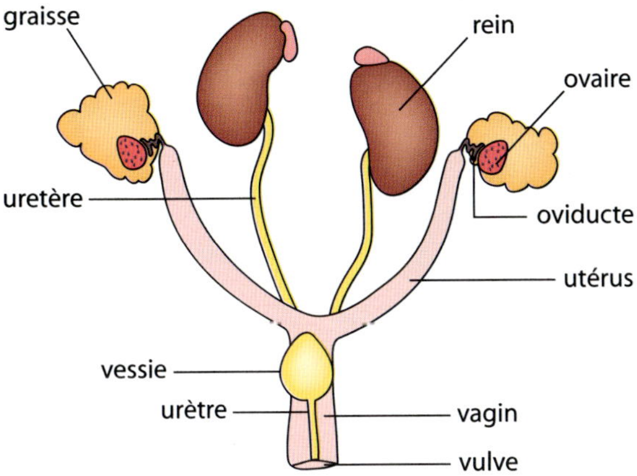

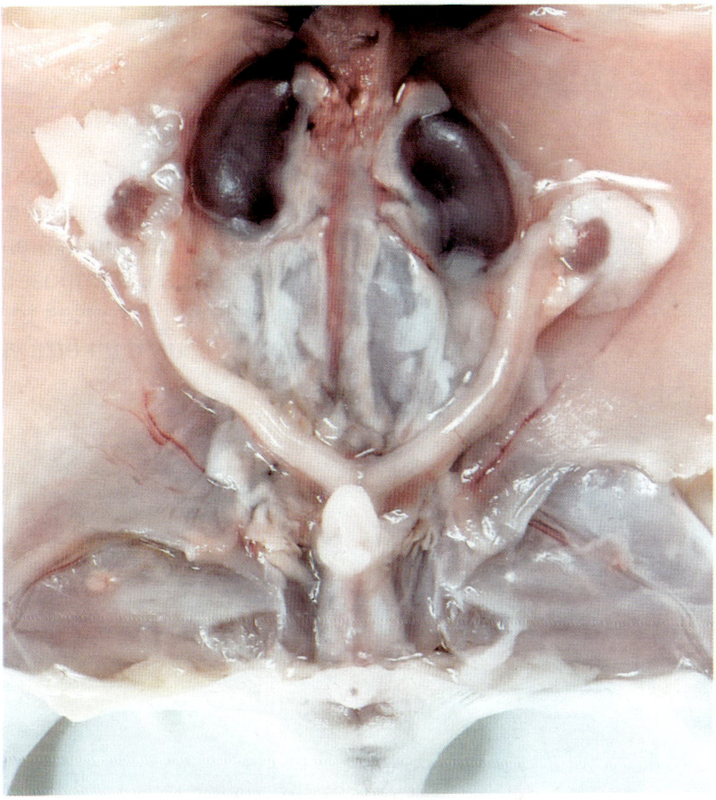

Souris mâle

Chez le mâle, l'appareil urinaire et l'appareil génital présentent une partie commune : l'urètre qui sert à évacuer à la fois l'urine et le sperme.

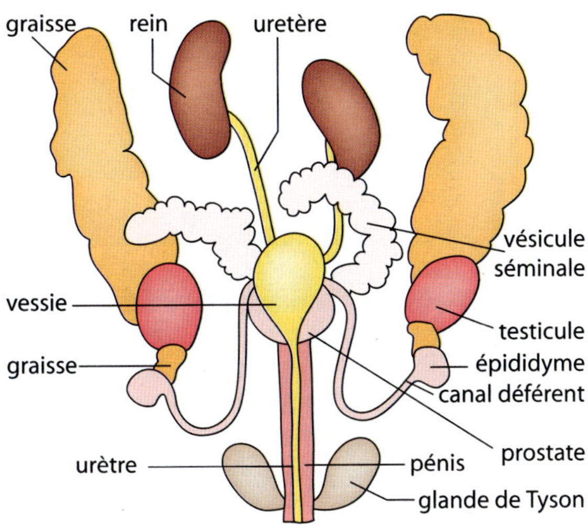

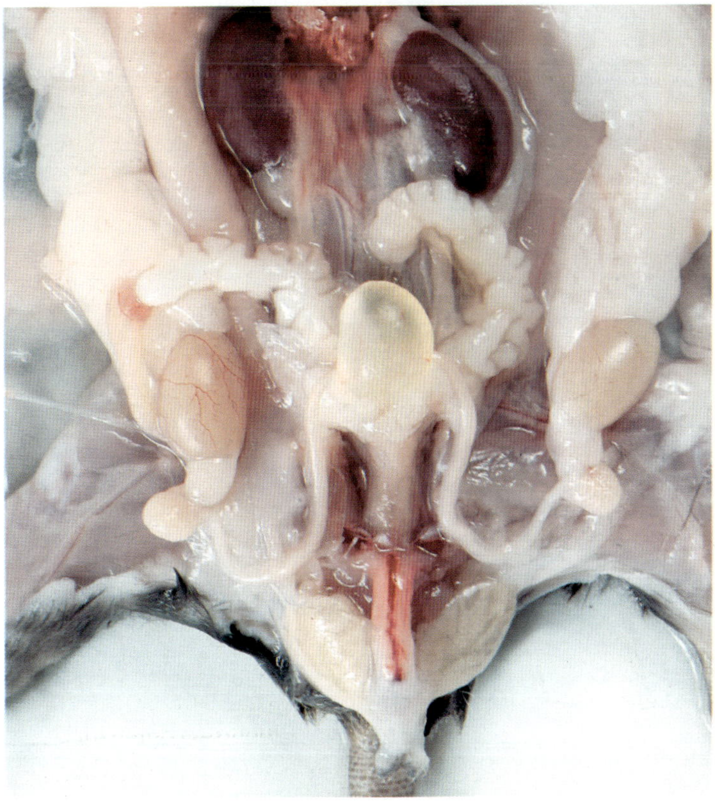

découvrir

HISTOIRE DES SCIENCES

L'évolution des idées

Chacun sait aujourd'hui que tout être vivant provient d'une cellule-œuf qui résulte, lors de la fécondation, de l'union d'un spermatozoïde et d'un ovule. En fait, historiquement, cette idée a mis longtemps à s'imposer. Depuis l'Antiquité jusqu'à la fin du XIXe siècle, de nombreuses théories ont été avancées pour expliquer l'origine d'un être vivant.

1651

En 1651, l'anglais **William Harvey** pense que l'embryon est préformé dans l'œuf et affirme : « tout être vivant provient d'un œuf ». En réalité, Harvey désigne par le mot œuf ce que nous appelons aujourd'hui ovule et il pense que la semence mâle ne sert qu'à réveiller cet « œuf ». Tous les savants de l'époque, qui comme Harvey pensaient que la femme jouait un rôle primordial dans la reproduction, sont aujourd'hui appelés « ovistes ».

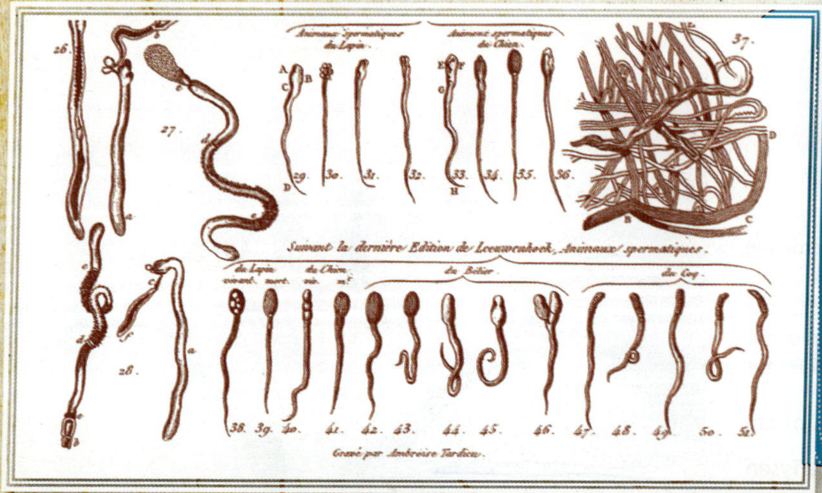

1677

En 1677, grâce au microscope qu'il vient d'inventer, **Anton Van Leeuwenhoek**, naturaliste hollandais, découvre les « animalcules spermatiques » c'est-à-dire les spermatozoïdes. Mais à quoi peuvent donc bien servir tous ces animalcules ? Pour Leeuwenhoek, ils n'ont rien à voir avec la reproduction ! Il s'agit d'animaux parasites du sperme.

sur la procréation

1694

Nicolas Hartsoeker, qui travaille avec Leeuwenhoek, croit distinguer dans les animalcules un petit homme en miniature. Il élabore une théorie selon laquelle l'embryon est préformé dans le spermatozoïde et publie en 1694 le dessin ci-contre. Tous les savants de l'époque qui, comme Hartsoeker, pensaient que l'homme avait un rôle primordial dans la reproduction sont aujourd'hui appelés « animalculistes ».

1770

L'abbé italien **Lazzaro Spallanzani** est un oviste. En 1770, il réalise sur des grenouilles une célèbre expérience démontrant que du sperme filtré, démuni de spermatozoïdes, ne peut pas féconder l'œuf pondu par la femelle. Ces expériences remarquables de précision auraient dû logiquement lui permettre de découvrir la vérité. Mais, aveuglé par son idée préconçue, il en restera à l'idée que les spermatozoïdes ne sont que des animaux parasites.

C'est quoi ?

Le premier microscope inventé par le hollandais Leeuwenhoek. C'est lui qui le premier observa et dessina les spermatozoïdes de la page ci-contre.

1875

Après avoir mis en contact des spermatozoïdes et des ovules, l'allemand **Oscar Hertwig** observe en 1875, la fusion de deux noyaux au sein de l'ovule. Il en déduit que l'un provient de l'ovule et l'autre du spermatozoïde. Pour la première fois, il est démontré que dans la reproduction le mâle et la femelle interviennent à égalité.

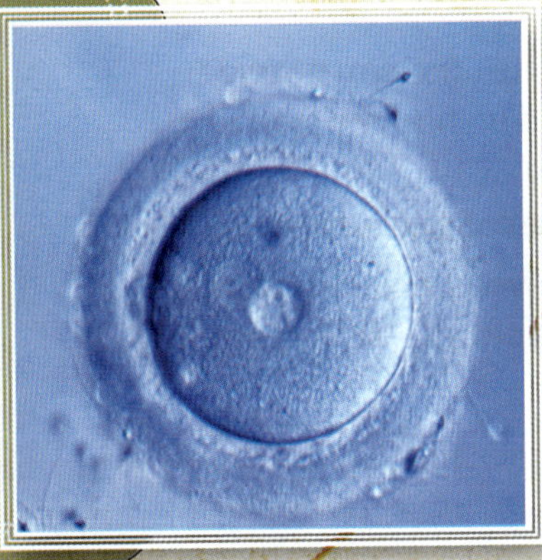

Exercices

Je teste mes connaissances

EXERCICE 1 Vrai ou faux ?

Certaines affirmations sont exactes. Recopiez-les. Corrigez ensuite les affirmations inexactes.

a. La puberté a lieu plus tôt chez les garçons que chez les filles.

b. Les organes reproducteurs deviennent fonctionnels à partir de la puberté.

c. Les caractères sexuels secondaires apparaissent dès la naissance.

d. Les ovules sont produits par l'utérus.

e. Les spermatozoïdes se forment dans le pénis.

f. Le sperme contient uniquement des spermatozoïdes.

g. L'ovule et le spermatozoïde sont des cellules reproductrices.

h. Le fonctionnement des organes reproducteurs de l'homme est cyclique.

i. L'ovulation a lieu le premier jour du cycle.

j. Le cycle féminin dure en moyenne 5 jours.

k. Les règles se produisent au moment de l'ovulation.

l. Le dernier jour des règles est le dernier jour du cycle.

EXERCICE 2 Retrouvez le nom des organes qui correspondent aux définitions suivantes.

a. Ils produisent les cellules reproductrices de l'homme.

b. Ils produisent les cellules reproductrices de la femme.

c. Ils conduisent les spermatozoïdes.

d. Elles conduisent les ovules.

e. Il est le lieu des règles.

f. Elles produisent le liquide formant le sperme.

EXERCICE 3 Dans la liste ci-après, recherchez les mots ou expressions qui se rapportent…

a. Au spermatozoïde.

b. À l'ovule.

Produit à partir de la puberté ; immobile ; mobile ; petite taille (75 µm) ; grande taille (1/10e de mm) ; muni d'un flagelle ; sphérique ; produit jusqu'à la ménopause ; produit jusqu'à la fin de la vie ; des millions ; un tous les 28 jours ; survie 48 heures ; survie 2 à 5 jours ; produit de façon cyclique ; produit de façon continue ; ovaire ; testicule.

EXERCICE 4 Questions à réponse courte

a. Que signifie l'expression « caractères sexuels secondaires » ?

b. Pourquoi dit-on que l'appareil reproducteur de la femme a un fonctionnement cyclique ?

c. Quel est le rythme de production des spermatozoïdes ?

d. Quel est le rythme de production des ovules ?

e. Qu'est-ce que les règles ?

EXERCICE 5 Trouvez le mot caché.

Recopiez la grille ci-dessous puis complétez–la à partir des définitions suivantes.

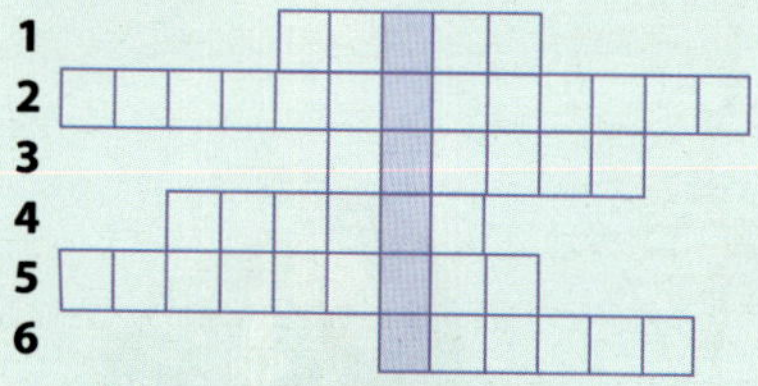

1. Cellule reproductrice de la femme.
2. Cellule reproductrice de l'homme.
3. Marquent le premier jour du cycle.
4. Glande qui produit les ovules.
5. Glande qui produit les spermatozoïdes.
6. Liquide blanchâtre contenant des spermatozoïdes.

Découvrez le mot caché et donnez-en une définition.

J'utilise mes connaissances

EXERCICE 6 Une observation microscopique

COMMUNIQUER **Réaliser un dessin d'observation.**

La photographie ci-contre présente un spermatozoïde anormal provenant du sperme d'un homme stérile.

1. Faites un dessin légendé de ce spermatozoïde.

2. Quelle hypothèse pouvez-vous émettre pour expliquer la stérilité associée à ce type de spermatozoïdes ?

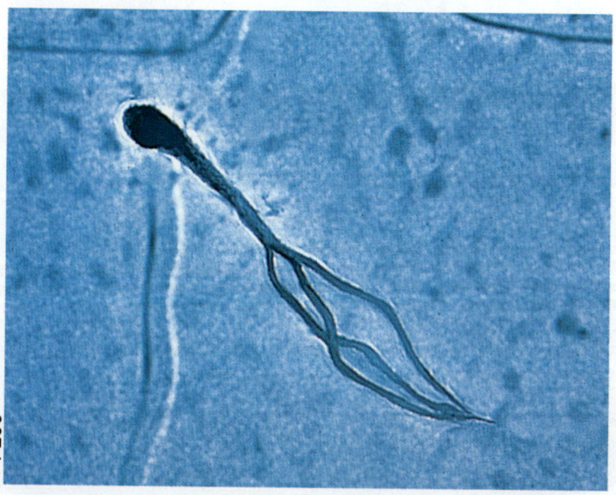

× 1 200

EXERCICE 7 Les appareils reproducteurs de la femme et de l'homme

Raisonner – Mettre en relation des informations et des connaissances.

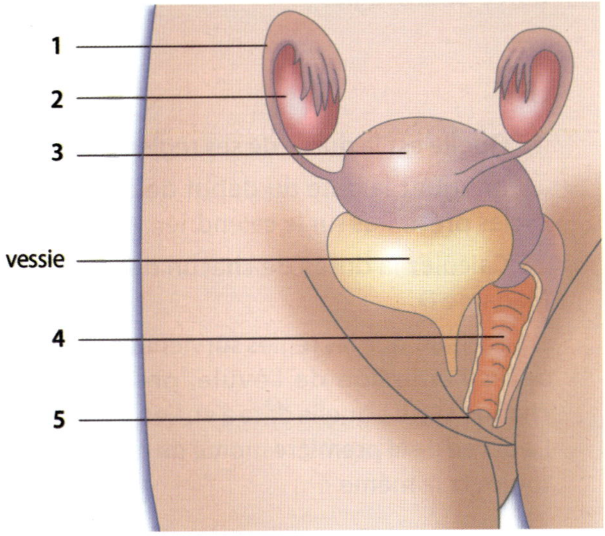

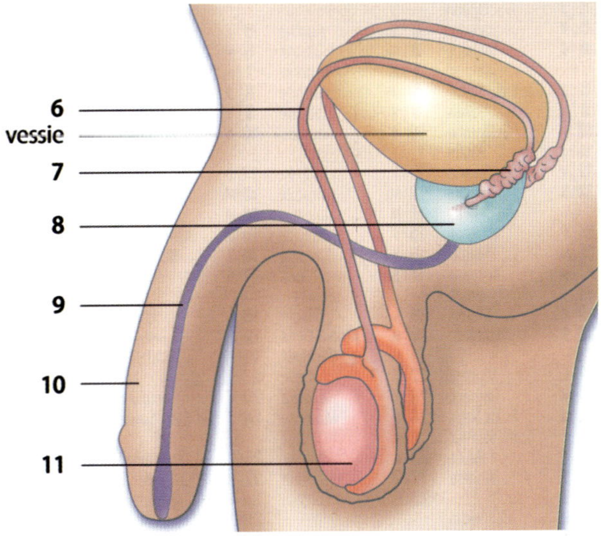

1. Parmi le vocabulaire ci-dessous, choisissez le nom de l'organe qui correspond à chaque numéro : *canal déférent ; ovaire ; pénis ; prostate ; testicule ; trompe ; urètre ; utérus ; vagin ; vésicule séminale ; vulve.*

2. Précisez le rôle des organes 2, 3, 7, 8 et 11.

EXERCICE 8 Le cycle féminin

Raisonner – Classer et proposer une explication.

1. Indiquez l'ordre dans lequel il faut placer les quatre schémas ci-contre pour reconstituer le cycle de l'utérus.

2. Retrouvez à quelle phase du cycle correspond chaque schéma puis expliquez les phénomènes successifs qui se produisent au cours des quatre phases.

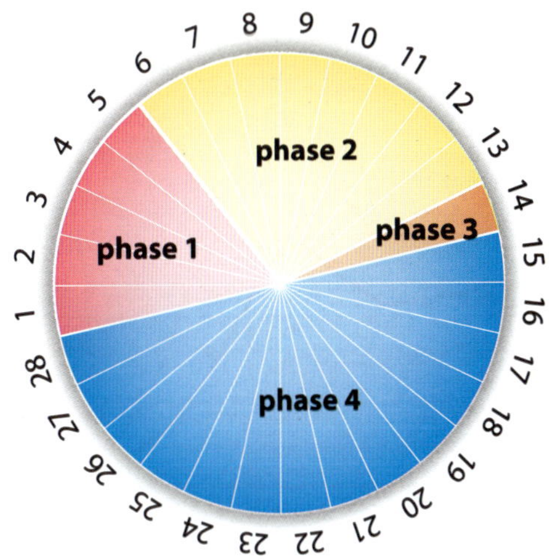

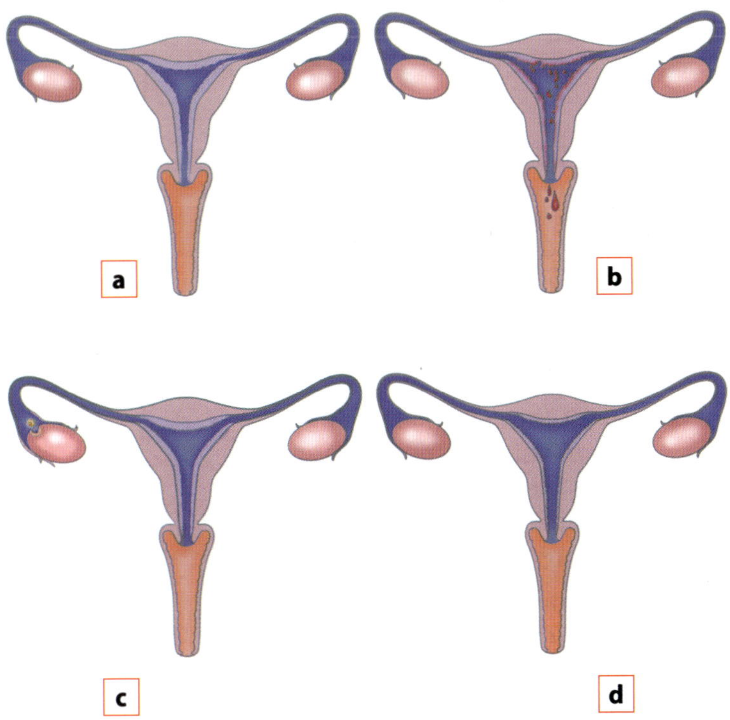

Exercices

EXERCICE **9** **Repérez les cycles d'une femme sur un calendrier**

Extraire des informations d'un document.

Janvier			Février			Mars			Avril		
1	L	**NOUVEL AN**	1	J	Ella	~~1~~	~~J~~	~~Aubin~~	~~1~~	~~D~~	~~Rameaux~~
2	M	Basile	~~2~~	~~V~~	~~Prés. Seigneur~~	~~2~~	~~V~~	~~Charles-le-Bon~~	~~2~~	~~L~~	~~Sandrine~~
3	M	Geneviève	~~3~~	~~S~~	~~Blaise~~	~~3~~	~~S~~	~~Guénolé~~	~~3~~	~~M~~	~~Richard~~
~~4~~	~~J~~	~~Odilon~~	~~4~~	~~D~~	~~Véronique~~	~~4~~	~~D~~	~~Casimir~~	~~4~~	~~M~~	~~Isidore~~
~~5~~	~~V~~	~~Edouard~~	~~5~~	~~L~~	~~Agathe~~	~~5~~	~~L~~	~~Olive~~	5	J	Irène
~~6~~	~~S~~	~~Mélaine~~	~~6~~	~~M~~	~~Gaston~~	6	M	Colette	6	V	**Vendredi St**
~~7~~	~~D~~	~~Epiphanie~~	7	M	Eugénie	7	M	Félicité	7	S	J.-B. de la Salle
~~8~~	~~L~~	~~Bapt. du Seign.~~	8	J	Jacqueline	8	J	Jean de Dieu	8	D	PÂQUES
9	M	Alix	9	V	Apolline	9	V	Françoise	9	L	Gautier
10	M	Guillaume	10	S	Arnaud	10	S	Vivien	10	M	Fulbert
11	J	Paulin	11	D	N.-D. Lourdes	11	D	Rosine	11	M	Stanislas
12	V	Tatiana	12	L	Félix	12	L	Justine	12	J	Jules
13	S	Yvette	13	M	Béatrice	13	M	Rodrigue	13	V	Ida
14	D	Nina	14	M	Valentin	14	M	Mathilde	14	S	Maxime
15	L	Rémi	15	J	Claude	15	J	**Mi-Carême**	15	D	Paterne
16	M	Marcel	16	V	Julienne	16	V	Bénédicte	16	L	Benoît
17	M	Roseline	17	S	Alexis	17	S	Patrice	17	M	Anicet
18	J	Prisca	18	D	Bernadette	18	D	Cyrille	18	M	Parfait
19	V	Marius	19	L	Gabin	19	L	Joseph	19	J	Emma
20	S	Sébastien	20	M	**Mardi-Gras**	20	M	Herbert	20	V	Odette
21	D	Agnès	21	M	**Cendres**	21	M	PRINTEMPS	21	S	Anselme
22	L	Vincent	22	J	Isabelle	22	J	Léa	22	D	Alexandre
23	M	Barnard	23	V	Lazare	23	V	Victorien	23	L	Georges
24	M	Fr. de Sales	24	S	Modeste	24	S	Ste Cath. Suède	24	M	Fidèle
25	J	Conv. St. Paul	25	D	Carême	25	D	Annonciation	25	M	Marc
26	V	Paule	26	L	Nestor	26	L	Larissa	26	J	Alida
27	S	Angèle	27	M	Honorine	27	M	Habib	27	V	Zita
28	D	Thomas d'Aquin	28	M	Romain	28	M	Gontran	~~28~~	~~S~~	~~Valérie~~
29	L	Gildas				29	J	Gwladys	~~29~~	~~D~~	~~Souv. Déportés~~
30	M	Martine				30	V	Amédée	~~30~~	~~L~~	~~Robert~~
31	M	Marcelle				~~31~~	~~S~~	~~Benjamin~~			

Sur un calendrier Madame D. a noté la date et la durée de ses règles (______________).

1. Quelle est la durée de ses règles ?

2. Indiquez la date du début de chacun des cycles présentés sur le calendrier.

3. Calculez la durée de chacun des cycles de Madame D.

4. Sachant que les règles surviennent 14 jours après l'émission de l'ovule, précisez pour chaque cycle à quelle date a eu lieu l'ovulation. La durée de la première moitié du cycle est-elle toujours la même ?

EXERCICE **10** **La vitesse de croissance d'une adolescente**

Extraire des informations d'un graphique.

Le graphique ci-contre indique la vitesse de croissance exprimée en cm par an des filles pendant l'enfance et l'adolescence :

- **zone blanche,** écart entre la vitesse de croissance minimale et la vitesse de croissance maximale ;
- **trait rouge,** vitesse de croissance moyenne.

Sur ce graphique, Fanny a reporté avec des points noirs son augmentation de taille annuelle au cours de la période 5-14 ans.

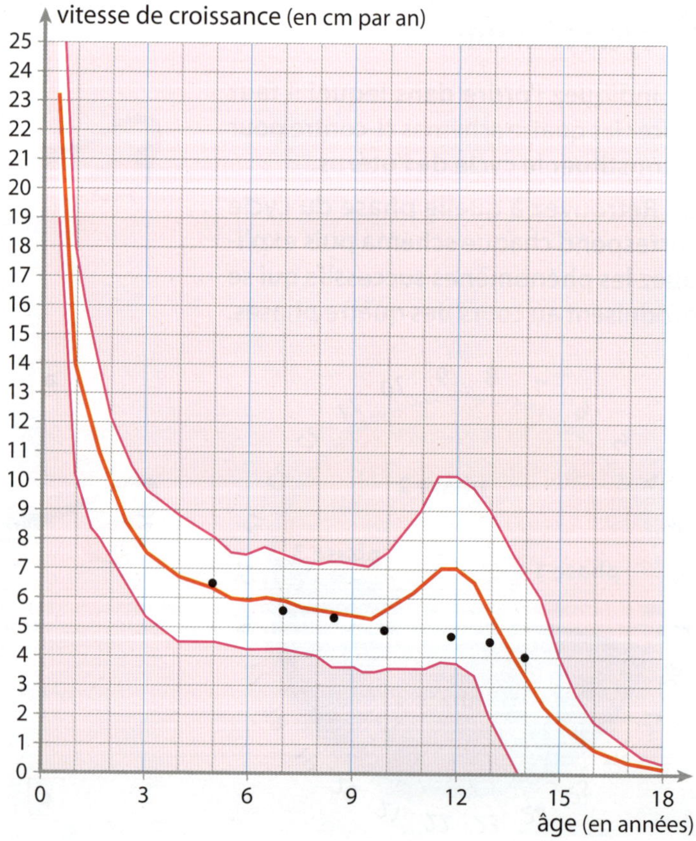

1. Construisez un tableau permettant de comparer les augmentations de taille annuelles (de 5 à 14 ans) de Fanny d'une part et de la majorité des adolescentes d'autre part. Que remarquez-vous ?

2. Le médecin a diagnostiqué chez Fanny un *retard pubertaire*. Que signifie cette expression ? Comment sa vitesse de croissance révèle-t-elle ce retard ?

La surveillance de la grossesse par échographie.

Chapitre

2 De la fécondation à la naissance

La naissance d'un bébé n'est possible que si l'ovule produit par la femme est fécondé par un spermatozoïde produit par l'homme.

• Où et comment se réalise la fécondation ? Comment le futur bébé se développe-t-il dans l'organisme maternel ?

Activité 1

La fécondation

La naissance d'un enfant n'est possible que si l'ovule produit par la femme est fécondé par un spermatozoïde produit par l'homme.

• ***Comment la fécondation se réalise-t-elle ?***

A La rencontre des cellules reproductrices

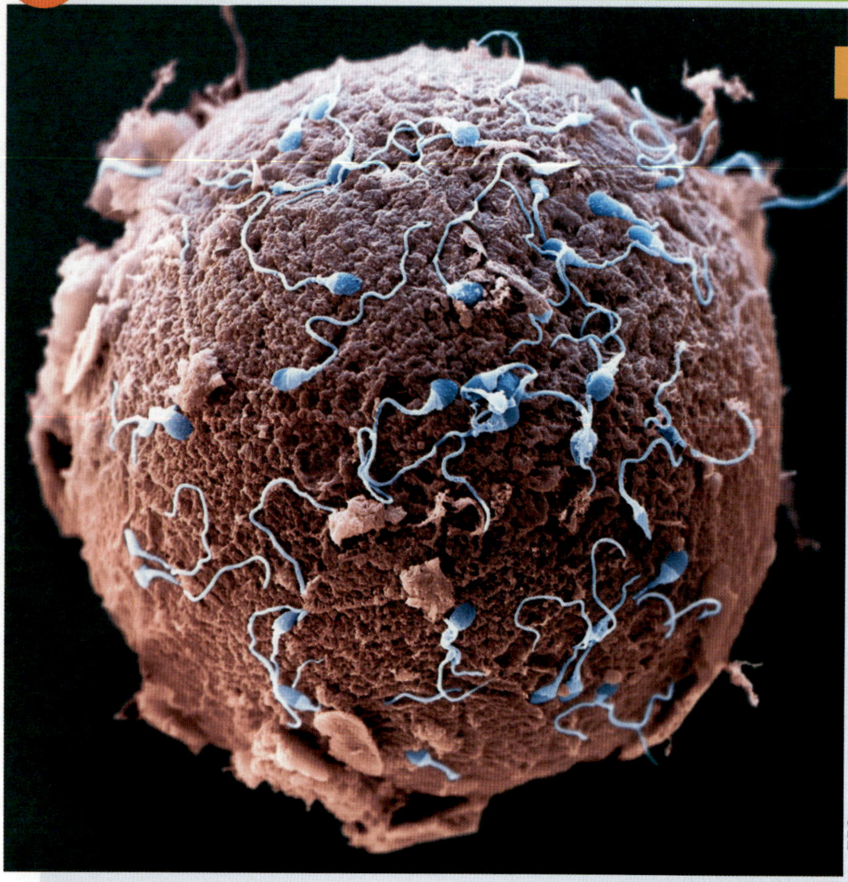

DOC 1 **La rencontre des spermatozoïdes et de l'ovule** a lieu dans une des deux trompes de l'appareil génital féminin. Cette rencontre a lieu près de l'ovaire quand l'ovule est expulsé au moment de l'ovulation.

Au cours d'un rapport sexuel, plusieurs centaines de millions de spermatozoïdes (l'équivalent de la population de l'Europe occidentale) contenus dans le sperme de l'homme sont déposés au fond du vagin de la femme.

Ils parcourent alors à la vitesse de 50 micromètres par seconde un trajet d'environ 20 centimètres pour remonter la cavité de l'utérus puis les trompes. Des millions vont se perdre en chemin et mourir. Finalement, quelques centaines seulement parviennent dans la partie haute de la trompe près de l'ovaire.

La rencontre avec l'ovule n'a pas obligatoirement lieu le jour du rapport sexuel : en effet, les spermatozoïdes peuvent survivre jusqu'à cinq jours dans les voies génitales de la femme.

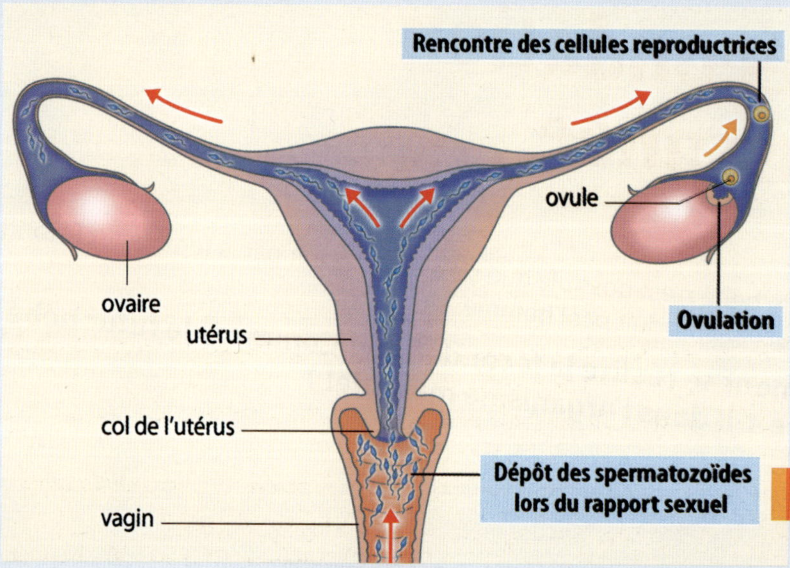

DOC 2 **Un trajet semé d'embûches pour les spermatozoïdes.**

B La formation d'une cellule-œuf

DOC 3 **Beaucoup de prétendants et un seul élu.**

Quelques spermatozoïdes seulement arrivent à franchir les deux enveloppes qui entourent l'ovule et atteignent sa membrane. Un seul pénètre dans l'ovule car, dès qu'il a franchi la membrane, celle-ci s'épaissit et empêche la pénétration de tout autre spermatozoïde. Une fois entrée, la tête du spermatozoïde libère son noyau dans le cytoplasme de l'ovule.

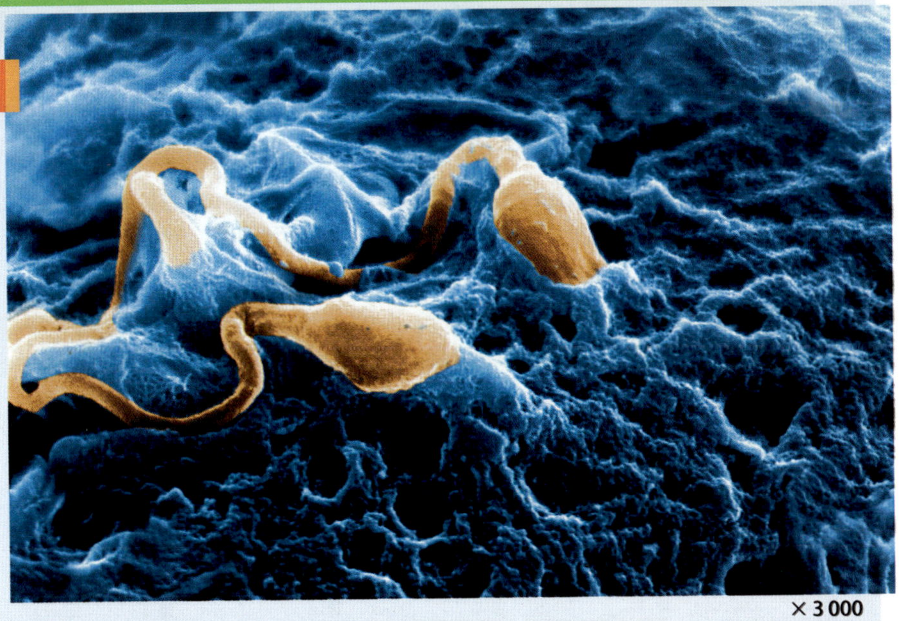

× 3 000

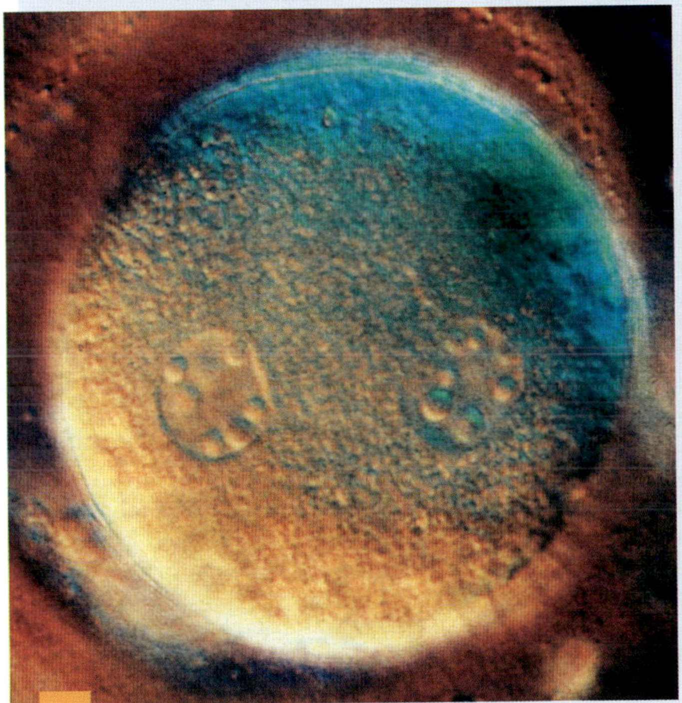

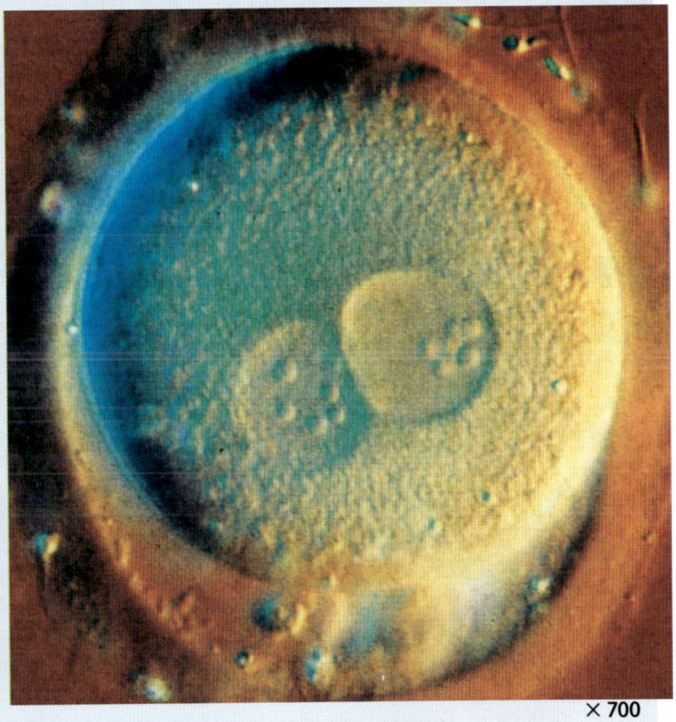

× 700

DOC 4 **15 à 20 heures après la pénétration d'un spermatozoïde dans l'ovule,** les noyaux de ces deux cellules fusionnent pour former la **cellule-œuf** : c'est la **fécondation**. Cette cellule-œuf est à l'origine de l'embryon ainsi que du placenta.

Lexique

- **Fécondation :** union des noyaux des deux cellules reproductrices (spermatozoïde et ovule).
- **Cellule-œuf :** première cellule d'un nouvel être vivant.

Pistes de travail

1. **Indiquez le trajet des deux cellules reproductrices depuis leur lieu d'émission jusqu'à leur lieu de rencontre (DOC 1 et 2).**
2. **Décrivez les trois étapes de la fécondation visibles sur les photographies des DOC 3 et 4.**
3. **Expliquez pourquoi, dans l'espèce humaine, la fécondation est dite interne.**

Pour conclure, résumez en une phrase ce qu'est la fécondation.

Compétences • 1 et 2 : S'informer • 3 : Raisonner.

Activité 2

Les premiers instants d'un nouvel être humain

Aussitôt formée, la cellule-œuf commence à se diviser. Ces divisions aboutissent à la formation d'un embryon : c'est le début d'une nouvelle vie.

• ***Quels sont les premiers signes de la grossesse ? Quelles sont les premières étapes du développement de l'embryon ?***

A Les signes accompagnant le début d'une grossesse

Janvier			Février			Mars			Avril			Mai		
1	L	**NOUVEL AN**	1	J	Ella	1	J	Aubin	1	D	**Rameaux**	1	M	**FÊTE DU TRAVAIL**
2	M	Basile	~~2~~	~~V~~	~~Prés. Seigneur~~	~~2~~	~~V~~	~~Charles le Bon~~	2	L	Sandrine	2	M	Boris
3	M	Geneviève	~~3~~	~~S~~	~~Blaise~~	~~3~~	~~S~~	~~Guénolé~~	3	M	Richard	3	J	Philippe, Jacques
4	J	Odilon	~~4~~	~~D~~	~~Véronique~~	~~4~~	~~D~~	~~Casimir~~	4	M	Isidore	4	V	Sylvain
~~5~~	~~V~~	~~Edouard~~	~~5~~	~~L~~	~~Agathe~~	~~5~~	~~L~~	~~Olive~~	5	J	Irène	5	S	Judith
~~6~~	~~S~~	~~Mélaine~~	~~6~~	~~M~~	~~Gaston~~	~~6~~	~~M~~	~~Colette~~	6	V	**Vendredi St**	6	D	Prudence
~~7~~	~~D~~	~~Epiphanie~~	7	M	Eugénie	7	M	Félicité	7	S	J.-B. de la Salle	7	L	Gisèle
~~8~~	~~L~~	~~Bapt. du Seign.~~	8	J	Jacqueline	8	J	Jean de Dieu	8	D	**PÂQUES**	8	M	**ARMISTICE 1945**
~~9~~	~~M~~	~~Alix~~	9	V	Apolline	9	V	Françoise	9	L	Gautier	9	M	Pacôme
10	M	Guillaume	10	S	Arnaud	10	S	Vivien	10	M	Fulbert	10	J	Solange
11	J	Paulin	11	D	N.-D. Lourdes	11	D	Rosine	11	M	Stanislas	11	V	Estelle
12	V	Tatiana	12	L	Félix	12	L	Justine	12	J	Jules	12	S	Achille
13	S	Yvette	13	M	Béatrice	13	M	Rodrigue	13	V	Ida	13	D	Fête J. d'Arc
14	D	Nina	14	M	Valentin	14	M	Mathilde	14	S	Maxime	14	L	Matthias
15	L	Rémi	15	J	Claude	15	J	**Mi-Carême**	15	D	Paterne	15	M	Denise
16	M	Marcel	16	V	Julienne	16	V	Bénédicte	16	L	Benoît	16	M	Honoré
17	M	Roseline	17	S	Alexis	17	S	Patrice	17	M	Anicet	17	J	**ASCENSION**
18	J	Prisca	18	D	Bernadette	18	D	Cyrille	18	M	Parfait	18	V	Eric
19	V	Marius	19	L	Gabin	19	L	Joseph	19	J	Emma	19	S	Yves
20	S	Sébastien	20	M	**Mardi-Gras**	20	M	Herbert	20	V	Odette	20	D	Bernardin
21	D	Agnès	21	M	**Cendres**	21	M	PRINTEMPS	21	S	Anselme	21	L	Constantin
22	L	Vincent	22	J	Isabelle	22	J	Léa	22	D	Alexandre	22	M	Emile
23	M	Barnard	23	V	Lazare	23	V	Victorien	23	L	Georges	23	M	Didier
24	M	Fr. de Sales	24	S	Modeste	24	S	Ste Cath. Suède	24	M	Fidèle	24	J	Donatien
25	J	Conv. St. Paul	25	D	**Carême**	25	D	**Annonciation**	25	M	Marc	25	V	Sophie
26	V	Paule	26	L	Nestor	26	L	Larissa	26	J	Alida	26	S	Bérenger
27	S	Angèle	27	M	Honorine	27	M	Habib	27	V	Zita	27	D	**PENTECÔTE**
28	D	Thomas d'Aquin	28	M	Romain	28	M	Gontran	28	S	Valérie	28	L	Germain
29	L	Gildas				29	J	Gwladys	29	D	Souv. Déportés	29	M	Aymar
30	M	Martine				30	V	Amédée	30	L	Robert	30	M	Ferdinand
31	M	Marcelle				31	S	Benjamin				31	J	Visitation

Calendrier des cycles de Madame B. juste avant une grossesse qui a débuté en mars

—— règles

DOC 1 **Une modification des cycles révèle le début d'une grossesse.**

Il existe différents types de tests de grossesse mais ils sont tous basés sur le même principe : ils réagissent à une substance produite par le très jeune embryon. Cette substance est présente dans l'urine de la femme enceinte 15 jours après la fécondation. La tige absorbante du modèle présenté ci-dessous doit être imprégnée d'urine : si la femme est enceinte, une ligne apparaît dans la fenêtre la plus proche de la tige.

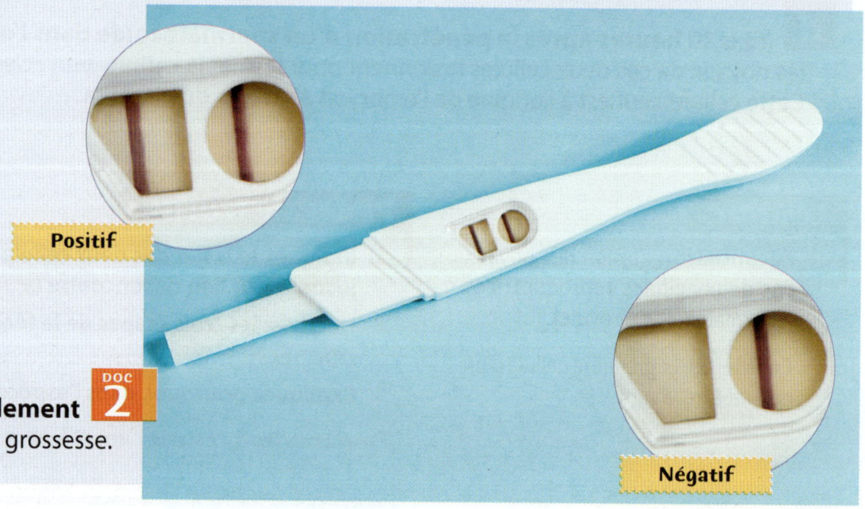

DOC 2 **Une femme peut savoir si elle est réellement enceinte** en pratiquant un test de grossesse.

B Le jeune embryon chemine dans la trompe puis s'implante dans l'utérus

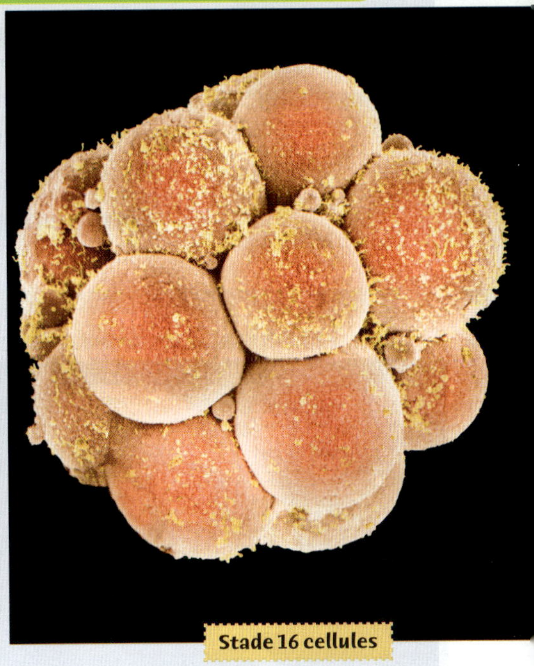

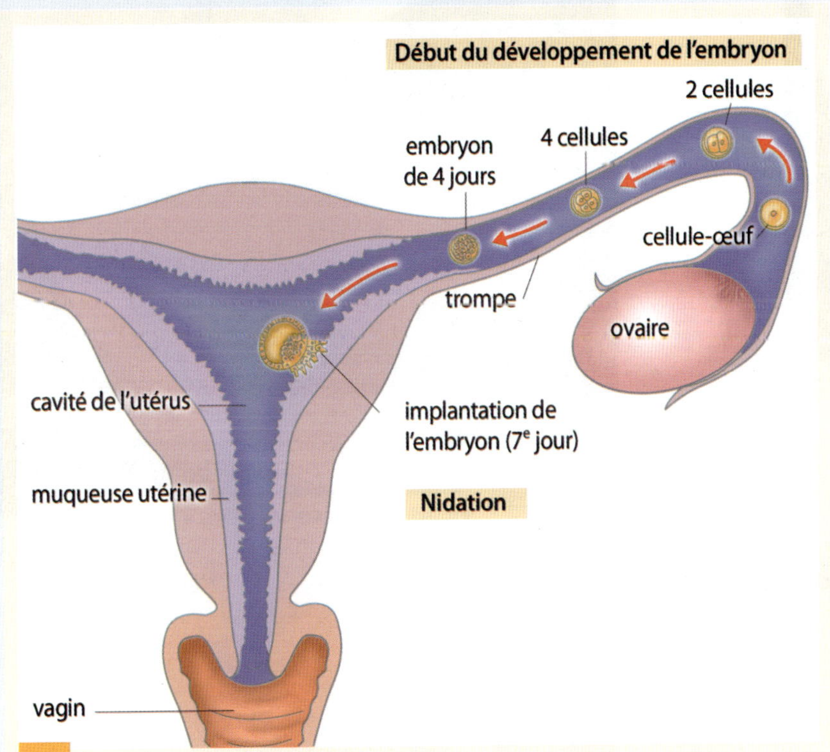

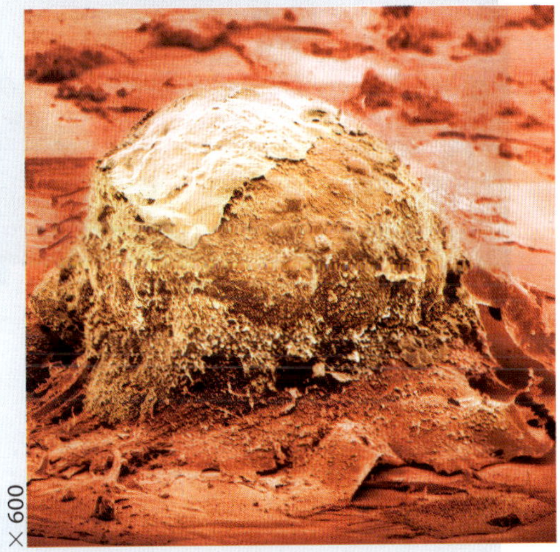

Environ 7 jours après la fécondation, l'**embryon**, petite sphère d'un demi-millimètre, s'implante dans la muqueuse utérine : c'est la **nidation**.

DOC 3 **La première semaine de la vie de l'embryon.**

Lexique

- **Embryon :** nom donné au futur bébé depuis la première division de la cellule-œuf jusqu'à ce que les différents organes soient formés (environ 8 semaines après la fécondation).
- **Nidation :** implantation de l'embryon dans la muqueuse utérine.

Pistes de travail

1. Comment une femme peut-elle savoir si elle est enceinte (DOC 1 et 2) ?
2. Racontez la première semaine de la vie de l'embryon (DOC 3).

Pour conclure, construire un court texte en utilisant les mots : nidation, fécondation, cellule-œuf, embryon et utérus.

Compétences • 1 : S'informer • 2 : S'informer, communiquer.

Activité 3 Neuf mois pour se développer

Au cours des neuf mois de grossesse, le futur bébé se développe dans l'utérus maternel. Tous les éléments nécessaires à son développement lui sont alors fournis par sa mère.

- ***Comment le futur bébé se développe-t-il dans l'utérus ?***

A Le développement du futur enfant

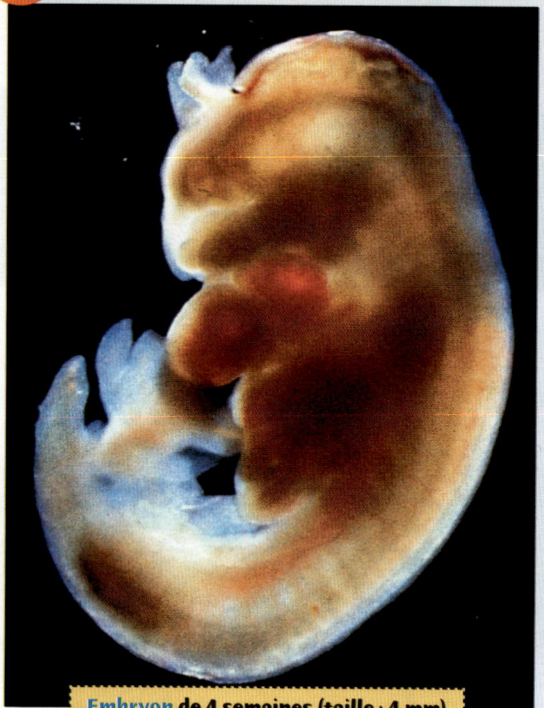

Embryon de 4 semaines (taille : 4 mm)

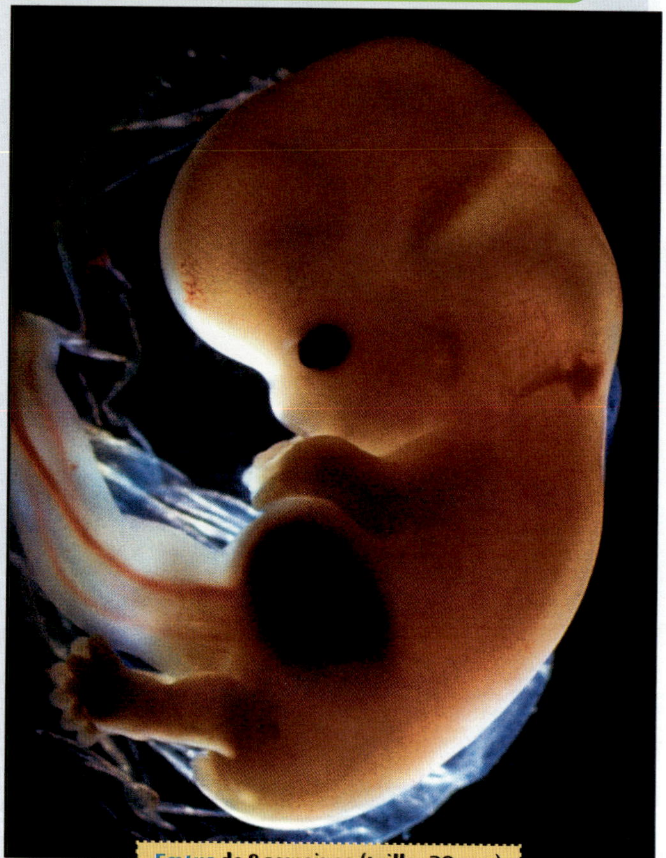

Fœtus de 8 semaines (taille : 30 mm)

POUR EN SAVOIR PLUS
www.bordas-svtcollege.fr/liens4e

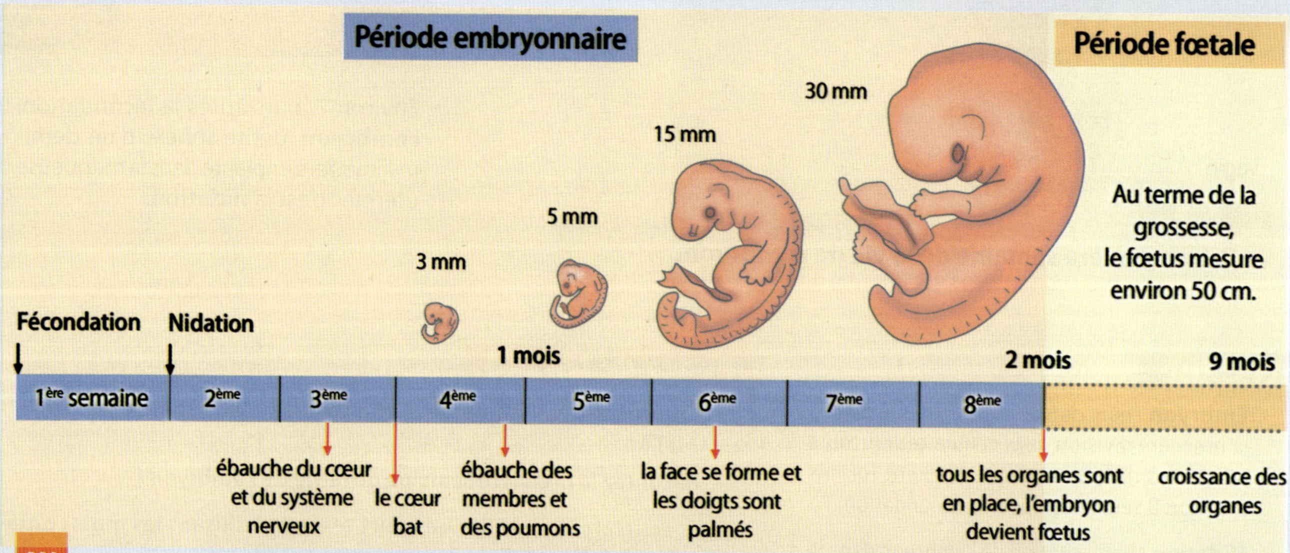

DOC 1 **La période embryonnaire,** une étape fondamentale dans le développement du futur bébé.

B Des échanges entre la mère et son enfant

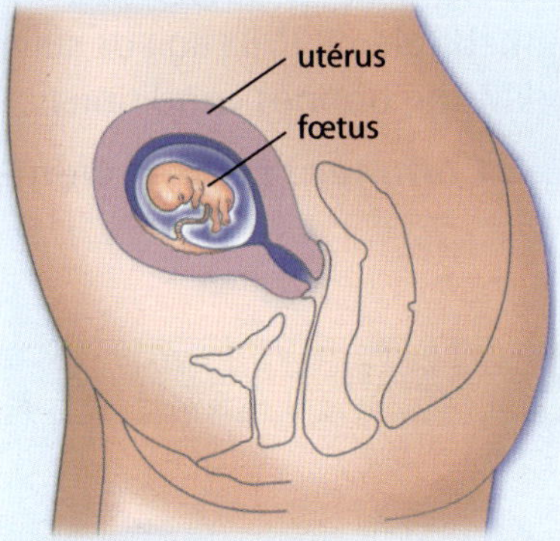

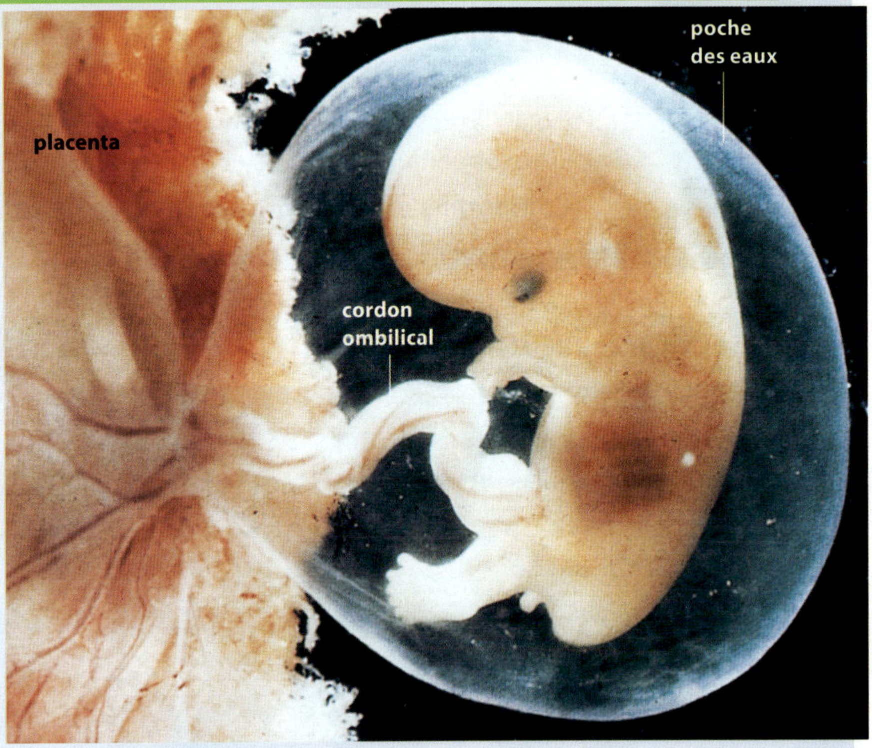

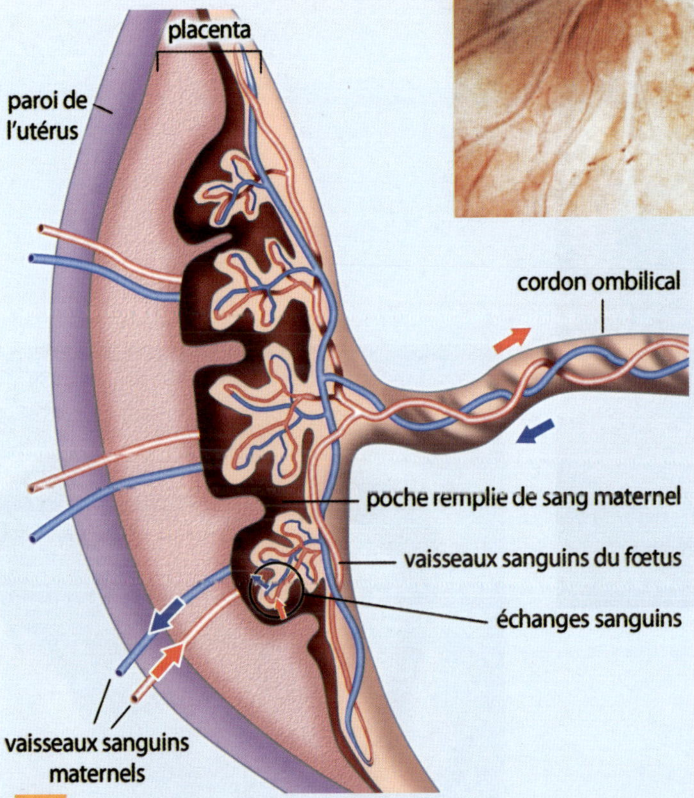

Le **placenta** comporte de nombreux replis où le sang fœtal est en contact étroit avec le sang maternel mais sans jamais se mélanger avec lui (il en est toujours séparé par une très fine membrane).

Le futur bébé puise dans le sang maternel les substances indispensables à sa croissance (nutriments, dioxygène) et y rejette des déchets (dioxyde de carbone, déchets azotés).

Le placenta est aussi une barrière qui protège le fœtus contre les microbes et les substances toxiques mais il n'arrête pas tout : des virus, certains médicaments et des substances toxiques (alcool, nicotine, drogues…) peuvent passer dans la circulation fœtale.

DOC 2 **Le futur bébé est en relation avec sa mère** par l'intermédiaire du cordon ombilical et du placenta. C'est au niveau de ce dernier que s'effectuent de nombreux échanges entre le sang maternel et le sang fœtal.

Lexique

- **Embryon :** nom donné au futur bébé jusqu'à la 8e semaine de grossesse après la fécondation.
- **Fœtus :** nom donné au futur bébé à partir du 3e mois de grossesse lorsque tous les organes sont en place.
- **Placenta :** organe permettant les échanges entre la mère et le futur enfant.

Pistes de travail

1. **Nommez les deux grandes périodes du développement du futur bébé et dites ce qui les caractérise (DOC 1). Quels organes reconnaît-on sur le fœtus âgé de 8 semaines ?**
2. **Sur un schéma très simple du placenta, représentez par des flèches les différents échanges entre la mère et le fœtus. Quelles caractéristiques du placenta favorisent ces échanges (DOC 2) ?**

Pour conclure, expliquez en quelques phrases comment le futur bébé se développe dans l'utérus maternel.

Compétences • 1 : S'informer • 2 : Raisonner, communiquer.

Activité 4 La naissance du bébé

Pendant la grossesse, la future mère et son bébé sont suivis médicalement, il s'agit de suivre le développement du fœtus et de préparer la naissance dans de bonnes conditions.

• ***Comment s'effectue la surveillance du futur bébé ? Comment celui-ci vient-il au monde ?***

A Des images du bébé avant la naissance

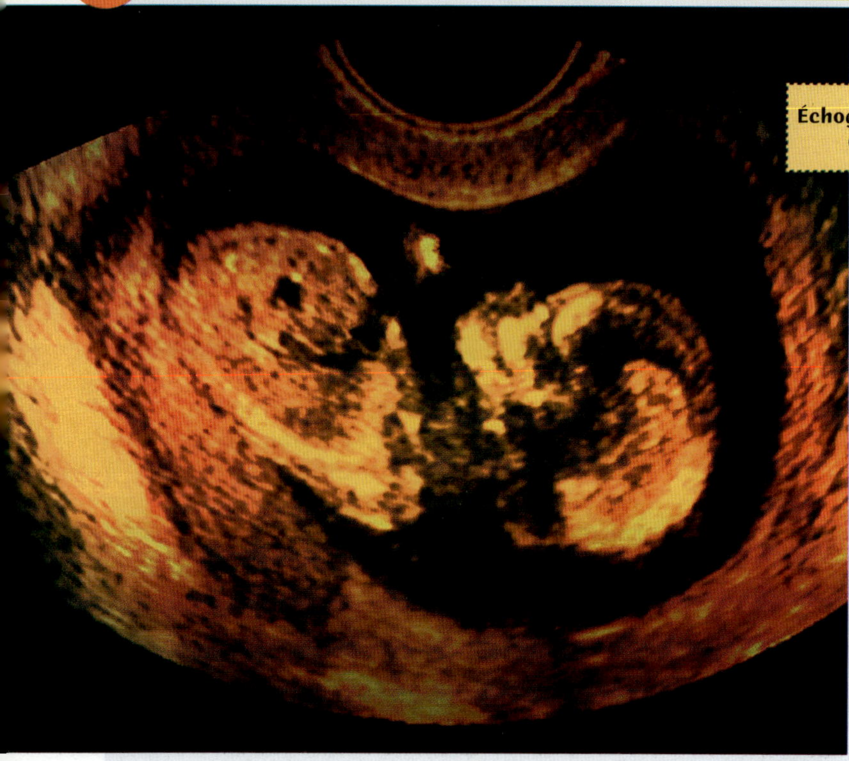

Échographie pelvienne prénatale d'un fœtus de 6/7 mois

En France, trois **échographies** sont pratiquées au cours de la grossesse.

• L'échographie du premier trimestre (12 semaines après les dernières règles) permet de dépister d'éventuelles anomalies du cerveau par exemple.

• L'échographie du deuxième trimestre (22 semaines environ après l'arrêt des règles) sert à vérifier si tous les organes sont bien formés. Elle permet aussi de déterminer le sexe de l'enfant.

• L'échographie du troisième trimestre (entre la 32e et la 36e semaine après les dernières règles) permet de savoir si la croissance du fœtus se poursuit harmonieusement et de préparer l'accouchement. On vérifie si le bébé est bien positionné (tête en bas vers le col de l'utérus) et s'il n'est pas trop gros par rapport au bassin de la mère.

DOC 1 **Des images échographiques** qui permettent de visualiser les organes du fœtus jusque dans les moindres détails.

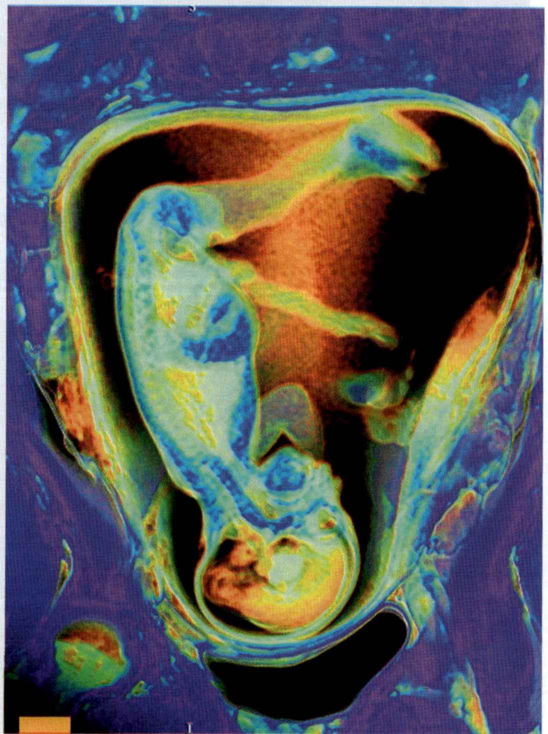

DOC 2 **Une image exceptionnelle du bébé dans le ventre de sa mère.**
Cette image est une IRM (Image par Résonance Magnétique) : c'est une technique qui fournit des images ressemblant à de véritables coupes qui auraient été faites dans le corps.

B La naissance du bébé, un changement de milieu de vie

- L'**accouchement** survient environ 280 jours après les dernières règles. Il débute par des contractions des muscles de la paroi de l'utérus qui entraînent l'effacement puis la dilatation du col de l'utérus. Celui-ci atteint en plusieurs heures un diamètre de 10 cm indispensable au passage de l'enfant. Au cours de ce « travail » la poche des eaux se rompt : c'est la « perte des eaux » (écoulement du liquide amniotique dans lequel s'est développé le fœtus).
- Sous l'effet de fortes contractions de l'utérus, l'expulsion commence , le bébé est progressivement poussé vers l'extérieur. À la naissance, ses poumons se remplissent d'air, il pousse alors son premier cri. Le cordon ombilical qui relie la mère à l'enfant est pincé puis coupé, sa cicatrice formera le nombril.

Quinze à vingt minutes après la naissance du bébé, les contractions utérines reprennent, elles provoquent le décollement du placenta qui est expulsé à son tour.

Travail : dilatation du col de l'utérus

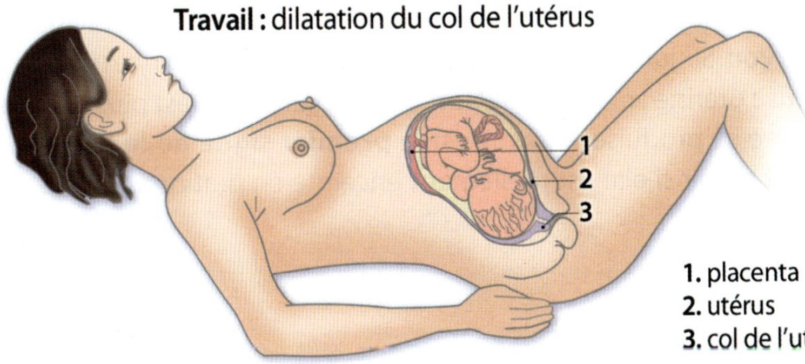

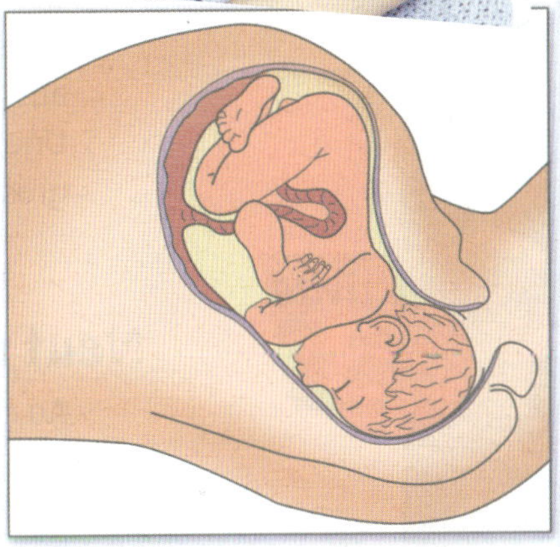

Expulsion du bébé

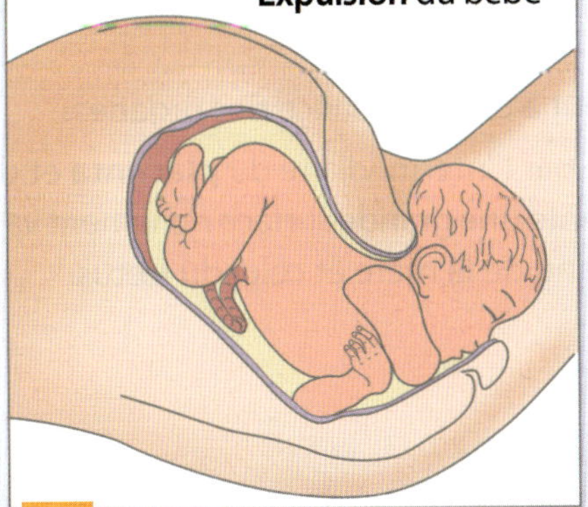

Délivrance : décollement du placenta

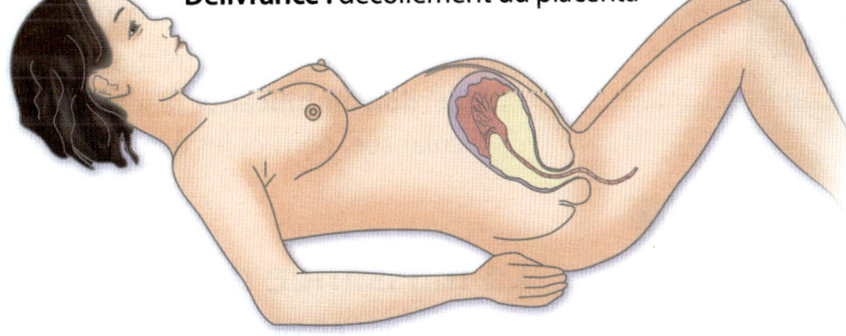

DOC 3 **Les principales étapes de l'accouchement.**

Lexique

- **Échographie :** technique médicale permettant de visualiser, grâce aux ultrasons, l'intérieur de l'organisme. Cet examen est indolore et sans danger. Actuellement, on peut réaliser des échographies en 3D.
- **Accouchement :** ensemble des phénomènes qui aboutissent à l'expulsion du bébé et du placenta.

Pistes de travail

1. Quel est l'intérêt des échographies pratiquées au cours de la grossesse (DOC 1) ? Que voit-on de plus sur le DOC 2 ?
2. Nommez et définissez les trois étapes de l'accouchement (DOC 3).
3. Présentez sous forme d'un tableau une comparaison du milieu de vie, de la nutrition et de la respiration du fœtus et du bébé.

Pour conclure, résumez en quelques lignes le rôle de l'utérus pendant l'accouchement et expliquez en quoi la naissance est un grand changement de vie pour le bébé.

Compétences • 1 et 2 : S'informer • 3 : Raisonner.

Le bilan des activités

P. 138-139 Activité 1

La fécondation

À la suite d'un **rapport sexuel**, les spermatozoïdes, déposés au niveau du vagin, remontent jusqu'aux trompes à la rencontre de l'ovule. Un seul spermatozoïde pénètre dans l'ovule, les deux noyaux s'unissent : c'est la **fécondation**. Celle-ci est à l'origine de la **cellule-œuf**, première cellule du futur bébé.

La fécondation a lieu dans les trompes, elle est interne.

P. 140-141 Activité 2

Les premiers instants d'un nouvel être humain

Tout en cheminant le long de la trompe, la cellule-œuf subit plusieurs divisions et devient un **embryon**. Six jours environ après la fécondation, cet embryon s'implante dans la muqueuse utérine : c'est la **nidation**. La paroi utérine n'est plus éliminée, aussi les règles ne se produisent pas : c'est le **premier signe de la grossesse**. Une femme peut savoir si elle est réellement enceinte en pratiquant un test de grossesse.

P. 142-143 Activité 3

Neuf mois pour se développer

Au cours de la grossesse, on distingue deux périodes :
– la **période embryonnaire**, deux mois environ, au cours de laquelle les différents organes se mettent en place (au terme de cette période, l'embryon prend le nom de **fœtus**) ;
– la **période fœtale** qui correspond surtout à une croissance des organes.

Le futur bébé est en relation avec sa mère par l'intermédiaire du **placenta** et du **cordon ombilical**. Le placenta, qui représente une grande surface richement vascularisée, permet les **échanges** entre le sang de la mère et celui du fœtus.

P. 144-145 Activité 4

La naissance du bébé

Lors de **l'accouchement**, après neuf mois de grossesse, des **contractions utérines** permettent la naissance du bébé.

Les mots-clés

- Rapport sexuel
- Fécondation
- Cellule-œuf
- Embryon
- Nidation
- Fœtus
- Placenta
- Cordon ombilical
- Accouchement

L'essentiel

Ce qu'il faut savoir

- Au cours du rapport sexuel, les spermatozoïdes sont déposés dans le vagin. La fécondation qui a lieu dans les trompes (fécondation interne) produit une cellule-œuf, point de départ du futur bébé.
- La cellule-œuf se divise, elle devient un embryon qui s'implante dans l'utérus : c'est la nidation. Les principaux organes se forment, l'embryon devient un fœtus. Celui-ci effectue des échanges avec l'organisme maternel par l'intermédiaire du placenta.
- Après neuf mois de grossesse, le bébé est expulsé par des contractions utérines lors de l'accouchement.

Le schéma-bilan De la fécondation à la naissance

L'embryon humain résulte de la fécondation

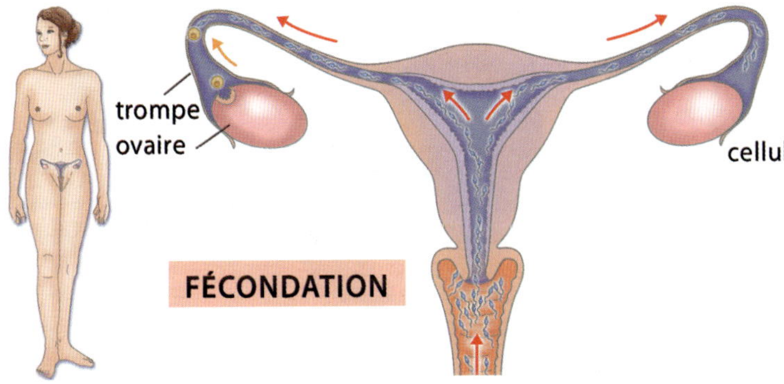

Premiers signes de grossesse :
- arrêt des règles
- test de grossesse positif

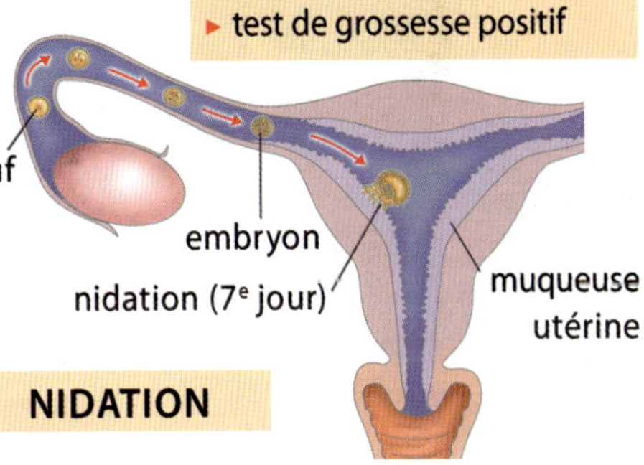

L'embryon se développe dans l'utérus maternel

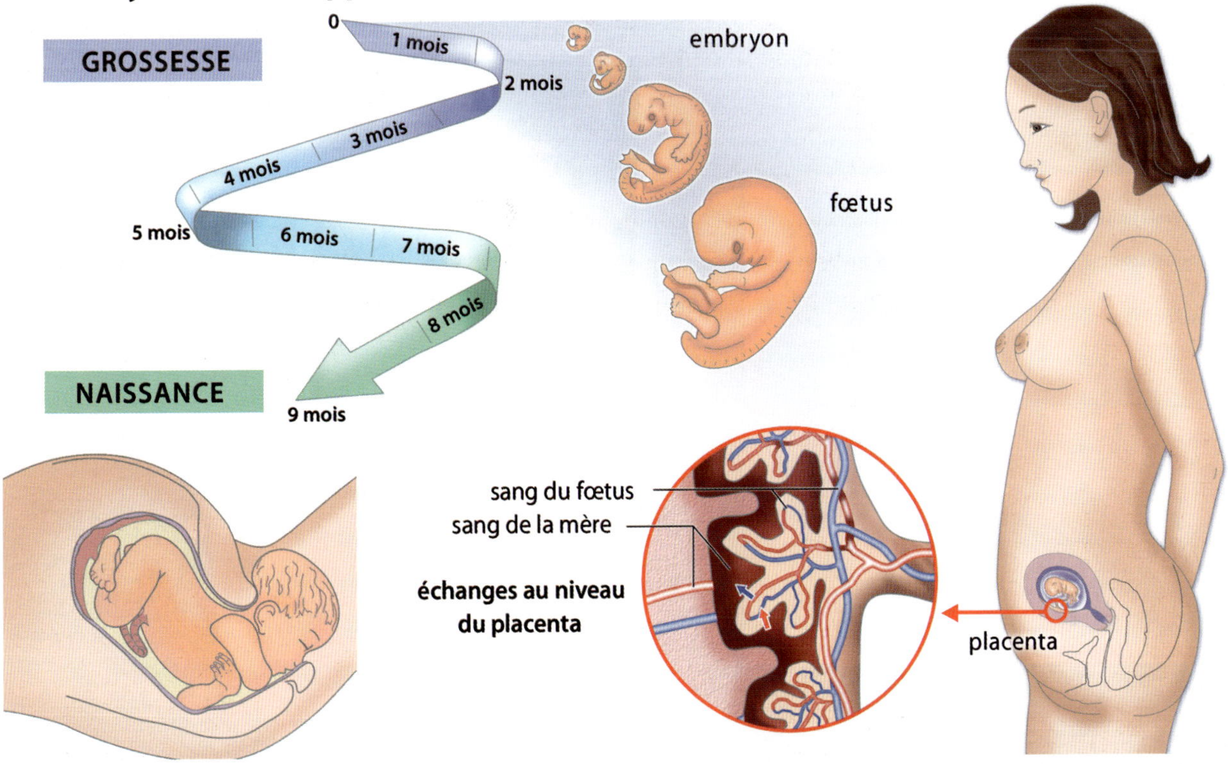

découvrir

Habituellement dans l'espèce humaine, chaque grossesse se termine par la naissance d'un seul bébé. Les naissances multiples (jumeaux, triplés, quadruplés…) sont des phénomènes rares, la naissance de jumeaux étant cependant la plus courante.

L'énigme des jumeaux

Vrais jumeaux

Les vrais jumeaux, toujours de même sexe, se ressemblent énormément et conservent cette ressemblance physique tout au long de leur vie. Ils acquièrent cependant une identité propre au cours de leurs expériences personnelles.

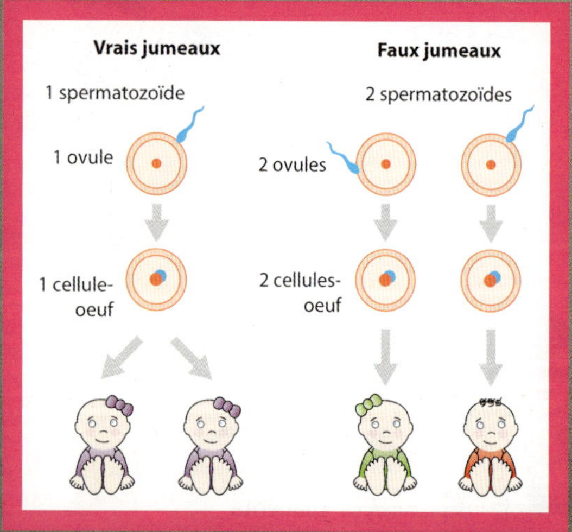

Faux jumeaux

Les faux jumeaux, qui ne sont pas obligatoirement de même sexe, ne sont pas plus semblables entre eux que des frères et des sœurs.

Quatre copies conformes ? Mais oui, c'est possible !

La naissance de quadruplés, qui est un événement extrêmement rare, fait souvent la une des médias. Ces quatre enfants, tous parfaitement identiques, sont de vrais quadruplés, ce qui est tout à fait exceptionnel. Ils proviennent d'une cellule-œuf unique mais qui, au cours des premières divisions, a formé les quatre embryons.

Des jumeaux « trop jumeaux »

Les siamois sont des vrais jumeaux soudés l'un à l'autre. Au cours du développement , la séparation de l'œuf en deux embryons ne s'est pas complètement réalisée si bien que les enfants sont unis par une partie de leur corps.

L'illustration correspond à deux sœurs siamoises soudées par la hanche, les sœurs Blazek, qui se produisaient en spectacle, au théâtre de la Gaîté à Paris, dans les années 1890.

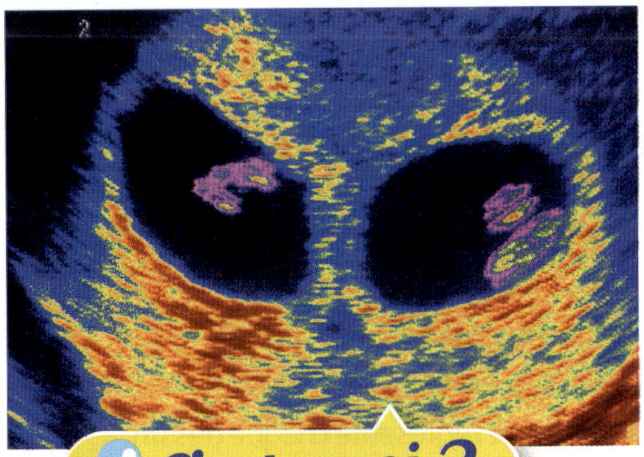

C'est quoi ?

C'est une échographie de jumeaux durant la grossesse. Ils sont ici dans deux « poches des eaux » séparées mais ce n'est pas toujours le cas : des vrais jumeaux peuvent être dans la même poche des eaux.

Les jumeaux, c'est fréquent ?

Faux jumeaux	10 pour 1 000 naissances 75 % des grossesses gémellaires
Vrais jumeaux	4 pour 1 000 naissances 25 % des grossesses gémellaires
Siamois	1 pour 75 000 naissances
Triplés	1 pour 6 000 naissances
Quadruplés	1 pour 500 000 naissances

POUR EN SAVOIR PLUS : www.bordas-svtcollege.fr/liens4e

Exercices

Je teste mes connaissances

EXERCICE **1** **Vrai ou faux ?**

Certaines affirmations sont exactes. Recopiez-les. Corrigez ensuite les affirmations inexactes.

a. La cellule-œuf est à l'origine d'un nouvel individu.

b. La fécondation a lieu dans l'utérus maternel.

c. La cellule-œuf se forme au cours de la nidation.

d. La cellule-œuf se divise et devient un embryon.

e. L'embryon s'implante dans le vagin maternel.

f. La période embryonnaire correspond aux premières semaines de grossesse.

g. Pendant la période fœtale, les organes du futur bébé se forment.

h. Le placenta est fixé dans l'ovaire.

i. Le placenta permet les échanges entre la mère et le futur bébé.

EXERCICE **2** **Expliquez comment…**

a. Se manifestent les premiers signes de la grossesse.

b. Se déroule la fécondation.

c. Se forme l'embryon puis le fœtus.

d. Respire le futur bébé.

e. Se manifestent les premiers signes de l'accouchement.

EXERCICE **3** **Quelles différences y a-t-il entre…**

a. La fécondation et la nidation.

b. L'embryon et le fœtus.

c. Le placenta et la muqueuse utérine.

EXERCICE **4** **Associez la bonne définition à chacun des mots suivants.**

Cordon ombilical, fécondation, nidation, ovulation, placenta.

a. Libération d'un ovule par l'ovaire.

b. Organe permettant les échanges entre la mère et le fœtus.

c. Fixation de l'embryon dans la muqueuse utérine.

d. Union de deux cellules reproductrices.

e. Relie le fœtus à sa mère.

EXERCICE **5** **Trouvez le mot caché.**

Recopiez la grille ci-dessous puis complétez-la à partir des définitions suivantes.

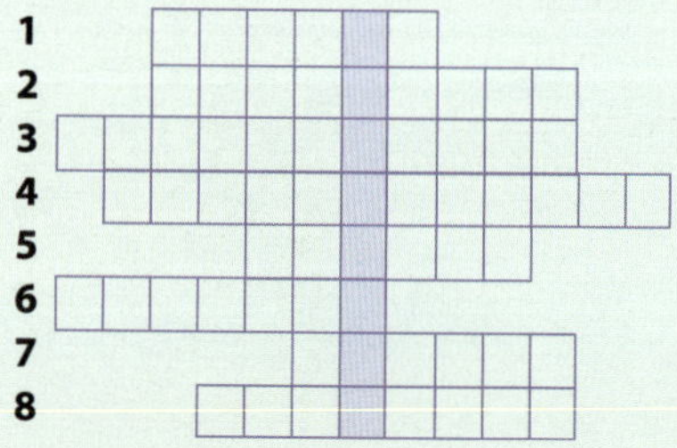

1. Lieu de la fécondation.

2. Nom donné au cordon qui unit le futur bébé à sa mère.

3. Union des cellules reproductrices.

4. Ensemble des phénomènes qui permettent la naissance du bébé.

5. Nom donné au futur bébé à partir du troisième mois.

6. Nom donné au futur bébé en début de grossesse.

7. Lieu de développement du bébé.

8. Fixation de l'embryon dans la muqueuse utérine.

Découvrez le mot caché et donnez-en une définition.

J'utilise mes connaissances

EXERCICE **6** **Les étapes de la fécondation**

RAISONNER Ra **Retrouver un ordre chronologique.**

Ces dessins présentent différentes étapes de la fécondation.

1. **Replacez dans l'ordre chronologique ces différents dessins.**

2. **Dites ce que représente chaque dessin.**

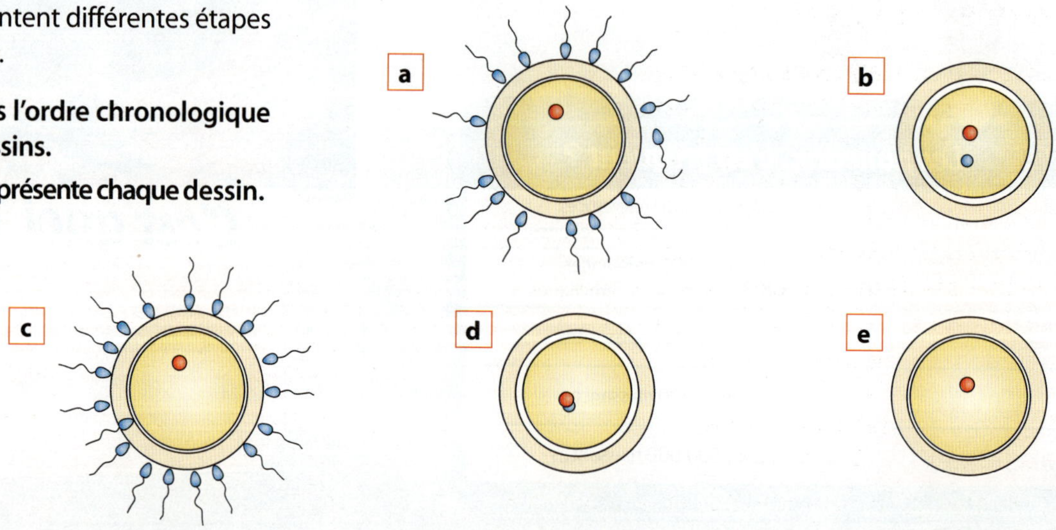

EXERCICE 7

La croissance du futur bébé

Ra Comparer des données.

Les échographies pratiquées au cours des trois trimestres de grossesse permettent d'apprécier le développement du futur bébé.

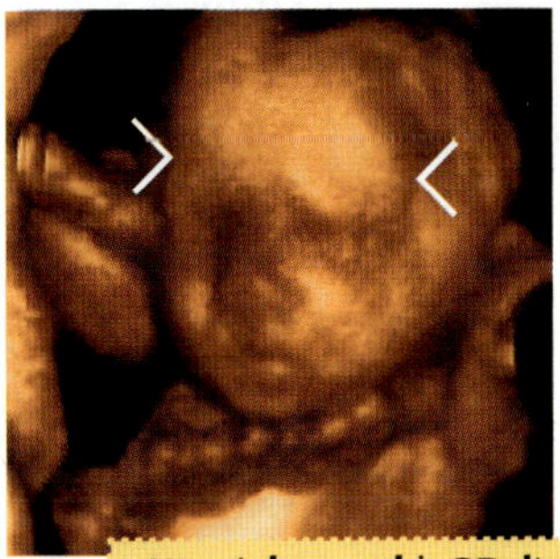

Une échographie 3D d'un fœtus

Les médecins réalisent pour cela des mesures précises au niveau de différents organes.
Le tableau ci-dessous présente quelques résultats obtenus pour Maya.

Échographies	Diamètre bipariétal (> <)	Longueur du fémur
1er trimestre (semaine 12)	20,0 mm	7,0 mm
2e trimestre (semaine 22)	54,0 mm	38,6 mm
3e trimestre (semaine 33)	82,1 mm	64,1 mm

Valeurs de référence

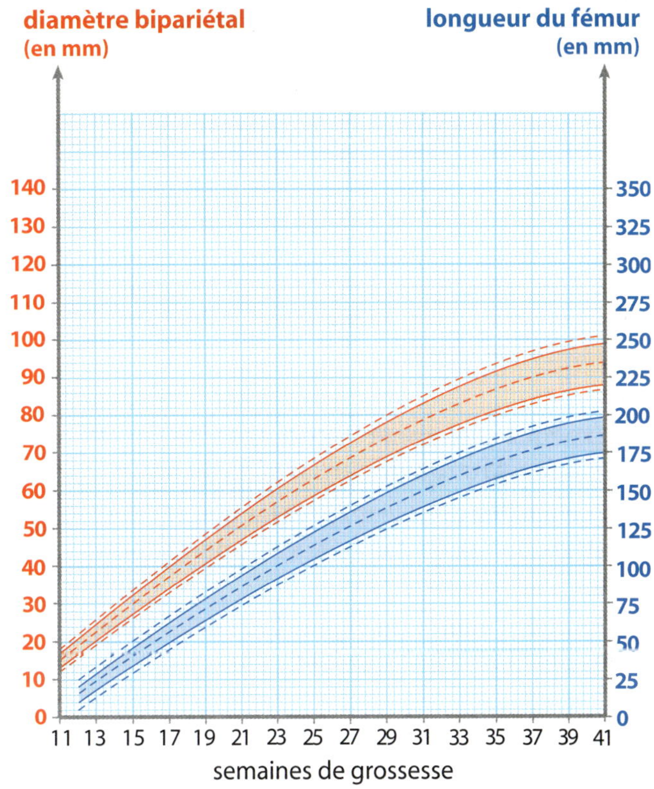

1. **Comment peut-on suivre le bon développement du fœtus au cours de la grossesse ?**

2. **Comparez les valeurs obtenues pour Maya aux valeurs de référence. Son développement est-il satisfaisant ?**

EXERCICE 8

Le rôle du placenta

I Saisir des informations à partir d'un document.

Le fœtus bien à l'abri dans sa poche des eaux est « perfusé » durant toute la grossesse grâce à des apports continus en provenance du placenta. Le sang de la mère lui apporte en effet tout ce dont il a besoin pour sa croissance (nutriments, dioxygène). Le fœtus rejette à son tour ses déchets (dioxyde de carbone, déchets azotés) dans le sang maternel via le cordon ombilical et le placenta.

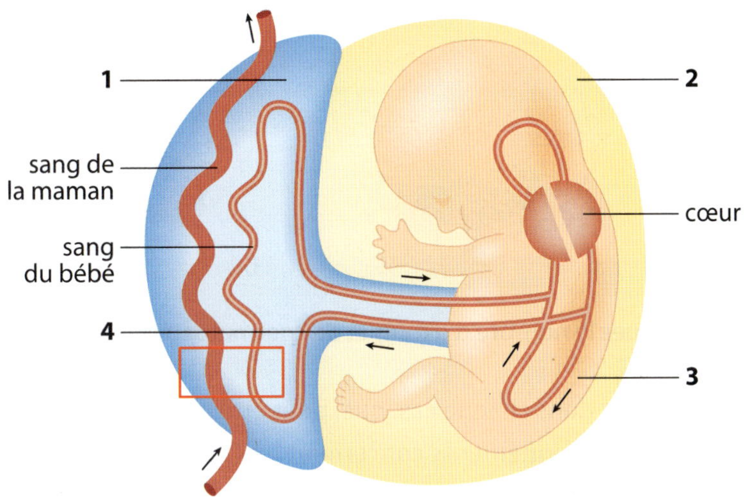

1. **Donnez les légendes correspondantes aux flèches 1, 2, 3 et 4.**

2. **Recopiez le contenu du rectangle rouge, et fléchez les échanges.**

Exercices

EXERCICE 9 Alcool et grossesse, le bébé trinque

S'INFORMER — **Extraire des informations d'un texte et d'un graphique.**

L'alcool est un poison pour le fœtus même à faible dose. Les médecins estiment que les femmes enceintes ne sont pas assez informées des dangers qui menacent le développement de leur bébé. En 2004, 7 000 femmes ont donné naissance à des enfants touchés par l'alcool dont la moitié gravement.

C'est le cerveau du bébé qui est le premier touché par l'alcool. Il est en effet toxique pour les cellules nerveuses et peut être responsable d'un retard mental. Certains spécialistes estiment que boire un ou deux verres d'alcool par jour expose le fœtus aux avortements spontanés, à des malformations du visage, des troubles de croissance ainsi qu'à une naissance prématurée.

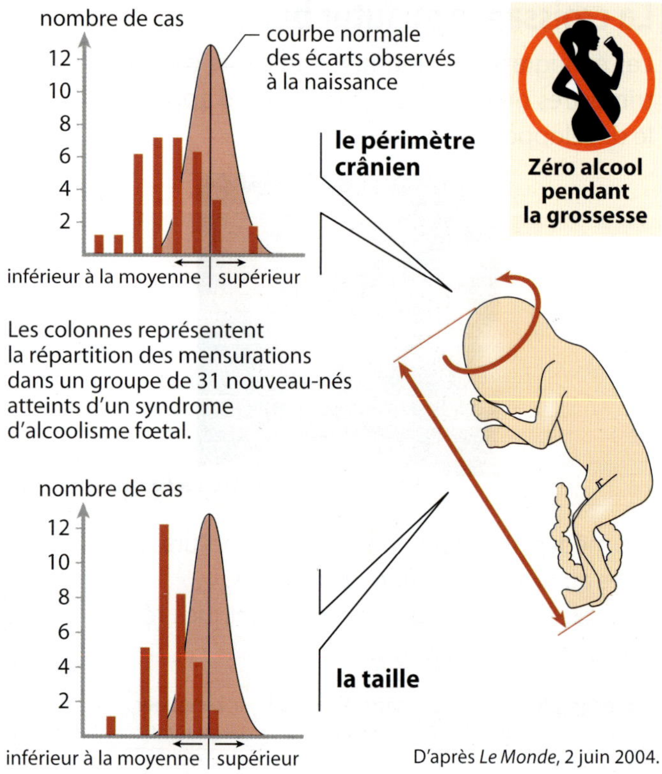

D'après *Le Monde*, 2 juin 2004.

1. Expliquez comment l'alcool absorbé par la mère peut se retrouver dans le sang du fœtus.

2. Recherchez dans le texte et les graphiques, les effets de l'alcool sur le développement du fœtus.

3. Justifiez l'intérêt du logo prévu sur les bouteilles des boissons alcoolisées.

EXERCICE 10 Des jumeaux, vrais ou faux ?

S'INFORMER — **Saisir des informations à partir de documents.**

Les faux jumeaux proviennent de deux ovules différents produits au cours du même cycle, fécondés par deux spermatozoïdes différents et se développant simultanément dans l'utérus maternel (figure **a**).

Les vrais jumeaux proviennent d'une seule cellule-œuf qui s'est séparée en deux massifs cellulaires au cours des premiers stades du développement embryonnaire. Selon le moment où cette séparation a eu lieu, les trois cas présentés sont possibles (figures **a**, **b** ou **c**).

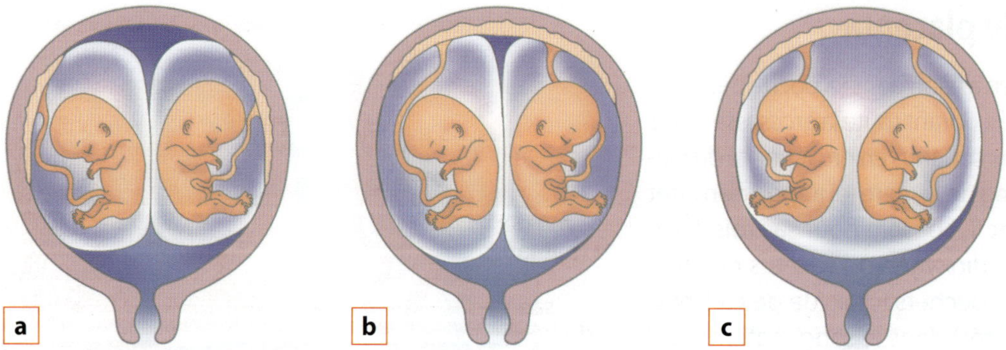

1. Indiquez le nombre d'ovules et de spermatozoïdes à l'origine des faux jumeaux et des vrais jumeaux.

2. Précisez, dans chaque cas, quel peut être le sexe des enfants. Justifiez votre réponse.

3. Quels renseignements concernant les faux jumeaux et les vrais jumeaux apportent les figures a, b et c ?

Pour être efficace, une pilule contraceptive doit être prise correctement.

Chapitre 3

Les méthodes contraceptives

Les couples disposent aujourd'hui de différents moyens de contraception. Ils peuvent désormais choisir non seulement le nombre de leurs enfants mais aussi le moment le plus opportun pour leur naissance.

• Quelles sont les principales méthodes contraceptives actuellement disponibles ? Comment permettent-elles une maîtrise de la procréation ?

Activité 1

La contraception, pour quoi, pour qui ?

ÉDUCATION À LA SANTÉ

En France, aujourd'hui, la plupart des couples ont recours à un moyen de contraception.

• ***À qui s'adresse la contraception ? Pourquoi choisir tel ou tel moyen contraceptif ?***

A De multiples raisons d'utiliser un moyen de contraception

DOC 1 **L'utilisation d'un moyen de contraception** permet à un couple de choisir le moment de la naissance de ses enfants et d'en décider du nombre. La contraception permet aussi de vivre sans la crainte d'une grossesse non désirée. Elle est réversible c'est-à-dire sans conséquence sur la fertilité après son arrêt.

Le graphique ci-dessous est le résultat d'une enquête faite auprès des femmes utilisant une méthode contraceptive. L'usage du préservatif a considérablement augmenté au cours des deux dernières décennies, en particulier chez les jeunes car c'est le seul moyen de contraception qui protège aussi contre la transmission de maladies au cours de relations sexuelles (virus du SIDA notamment).

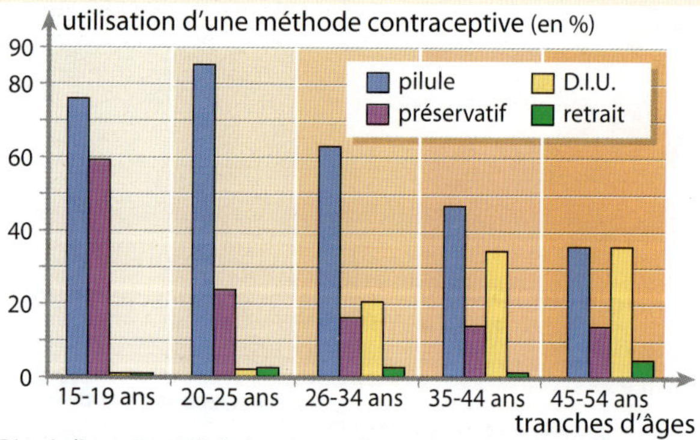

D'après l'enquête réalisée, le préservatif masculin est utilisé (en plus d'un moyen contraceptif, tel que la pilule, le D.I.U...) pour se protéger du SIDA.

DOC 2 **75 % des couples utilisent un des moyens de contraception** (le quart restant n'étant pas concerné : couples désirant un enfant, personnes stériles ...).

Il y a encore en France 350 000 grossesses non désirées par an (10 000 chez les adolescentes), se traduisant par 200 000 interruptions volontaires de grossesse.

Paradoxalement, deux tiers de ces grossesses non désirées surviennent chez des femmes qui sont sous contraception (mais ne respectent donc pas les conditions d'utilisation).

	% des grossesses non désirées	Raisons de l'échec
Pilule	20,9	oubli, prise trop tardive, vomissement
D.I.U.	8,7	mal placé, tombé
Préservatif	11,8	glissé, déchiré
Méthodes naturelles	21,8	retrait trop tardif, mauvaise date
Autres méthodes	2	utilisation incorrecte
Pas de contraception	34,8	-

DOC 3 **Les raisons d'une grossesse non désirée.**

Une diversité de moyens contraceptifs

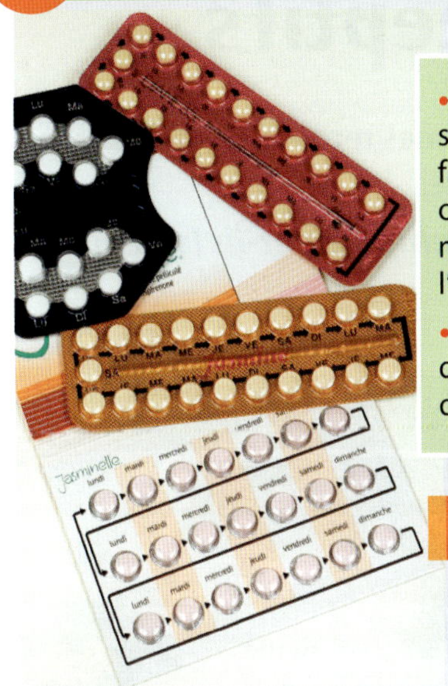

- **Méthode :** la pilule se présente sous la forme de comprimés qu'il faut avaler. Elle est délivrée sur ordonnance. Une consultation médicale est donc nécessaire pour l'obtenir.
- **Efficacité :** 100 % à condition de suivre rigoureusement le mode d'emploi.

DOC 4 **La pilule contraceptive.**

- **Méthode :** c'est un étui de latex fin mais résistant placé sur le pénis en érection. Il est en vente libre (pharmacies, grandes surfaces ...).
- **Efficacité :** 97 % environ.

DOC 5 **Le préservatif masculin.**

- **Méthode :** il s'agit d'un objet en matière plastique en forme de T (partiellement recouvert d'un fil de cuivre) qui doit être placé dans la cavité de l'utérus par un médecin (pour 3 à 5 ans).
- **Efficacité :** 99 %.

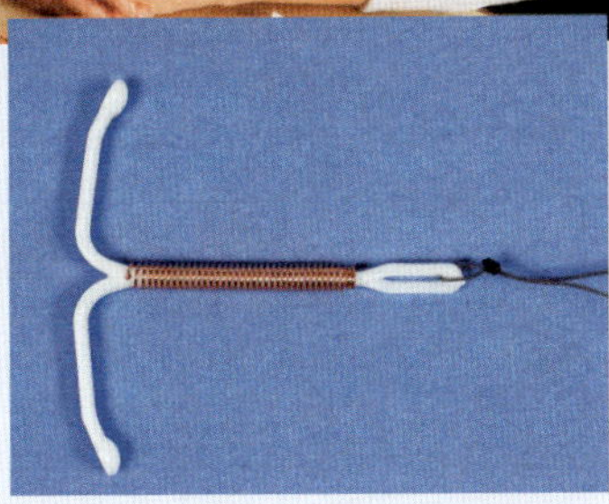

DOC 6 **Le dispositif intra-utérin en cuivre (D.I.U. ou stérilet).**

- **Méthode :** d'apparition récente et encore peu répandu, le préservatif féminin se présente sous forme d'une « coupole » en latex qui doit être mise en place dans le vagin avant un rapport sexuel.
- **Efficacité :** 97 % environ. Comme le préservatif masculin, c'est un moyen de contraception qui protège aussi contre les maladies sexuellement transmissibles.

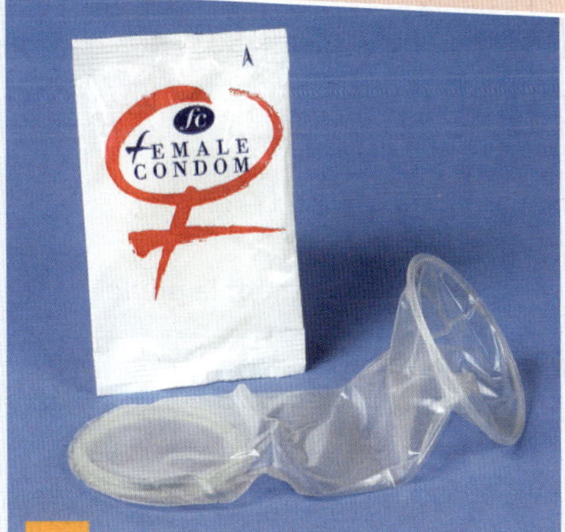

DOC 7 **Le préservatif féminin.**

POUR EN SAVOIR PLUS
www.bordas-svtcollege.fr/liens4e

Pistes de travail

1. Formulez les raisons qui incitent les couples à utiliser un moyen de contraception (DOC 1 et 2).
2. À quelles conditions un moyen de contraception est-il efficace (DOC 3) ?
3. Un conseil souvent donné aux jeunes est d'utiliser en même temps pilule et préservatif (DOC 4, 5 et 7). Pouvez-vous expliquer pourquoi ?

Pour conclure, présentez les avantages et les inconvénients des divers moyens de contraception.

Compétences • 1 : S'informer • 2 et 3 : S'informer, raisonner.

Activité 2 Les modes d'action des principaux contraceptifs

Les connaissances acquises sur le fonctionnement des organes reproducteurs permettent de comprendre le principe des méthodes contraceptives.

• ***Comment les principaux moyens de contraception empêchent-ils le début d'une grossesse ?***

A Les modes d'action des pilules contraceptives

Chaque comprimé contient une dose précise d'**hormones** qui exercent leur action pendant un temps limité. C'est pourquoi la pilule n'est efficace que si elle est bien prise régulièrement.

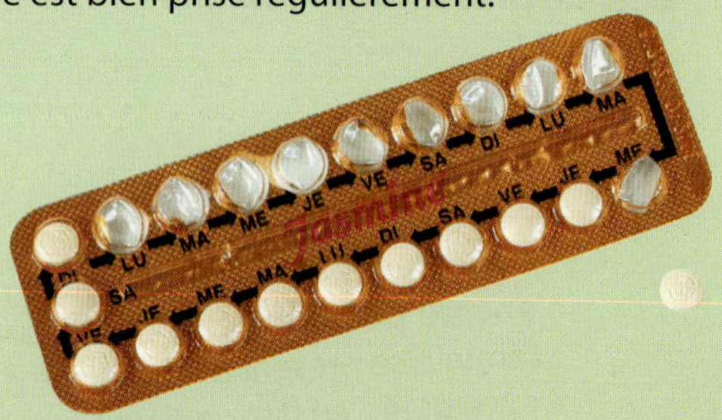

Il existe une autre famille de pilules, communément appelées « micropilules ». Elles ne contiennent qu'une seule sorte d'hormone.
C'est le médecin qui pourra conseiller le type de pilule le mieux adapté à chaque personne.

DOC 1 **La pilule contraceptive « classique » associe deux substances actives,** comparables aux hormones ovariennes normalement fabriquées par l'organisme.

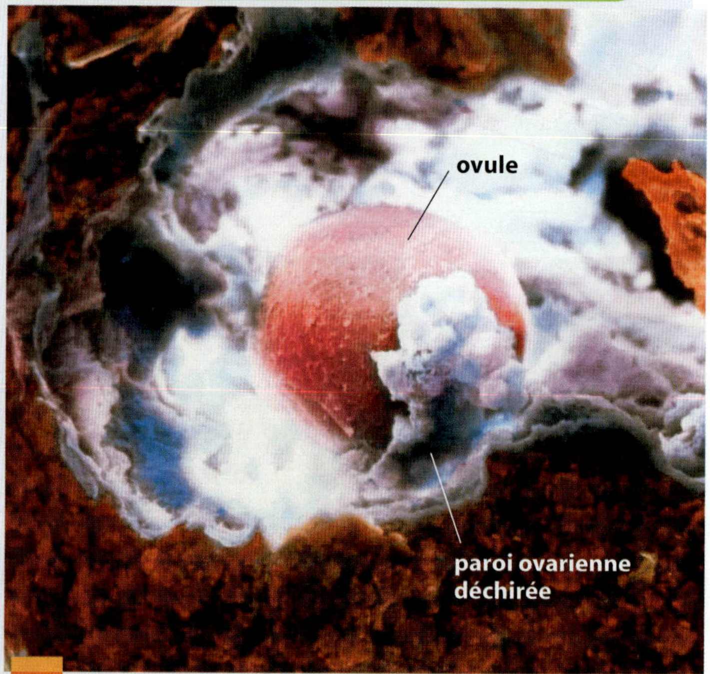

DOC 2 **L'ovulation témoigne de l'activité des ovaires et signe la fertilité de la femme.** Sous pilule, l'ovaire est au repos : il n'y a donc plus d'ovulation. Les pilules agissent aussi sur le mucus du col de l'utérus, rendant celui-ci infranchissable par les spermatozoïdes.

Femme prenant la pilule

MAI

		1	2	3	4	**5**
6	**7**	**8**	**9**	10	11	12
13	14	15	16	17	18	19
20	21	22	23	24	25	26
27	28	29	30	31		

JUIN

					1	**2**
3	**4**	**5**	**6**	7	8	9
10	11	12	13	14	15	16

Femme ne prenant pas la pilule

MAI

		1	**2**	**3**	**4**	**5**
6	7	8	9	10	11	12
13	14	15	***16***	17	18	19
20	21	22	23	24	25	26
27	28	29	**30**	**31**		

JUIN

					1	**2**
3	4	5	6	7	8	9
10	11	***12***	13	14	15	16

DOC 3 **Deux moments importants du cycle sexuel** de deux femmes ont été reportés sur ces deux calendriers. Les points rouges représentent les jours des règles. Un point bleu correspond à l'ovulation. Cette dernière passe inaperçue mais peut être située 14 jours avant le début des règles suivantes.

B Des modes d'action différents, un même résultat

Au cours d'un rapport sexuel, le préservatif masculin recouvre complètement le pénis en érection. Le sperme reste à l'intérieur et n'entre donc pas en contact avec l'appareil reproducteur féminin.

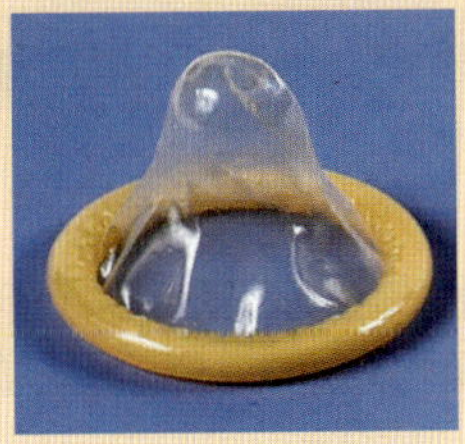

Le préservatif féminin repose sur le même principe. Les préservatifs sont à usage unique.

DOC 4 Les préservatifs.

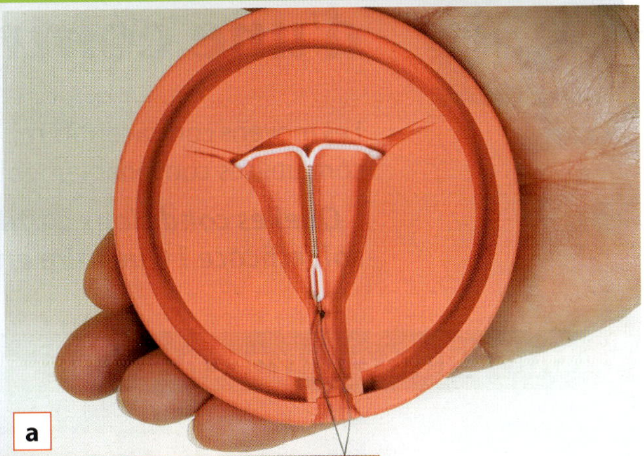

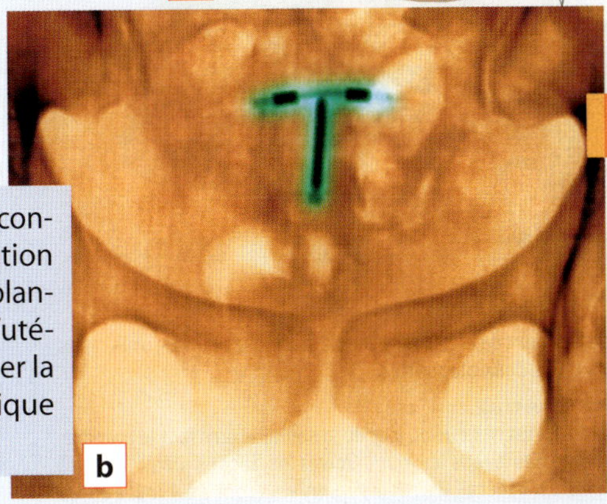

Le D.I.U. n'empêche généralement pas la fécondation mais entraîne une petite inflammation de la muqueuse utérine qui empêche l'implantation (ou **nidation**) de l'embryon dans l'utérus. Le D.I.U. au cuivre peut aussi empêcher la fécondation car cette substance est toxique pour les spermatozoïdes.

DOC 5 Le dispositif intra-utérin (D.I.U.) dans un modèle d'utérus en plastique (**a**) et une radiographie (**b**) d'un D.I.U. en place.

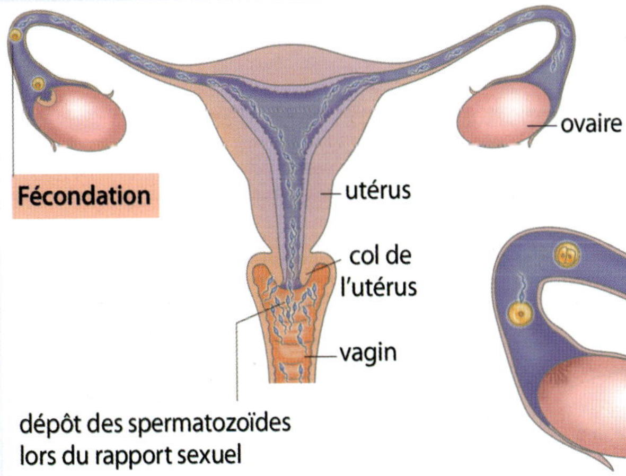

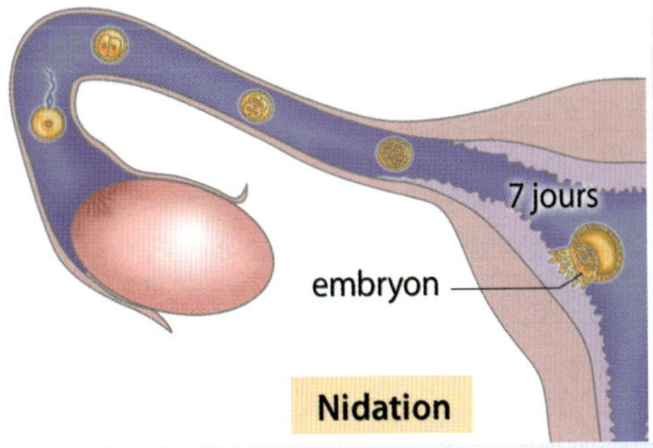

DOC 6 Le début d'une grossesse nécessite une succession d'événements.
L'efficacité des principales méthodes contraceptives s'explique par leur action sur l'une ou plusieurs de ces étapes.

Lexique

→ **Hormone :** substance sécrétée par un organe, qui passe dans le sang et agit sur le fonctionnement d'un autre organe.

→ **Nidation :** fixation d'un embryon de quelques cellules dans la muqueuse utérine ; c'est le début de la grossesse.

Pistes de travail

1. Expliquez pourquoi la pilule est un moyen de contraception très efficace (DOC 1 et 2).
2. Quelles informations apportent le DOC 3 ?
3. Quels sont les points communs entre les préservatifs masculin et féminin (DOC 4) ?
4. Comment expliquez-vous la très bonne efficacité du D.I.U. au cuivre ?

Pour conclure, sur un schéma comme celui du DOC 6, situez les niveaux d'action des différentes méthodes contraceptives.

Compétences • 1 : Raisonner • 2 : S'informer • 3 : Raisonner • 4 : S'informer.

Activité 3 — Les conditions d'une contraception efficace

ÉDUCATION À LA SANTÉ

Les moyens contraceptifs mis à la disposition des couples sont variés et très efficaces s'ils sont utilisés convenablement.

• ***Quelles conditions d'utilisation doit-on respecter pour que la contraception soit efficace ? Que faire en cas d'échec ?***

A Une pilule contraceptive ne se prend pas n'importe comment

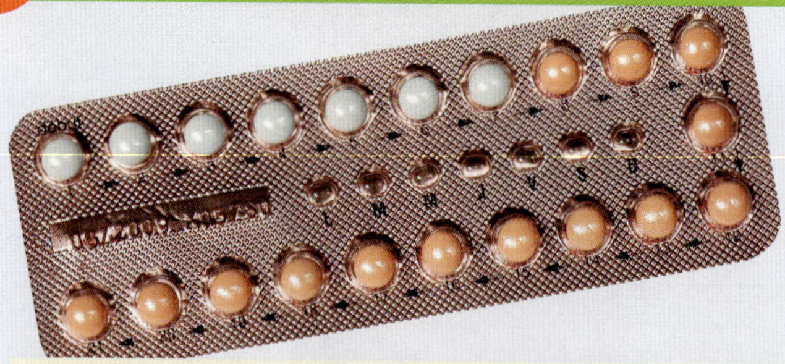

Posologie :
1 comprimé par jour au même moment de la journée, pendant 21 jours consécutifs, sans oubli, avec un arrêt de 7 jours entre deux plaquettes.

Mode et voie d'administration : Voie orale.
Dans la plaquette, chaque comprimé est marqué du jour de la semaine où il faut le prendre. Prenez votre comprimé à la même heure tous les jours. Suivez les flèches jusqu'à ce que vous ayez pris les 21 comprimés. En général, les règles commenceront 2 à 4 jours après la prise du dernier comprimé de la plaquette. Commencez à prendre les comprimés de la plaquette suivante le 8ᵉ jour, même si les règles ne sont pas terminées. Vous commencerez toujours les nouvelles plaquettes le même jour de la semaine et vos règles surviendront à peu près le même jour, tous les mois.

L'oubli d'un comprimé expose à un risque de grossesse.
– Si l'oubli **d'un comprimé est constaté dans les 12 heures** qui suivent l'heure habituelle de la prise, prenez immédiatement le comprimé oublié, et poursuivez la prise normalement en prenant le comprimé suivant à l'heure habituelle. Aucun autre moyen contraceptif n'est nécessaire.
– Si l'oubli **d'un comprimé est constaté plus de 12 heures** après l'heure normale de la prise, il existe un risque de grossesse. Dans ce cas, prendre immédiatement le comprimé oublié et poursuivre la plaquette normalement jusqu'à la fin. Cependant, vous devez utiliser un autre moyen de contraception (type préservatif) pendant les sept jours suivants. Si pendant ces sept jours vous terminez la plaquette commencée, commencez immédiatement une nouvelle plaquette, c'est-à-dire que vous ne devez pas faire d'arrêt entre deux plaquettes (règle des sept jours). Si vous n'avez pas vos règles à la fin de la nouvelle plaquette, faites un test de grossesse.
Dans tous les cas, consultez votre médecin.

DOC 1 **La notice d'une pilule contraceptive** donne des indications importantes sur son mode d'emploi.

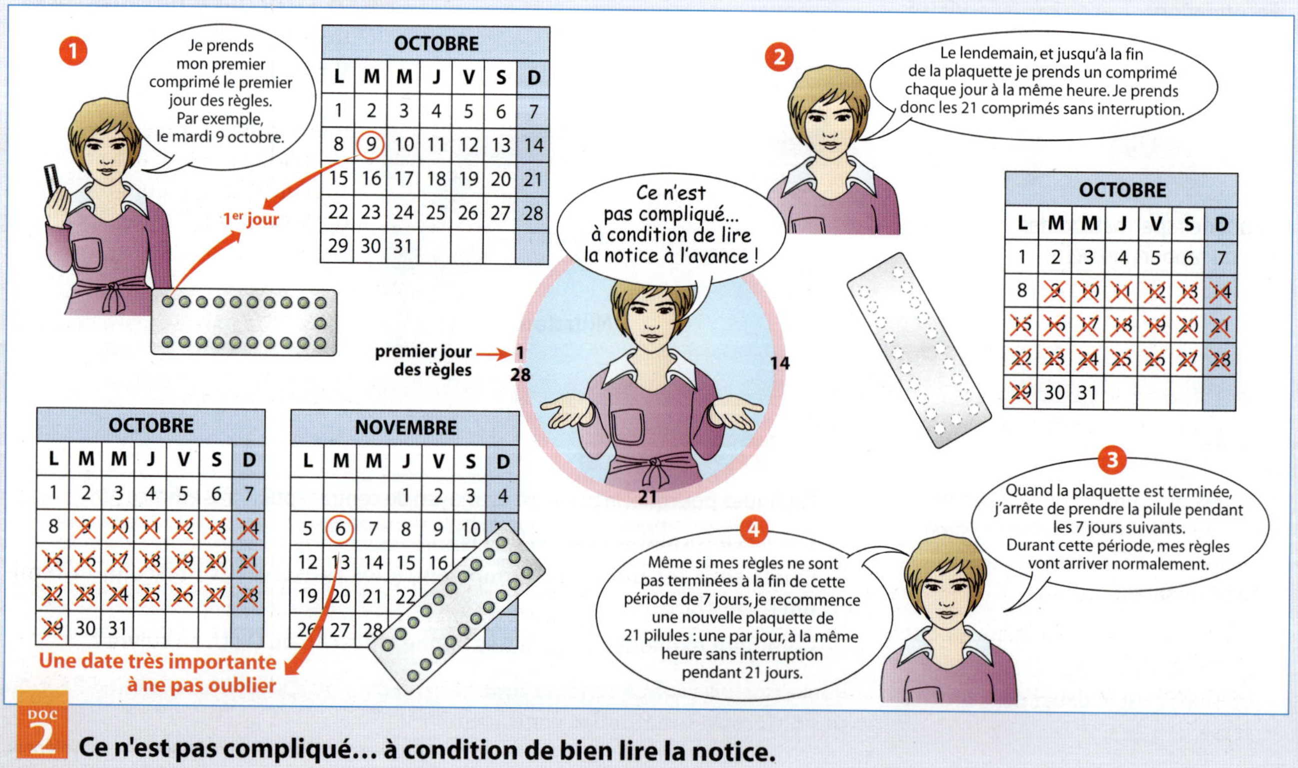

DOC 2 **Ce n'est pas compliqué... à condition de bien lire la notice.**

B Une contraception d'urgence dans des circonstances exceptionnelles

DOC 3 **Un contraceptif d'urgence, communément appelé « pilule du lendemain »,** peut être obtenu sans ordonnance dans toutes les pharmacies (gratuitement pour les mineures) ou auprès de l'infirmière scolaire. Elle est destinée à éviter une grossesse en cas de rapport sexuel non ou mal protégé.

- **Mode d'emploi**
Un seul comprimé pris le plus tôt possible après le rapport sexuel, au plus tard 3 jours après. Prise possible à n'importe quel moment du cycle.
- **Composition**
Un comprimé unique contenant une dose importante d'une hormone ovarienne de synthèse.
- **Effets**
Le mode d'action du contraceptif d'urgence est mal connu. Il peut empêcher l'ovulation si elle ne s'est pas encore produite. Il désorganise le cycle de l'utérus et s'oppose à la nidation. Il est inefficace si l'embryon est déjà implanté. Les effets d'une utilisation répétée sont mal connues : son utilisation doit donc rester occasionnelle.

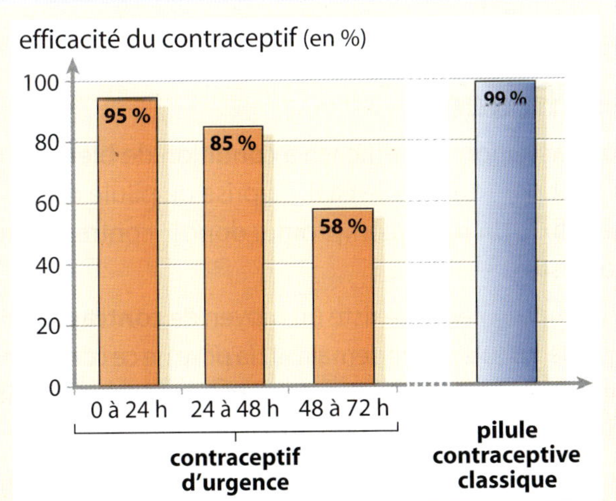

DOC 4 **Le contraceptif d'urgence doit être utilisé… d'urgence !** Son efficacité en dépend.

Pourquoi utiliser une contraception d'urgence ?

– parce que les rapports sexuels ne sont pas toujours bien protégés ;
– parce qu'un préservatif peut être mal mis ou se déchirer ;
– parce que certaines méthodes contraceptives (le retrait avant éjaculation par exemple) sont très peu fiables.

POUR EN SAVOIR PLUS
www.bordas-svtcollege.fr/liens4e

Pistes de travail

1. Quelle est la principale cause du risque d'échec de la pilule contraceptive ? Quelle mesure de précaution faut-il prendre pour y remédier (DOC 1 et 2) ?
2. Pourquoi un contraceptif d'urgence ne peut-il remplacer une contraception hormonale régulière par prise de pilule (DOC 3 et 4) ?
3. Expliquez pourquoi la pilule dite « du lendemain » doit plutôt être utilisée le jour même (DOC 4).

Pour conclure, expliquez quelles sont les conditions d'une contraception efficace et ce qu'il faut faire en cas d'échec.

Compétences • 1 : S'informer • 2 et 3 : Raisonner.

Le bilan des activités

P. 154-155 Activité 1

La contraception, pour quoi, pour qui ?

La contraception représente l'ensemble des méthodes ayant pour but d'empêcher une grossesse non désirée. Une méthode contraceptive doit à la fois être **efficace**, **réversible** et dépourvue d'effets nocifs.

Des méthodes contraceptives de plus en plus fiables permettent aujourd'hui à un couple de décider du nombre d'enfants qu'il souhaite et de choisir le moment de leur naissance. La **diversité des méthodes** de contraception permet à chacun de choisir celle qui lui est la plus adaptée.

P. 156-157 Activité 2

Les modes d'action des principaux contraceptifs

La méthode contraceptive la plus utilisée est la **pilule**. Les pilules délivrent des hormones ovariennes qui empêchent la production d'ovules.

Un **préservatif** constitue une barrière qui empêche mécaniquement la rencontre des cellules reproductrices.

Le **dispositif intra-utérin** au cuivre(communément appelé stérilet) s'oppose à la progression des spermatozoïdes et empêche l'implantation de l'embryon dans l'utérus.

P. 158-159 Activité 3

Les conditions d'une contraception efficace

La pilule est un moyen de contraception très efficace à condition de bien suivre son **mode d'emploi** (ce qui n'est pas toujours le cas). La prise de pilule doit respecter un **horaire** relativement fixe. Un **oubli** compromet donc la contraception et constitue un risque de grossesse.

En cas de rapport sexuel non ou mal protégé, il existe un moyen de **contraception d'urgence** (communément appelé « pilule du lendemain ») : la prise de ce comprimé, si elle intervient suffisamment rapidement, peut éviter une grossesse. Son efficacité n'est pas certaine et son utilisation ne peut donc être qu'exceptionnelle.

En tout état de cause, elle ne doit pas être considérée comme une méthode contraceptive normale.

Les mots-clés

- Contraception
- Méthodes contraceptives
- Pilule
- Préservatif
- Dispositif intra-utérin
- Contraception d'urgence

L'essentiel

Ce qu'il faut savoir

- Les progrès des connaissances sur la reproduction humaine ont permis la mise au point de méthodes contraceptives efficaces.
- Les principales méthodes contraceptives sont la pilule, les préservatifs, les dispositifs intra-utérins.
- Ces méthodes doivent leur efficacité à différents modes d'action : empêcher la production des ovules, la rencontre des cellules reproductrices ou encore l'implantation de l'embryon dans l'utérus.
- Toute méthode contraceptive présente des avantages et des inconvénients. Il appartient à chacun de choisir la méthode la plus adaptée à sa situation.

Le schéma-bilan — Les méthodes contraceptives

Des méthodes permettant de choisir le moment d'une grossesse

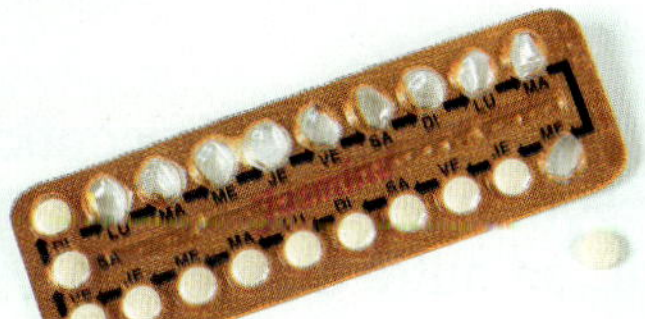

Les pilules contraceptives

- Plaquette de 21 comprimés contenant des hormones.
- À prendre à partir du premier jour des règles, un comprimé par jour, toujours à la même heure.

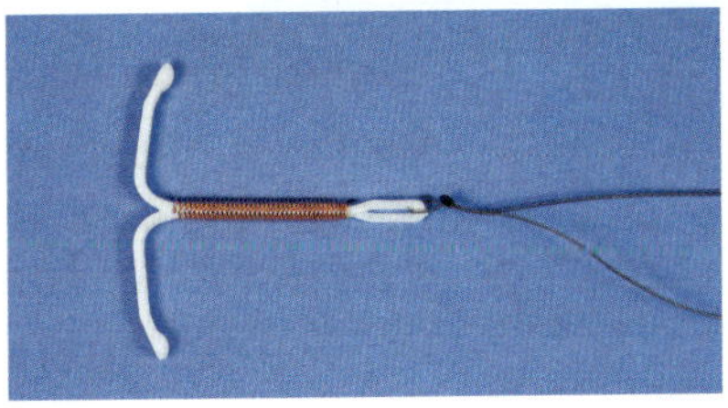

Le D.I.U. (stérilet) au cuivre

- Dispositif en plastique, partiellement enroulé d'un fil de cuivre.
- Mis en place dans l'utérus par un médecin pour une durée de 3 à 5 ans.

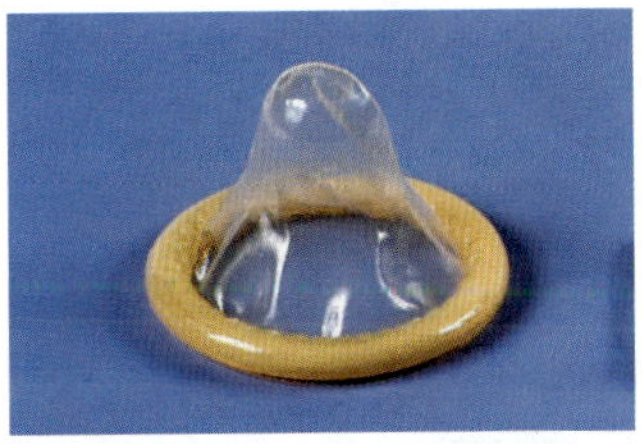

Les préservatifs

- Étui en latex.
- Mis en place sur le pénis en érection dans le cas du préservatif masculin, ou dans le vagin dans le cas du préservatif féminin.

Des méthodes aux modes d'action différents

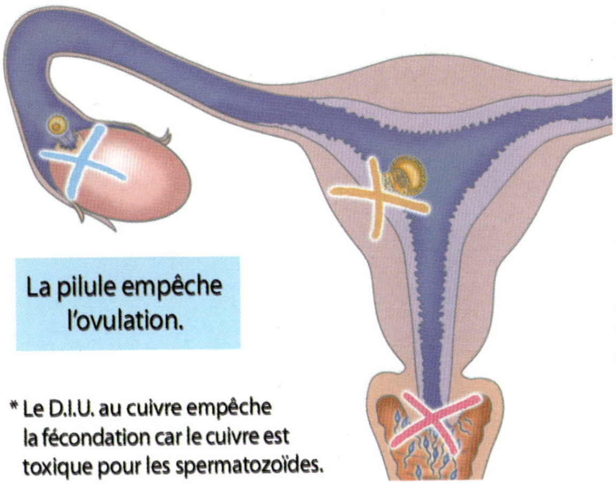

La pilule empêche l'ovulation.

Le dispositif intra-utérin (D.I.U. ou stérilet) au cuivre empêche la nidation*.

Les préservatifs empêchent la rencontre des cellules reproductrices.

* Le D.I.U. au cuivre empêche la fécondation car le cuivre est toxique pour les spermatozoïdes.

La pilule du lendemain, une contraception d'urgence

- Pilule unique contenant une forte dose d'hormones.
- À utiliser uniquement en cas de risque d'une grossesse non désirée.
- Ne doit pas être considérée comme un moyen de contraception courant.

ÉDUCATION À LA SANTÉ

La contraception hormonale aujourd'hui ... et demain

Pilules variées, patchs, implants : la contraception hormonale concerne désormais 60 % des utilisatrices d'un moyen contraceptif ; en outre de nouveaux moyens de diffusion des hormones sont proposés.

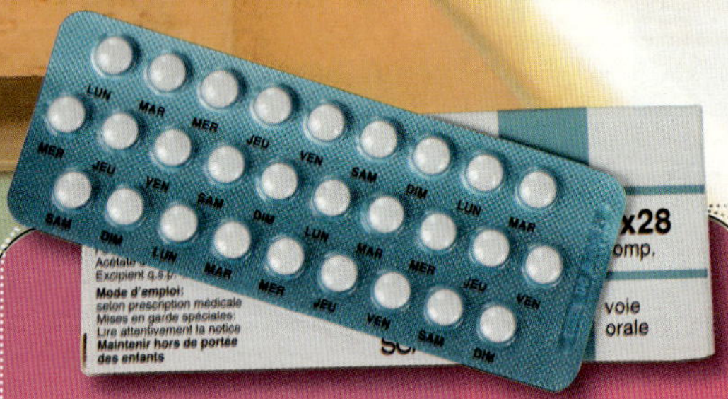

La « micropilule »

C'est quoi ?

Ces pilules ne contiennent qu'une seule hormone, à dose très faible. Elles sont utilisées par des femmes chez lesquelles la pilule classique est contre-indiquée.

Mode d'emploi

Chaque plaquette comporte 28 comprimés qui doivent être pris chaque jour à heure fixe. L'efficacité est un peu moins bonne que celle de la pilule classique.

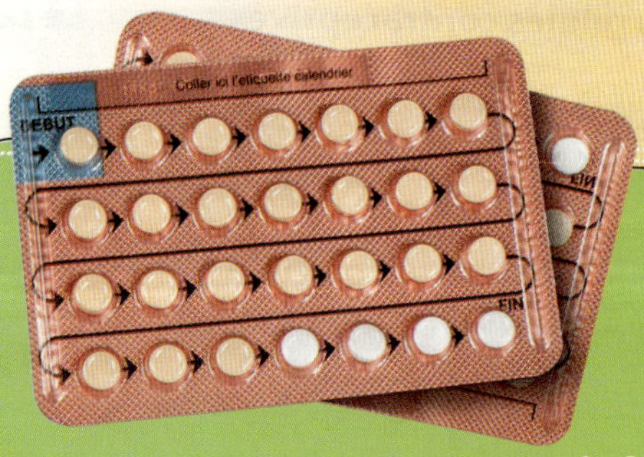

Pour éviter les oublis

Une plaquette de 28 pilules

Les 24 premiers comprimés contiennent le principe actif (des hormones). Les 4 derniers comprimés ne contiennent ... rien ! Pendant la prise de ces comprimés, les règles surviennent.

Avantage

En continuant à prendre un comprimé chaque jour, on garde l'habitude et on n'oublie pas de commencer la plaquette suivante.

Le patch contraceptif

C'est quoi ?
C'est une pastille adhésive rectangulaire (4 cm sur 4 cm) qui se colle sur la peau. Elle libère, dans le sang, à travers la peau, les deux hormones de la pilule classique.

Mode d'emploi
Le premier jour des règles, un patch est collé sur la peau. Sept jours plus tard, il est remplacé par un second patch, qui est lui-même remplacé par un troisième jusqu'au 21e jour du cycle. On respecte alors une période de sept jours sans patch : les règles reviennent et on recommence.

L'implant contraceptif

C'est quoi ?
C'est un bâtonnet de 2 mm de large et de 4 cm de long imprégné d'une hormone proche de celle des micropilules. Placé sous la peau, il délivre son produit actif régulièrement pendant une période de trois ans en bloquant l'ovulation.

Mode d'emploi
L'implant contraceptif est mis en place sous la peau du bras par un médecin. Il est retiré ou remplacé au plus tard trois ans après sa mise en place.

Nouveau : deux en un !

C'est quoi ?
Ce dispositif intra-utérin est un « stérilet » à la progestérone : il libère chaque jour dans l'utérus et pendant cinq ans l'hormone ovarienne qu'il contient. Ce moyen contraceptif combine donc deux modes d'action, celui du D.I.U. et celui de la micropilule.

Mode d'emploi
Le D.I.U. est mis en place par un médecin pour une durée de cinq ans. Il est alors retiré et remplacé par un nouveau dispositif.

L'anneau vaginal

C'est quoi ?
C'est un anneau transparent, souple, qui contient une petite quantité de chacune des deux hormones des pilules contraceptives classiques.

Mode d'emploi
Une femme qui utilise ce moyen contraceptif place elle-même un anneau au fond de son vagin le premier jour des règles. Elle le retire 21 jours plus tard et reste 7 jours sans anneau, avant d'en remettre un autre.

POUR EN SAVOIR PLUS : www.bordas-svtcollege.fr/liens4e

Exercices

Je teste mes connaissances

EXERCICE 1

Trouvez le mot caché.

Recopiez la grille et complétez-la à l'aide des définitions suivantes.

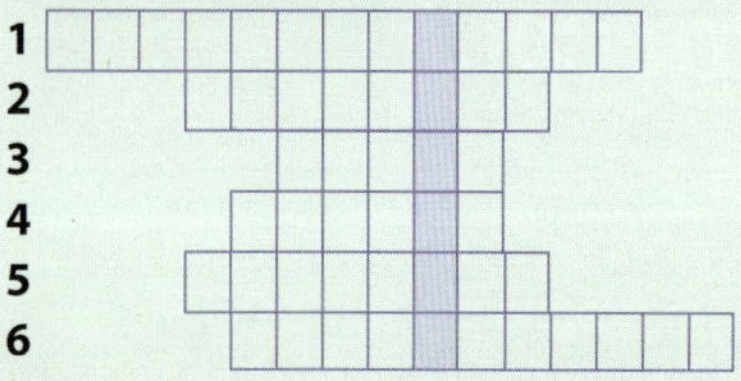

1. Ensemble des méthodes visant à empêcher une grossesse.

2. Un dispositif intra-utérin empêche qu'elle se déroule.

3. La pilule empêche sa libération.

4. Sa muqueuse peut accueillir l'embryon.

5. Autre nom du dispositif intra-utérin.

6. Méthode contraceptive protégeant des maladies sexuellement transmissibles (MST).

Découvrez le mot caché et donnez-en une définition.

EXERCICE 2

Vrai ou faux ?

a. La contraception permet à un couple de choisir le moment d'avoir un enfant.

b. La pilule d'urgence peut se prendre durant les trois premiers mois de la grossesse.

c. Pour que la pilule soit efficace, il faut la prendre uniquement pendant la période d'ovulation.

d. Le D.I.U. bloque l'ovulation.

e. La pilule, associée au préservatif permet d'assurer une contraception efficace et une bonne protection contre les MST.

f. La même pilule peut convenir à toutes les femmes.

EXERCICE 3

Associez chaque méthode contraceptive à son mode d'action.

Méthodes : **1.** pilule ; **2.** D.I.U. ; **3.** préservatif ; **4.** pilule d'urgence.

Mode d'action :
a. empêche la rencontre des cellules reproductrices ; **b.** bloque l'ovulation ; **c.** empêche la nidation ; **d.** bloque l'ovulation et empêche la nidation.

EXERCICE 4

Faites une phrase pour retrouver une notion importante.

a. Méthodes ; éviter ; contraception ; grossesse.

b. D.I.U. ; implantation ; utérus ; embryon.

c. Préservatif ; fécondation ; SIDA ; protection.

d. Pilule ; prise ; quotidiennement ; efficace.

J'utilise mes connaissances

EXERCICE 5

Le mode d'action des micropilules

RAISONNER — Mettre en relation des informations.

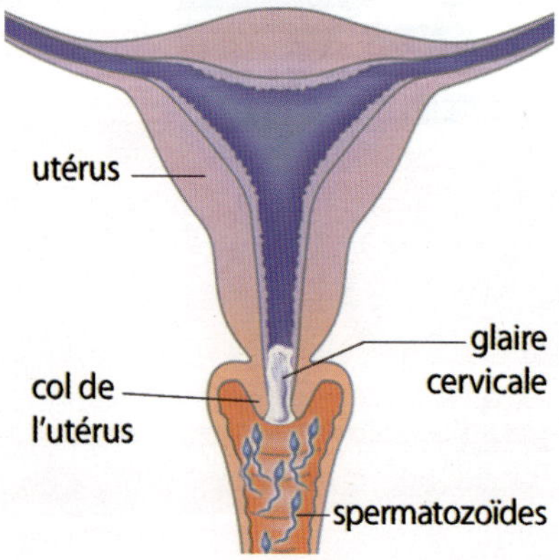

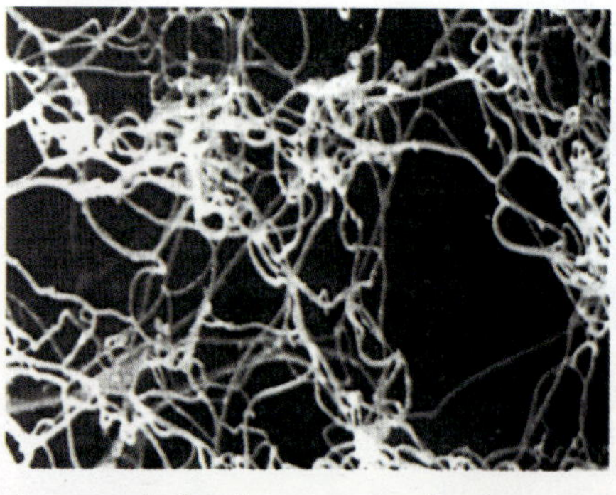

Aspect de la glaire cervicale chez une femme qui ne prend pas la pilule.

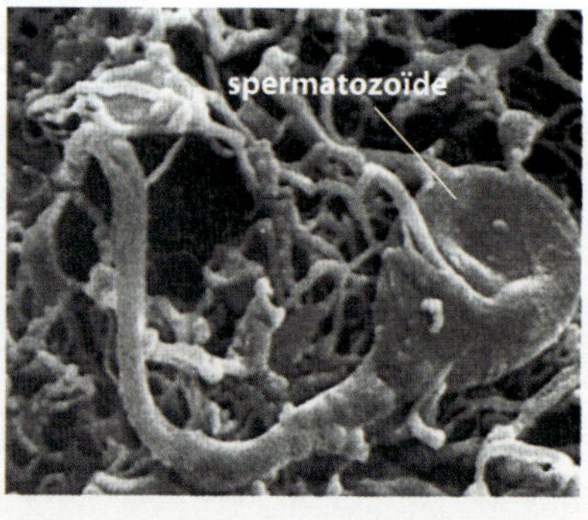

Aspect de la glaire cervicale chez une femme qui prend une micropilule.

• La glaire cervicale est une substance visqueuse sécrétée par les glandes du col de l'utérus. Elle forme une sorte de « filet » plus ou moins serré. Ce dernier peut laisser passer les spermatozoïdes ou les arrêter selon la taille des mailles.

• Toutes les pilules contraceptives agissent sur la glaire cervicale. Mais, alors que les pilules classiques agissent à deux autres niveaux, les micropilules n'agissent que sur la glaire.

1. **Comparez les deux photographies et expliquez comment une pilule peut avoir un effet contraceptif en agissant sur la glaire cervicale.**

2. **Pourquoi la « pilule classique » est-elle plus fiable que la « micropilule » ?**

EXERCICE 6 Les niveaux d'action de deux moyens contraceptifs

S'INFORMER I Saisir des informations à partir d'un texte.

- Le D.I.U. au cuivre est un dispositif en plastique muni d'un fil de cuivre. Placé dans l'utérus par le gynécologue, il perturbe le développement de la muqueuse utérine. De plus, le cuivre est toxique pour les spermatozoïdes, qui perdent alors leur pouvoir fécondant.
- L'action principale des pilules contraceptives est d'empêcher la production des ovules en bloquant l'activité de l'ovaire. Mais elle empêche aussi le passage des spermatozoïdes au niveau du col de l'utérus et provoque par ailleurs un développement incomplet de la muqueuse utérine.

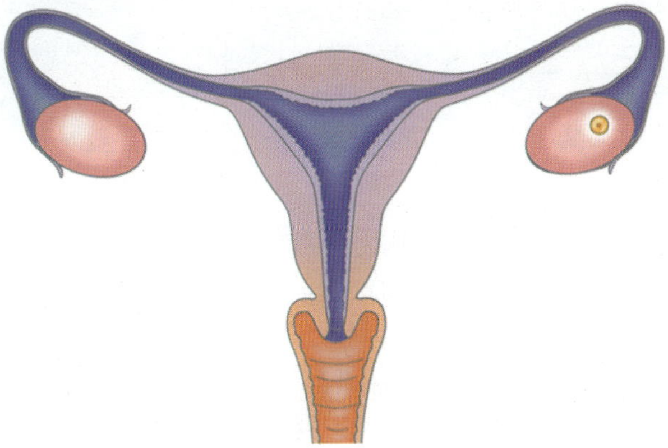

1. Recopiez le schéma puis indiquez, par une croix rouge, les différents niveaux d'action du D.I.U., par une croix bleue les différents niveaux d'action de la pilule contraceptive.

2. Dites, pour chacune de ces méthodes, le mode d'action principal.

EXERCICE 7 La stérilisation masculine et féminine

RAISONNER Ra Mettre en relation des informations.

La stérilisation masculine

La vasectomie (ou stérilisation masculine) est une pratique fréquemment utilisée aux États-Unis. Il s'agit de couper les canaux déférents et de les attacher près des testicules. Cette opération ne supprime pas l'éjaculation puisque la plus grande partie du sperme est une sécrétion de la prostate. Ainsi, l'homme est devenu stérile, mais sa vie sexuelle n'est pas modifiée.

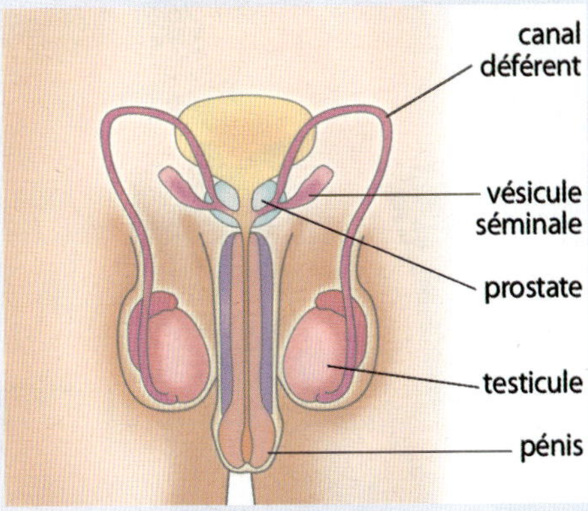

La stérilisation féminine

La stérilisation féminine consiste à couper, lier ou pincer chacune des deux trompes.
Le plus souvent, les conséquences de ces opérations, aussi bien chez l'homme que chez la femme, sont définitives.

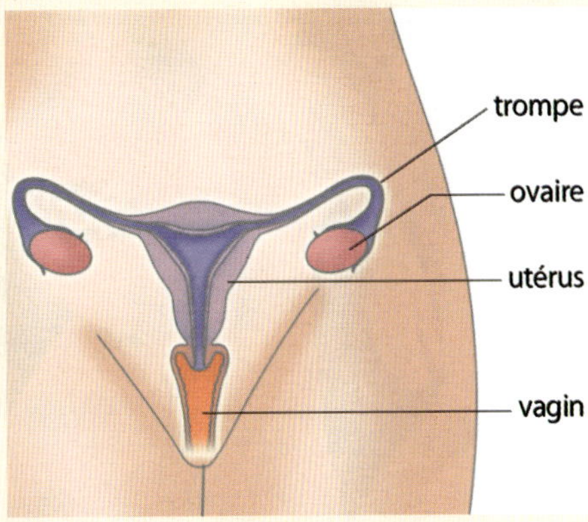

1. Décalquez les deux schémas puis localisez sur chacun d'eux les opérations présentées.

2. Les patients opérés sont-ils capables de produire des spermatozoïdes ou des ovules ? Pourquoi ces patients ne peuvent-ils cependant pas avoir d'enfants ?

3. Un moyen contraceptif doit être efficace, sans effets secondaires sur la santé et réversible, c'est-à-dire préserver la capacité de se reproduire après l'arrêt du contraceptif. La vasectomie et la ligature des trompes peuvent-elles être considérées comme des moyens contraceptifs ? Justifiez votre réponse.

De l'information visuelle
à la réponse motrice.

Les relations au sein de l'organisme

Partie 4

Retrouver des acquis… et s'interroger

Les organes des sens

Nous avons cinq organes des sens qui nous permettent de recevoir en permanence des informations en provenance de notre environnement.

Sentir

Voir

Toucher

Goûter

Entendre

? ***Chaque photographie illustre une des cinq fonctions sensorielles. Savez-vous quel organe des sens intervient dans chaque cas ?***

Le mouvement

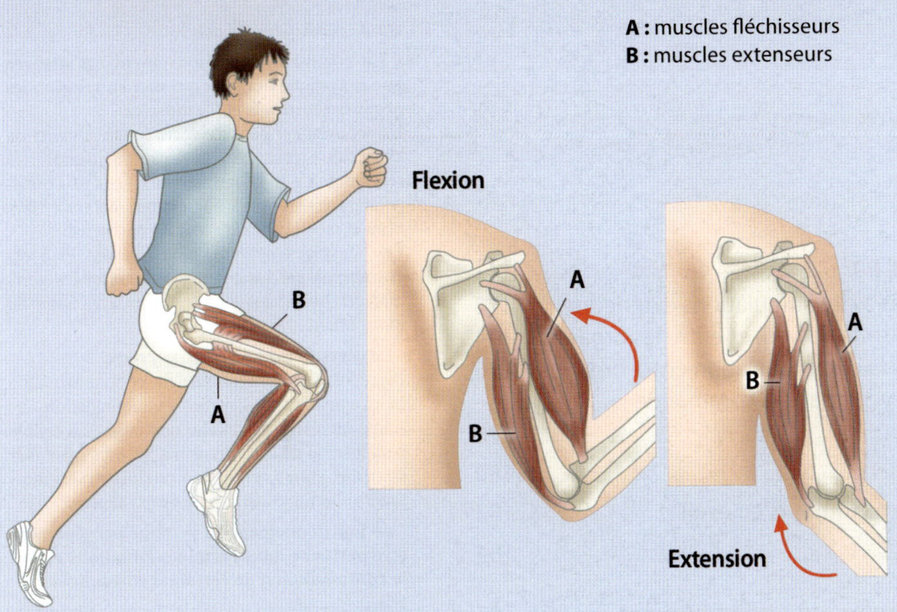

? ***Pourquoi dit-on que les muscles sont les organes du mouvement ? Par ailleurs, un muscle ne se contracte que s'il reçoit l'ordre de se contracter : savez-vous comment cet « ordre » parvient aux muscles ?***

La puberté

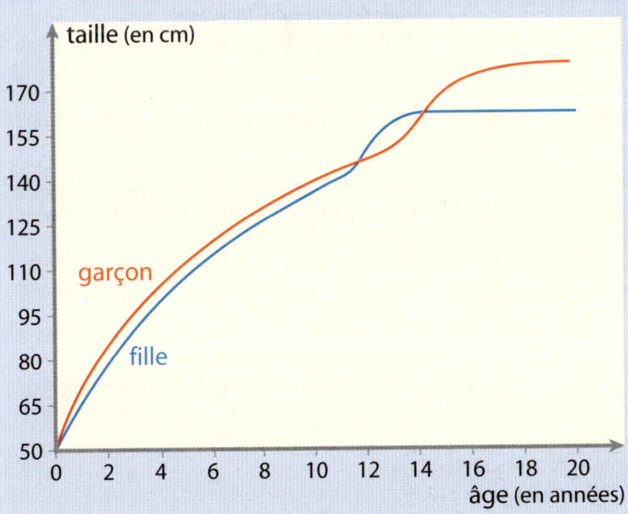

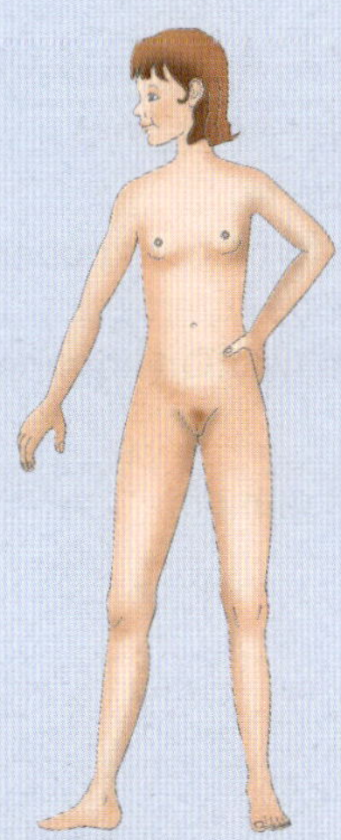

Avec les pages 120 et 121, vous avez découvert les transformations qui s'opèrent chez la fille et le garçon à la puberté.
Avec le chapitre 3 de cette quatrième partie, vous allez découvrir d'autres aspects de la puberté, en particulier les mécanismes qui la déclenchent.

? ***Rappelez les principales transformations observées à la puberté chez la fille et le garçon.***

Les relations au sein de l'organisme

Partie 4

EXTRAIT DU PROGRAMME
(B.O. n° 5 du 25 août 2005, hors série)

Durée conseillée : 12 heures.

• **La commande du mouvement est assurée par le système nerveux qui met en relation les organes sensoriels et les muscles.**

Un mouvement peut répondre à une stimulation extérieure, reçue par un organe sensoriel : le récepteur. Le message nerveux sensitif correspondant est transmis aux centres nerveux (cerveau et moelle épinière) par un nerf sensitif.

Les messages nerveux moteurs sont élaborés et transmis par les centres nerveux et les nerfs moteurs jusqu'aux muscles : les effecteurs du mouvement.

• **Le cerveau est un centre nerveux.**

Perception de l'environnement et commande du mouvement supposent des communications au sein d'un réseau de cellules nerveuses. La cellule nerveuse ou neurone transmet les messages nerveux aux autres cellules en produisant des messagers chimiques au niveau des synapses.

• **Le fonctionnement du système nerveux peut être perturbé dans certaines situations et par la consommation de certaines substances.**

Relier certaines situations, la consommation de certaines substances à des perturbations du système nerveux. Les récepteurs sensoriels peuvent être gravement altérés par des agressions de l'environnement.

Les relations entre organes récepteurs et effecteurs peuvent être perturbées :
– par la fatigue ;
– par la consommation ou l'abus de certaines substances modifiant l'action de messagers chimiques au niveau des synapses.

• **Les transformations observées à la puberté sont déclenchées par des hormones qui assurent une relation entre les organes.**

La puberté est due à une augmentation progressive des concentrations sanguines de certaines hormones fabriquées par le cerveau ; elles déclenchent le développement des testicules et des ovaires.

Testicules et ovaires libèrent à leur tour d'autres hormones (testostérone, oestrogènes) qui déclencheront l'apparition des caractères sexuels secondaires.

Les hormones ovariennes (oestrogènes et progestérone) déterminent l'état de la couche superficielle de l'utérus.

La diminution des concentrations sanguines de ces hormones déclenche les règles.

Une hormone est une substance, fabriquée par un organe, libérée dans le sang et qui agit sur le fonctionnement d'un organe-cible.

Un geste précis adapté ici à des informations visuelles.

Chapitre 1 Une communication assurée par le système nerveux

Grâce à nos organes des sens, nous recevons des informations en provenance de notre environnement et adaptons nos mouvements et nos comportements en fonction de ces informations.

• Comment l'Homme peut-il répondre à une stimulation extérieure ? Quel rôle le système nerveux joue-t-il dans cette réponse ?

Activité 1

Des réponses motrices à des stimulations extérieures

Nous recevons en permanence de nombreuses informations provenant de notre environnement.

• ***Comment ces stimulations sont-elles perçues et comment engendrent-elles des réactions ?***

A Des stimulations qui engendrent des réponses motrices

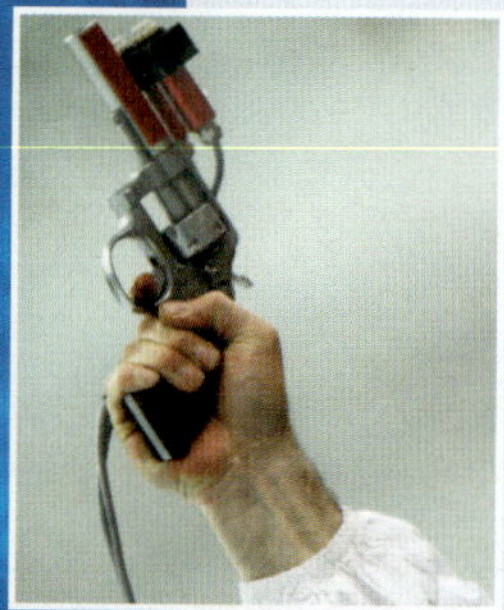

Le sprinter est attentif aux ordres du starter : en une fraction de seconde de nombreux muscles du corps sont mis en action.

DOC 1 **Bang ! Et c'est parti ! Au départ d'un 100 m, pas un dixième de seconde à perdre, la victoire en dépend !**

DOC 2 **L'utilisation d'une console de jeu** demande des réponses musculaires rapides aux informations présentées à l'écran.

B Des réponses impliquant des messages nerveux

L'oreille et l'œil sont des **organes sensoriels** ou récepteurs. Quand ils sont stimulés, par un son pour l'oreille et par la lumière pour l'œil, un **message nerveux** sensitif est émis.

Les muscles sont les **organes effecteurs** des mouvements. La contraction des muscles n'est pas spontanée : ce sont les messages nerveux moteurs qui donnent aux muscles « l'ordre » de se contracter.

- **Du « bang » du pistolet à la réponse des muscles de la jambe**

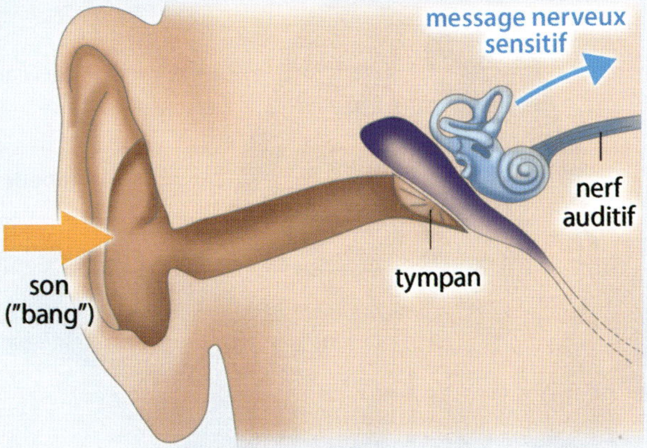

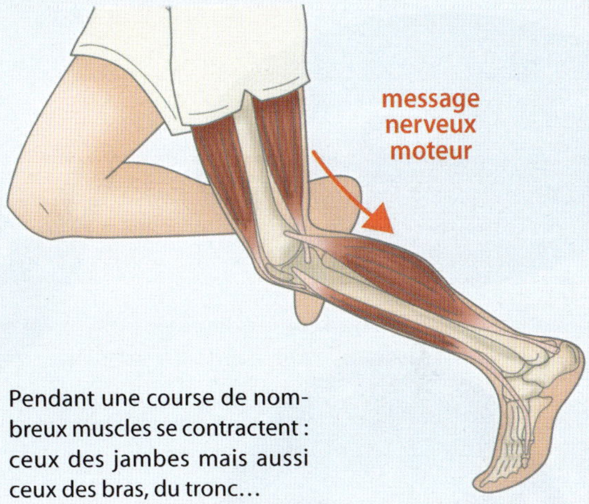

Pendant une course de nombreux muscles se contractent : ceux des jambes mais aussi ceux des bras, du tronc…

- **Des informations visuelles à la réponse des muscles de la main**

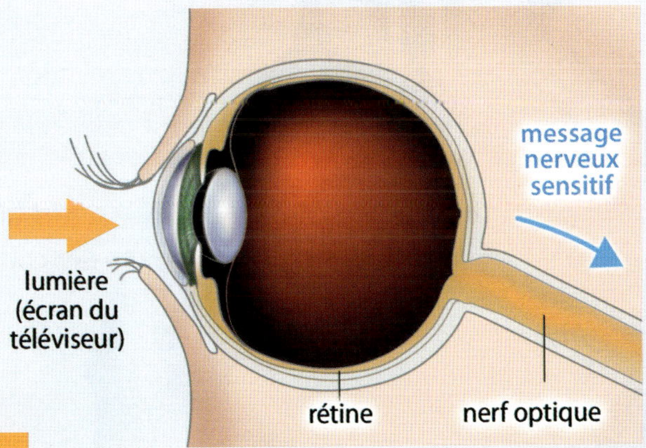

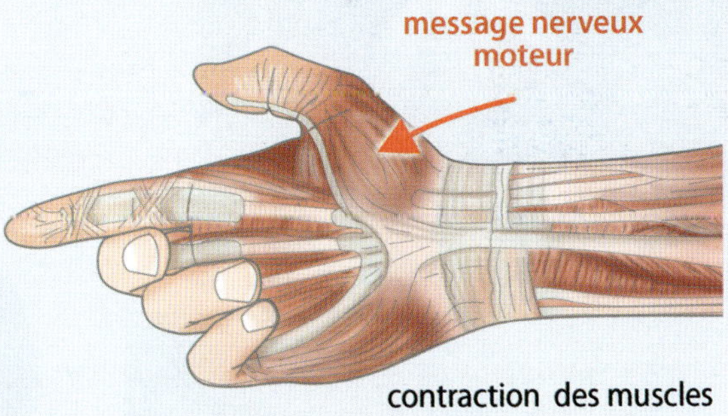

DOC 3 **Permettre à l'individu d'avoir un comportement adapté** aux diverses situations est le principal rôle du système nerveux.

Lexique

- **Message nerveux :** information transmise par un nerf.
- **Organe sensoriel :** organe qui émet un message nerveux en réponse à une stimulation extérieure.
- **Organe effecteur :** organe qui répond à des messages nerveux moteurs.

Pistes de travail

1. **Pour chaque situation, identifiez la stimulation perçue et les réponses motrices qu'elle provoque (DOC 1 et 2).**
2. **Comparez le fonctionnement des deux organes sensoriels (DOC 3).**
3. **Pourquoi dit-on de certains messages nerveux qu'ils sont « sensitifs » alors que d'autres sont qualifiés de « moteurs » (DOC 3) ?**

Pour conclure, proposez un schéma montrant comment une stimulation extérieure déclenche une réponse musculaire. Formulez les questions qui restent posées.

Compétences • 1 : S'informer • 2 : Raisonner • 3 : S'informer..

Activité 2

À la recherche des liaisons nerveuses entre les organes

Les stimulations reçues par les organes sensoriels provoquent souvent une réponse de certains muscles, organes effecteurs du mouvement.

- ***Comment les organes récepteurs et les muscles sont-ils reliés ?***

A L'observation de liaisons nerveuses

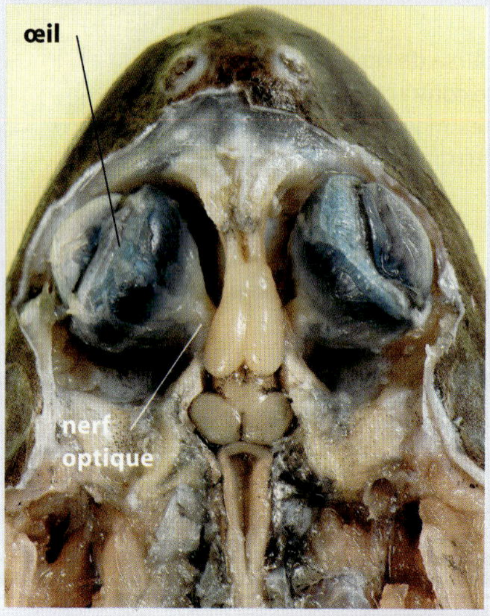

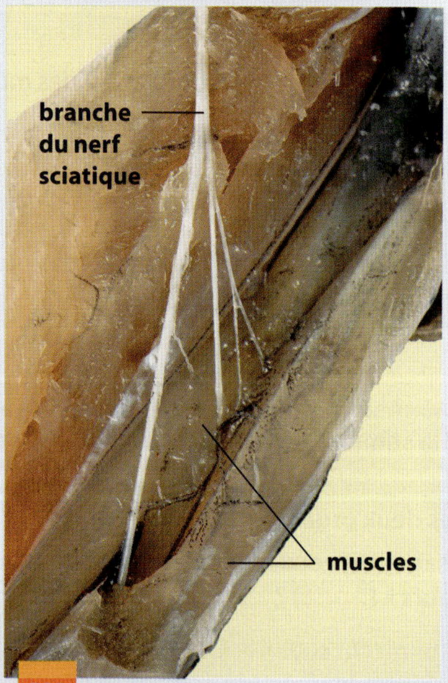

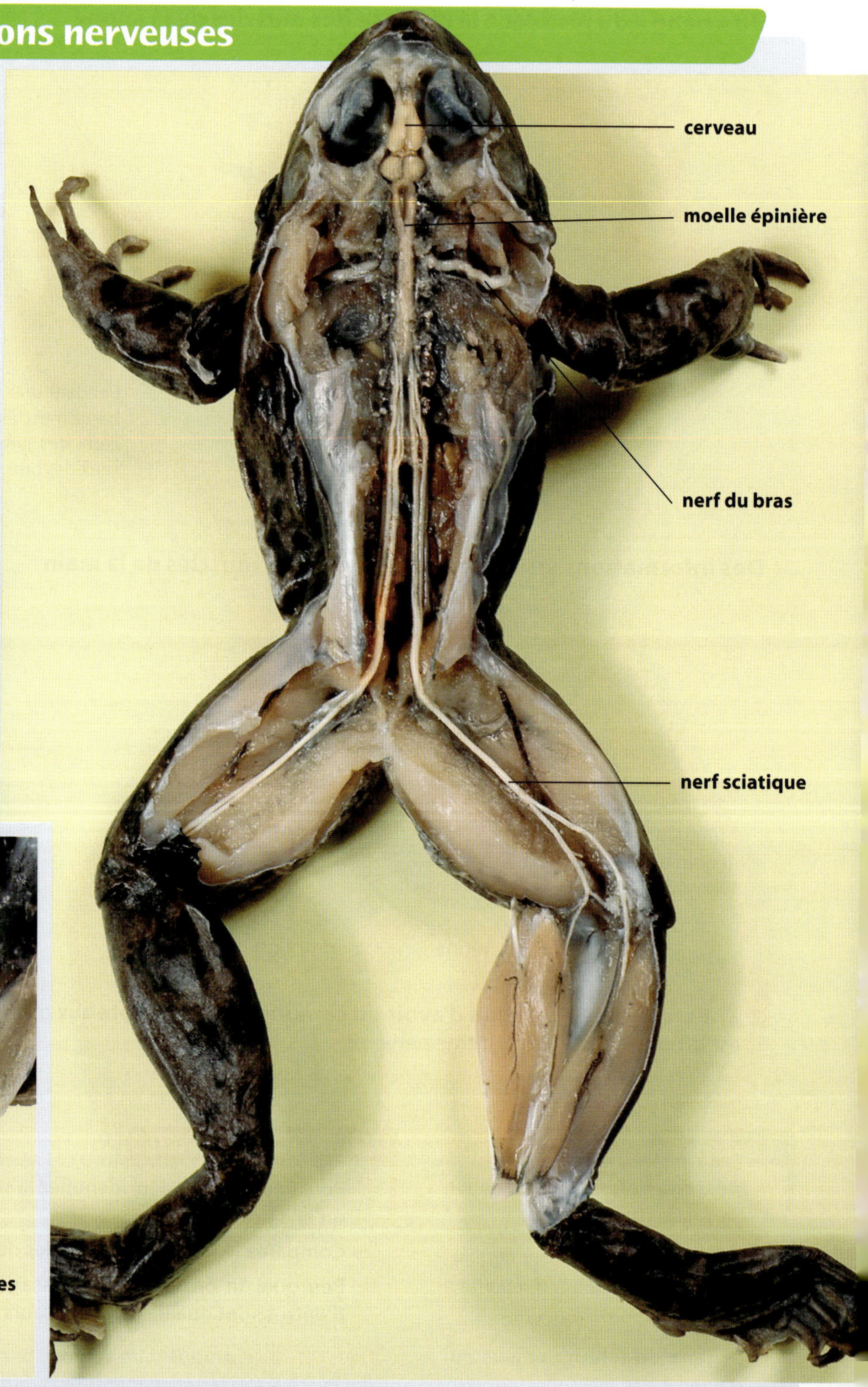

DOC 1 **Une dissection du système nerveux d'un animal** permet d'identifier des liaisons entre les organes.

B Une liaison indirecte entre les organes sensoriels et les muscles

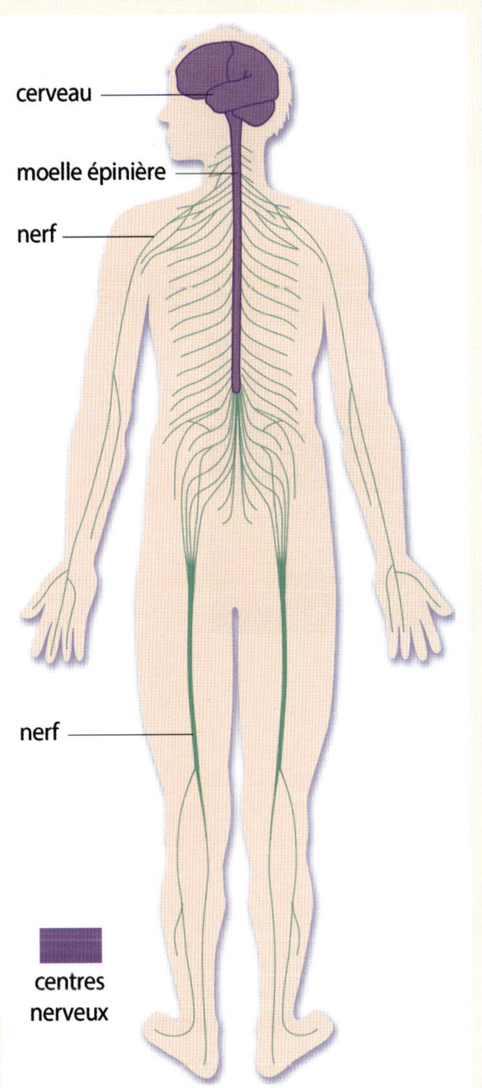

DOC 2 **Le système nerveux humain.** Les organes sensoriels sont reliés au **cerveau** par des nerfs. Le cerveau est prolongé par la **moelle épinière** logée dans la colonne vertébrale. De celle-ci sont issus de multiples **nerfs** se ramifiant dans l'ensemble de l'organisme.

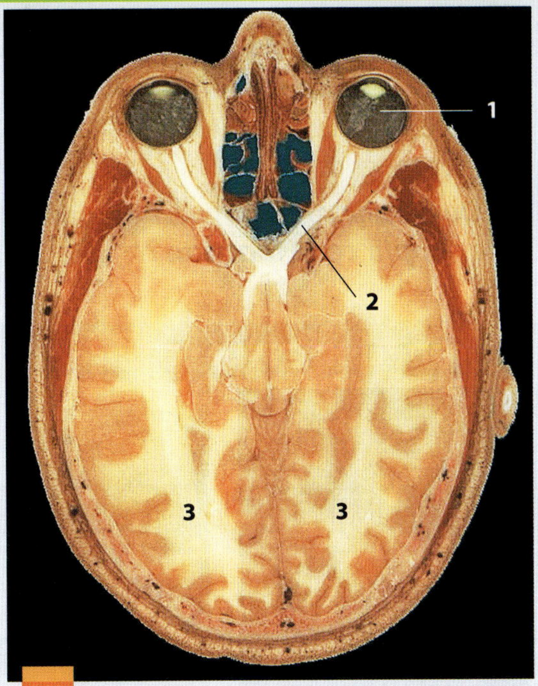

1. œil
2. nerf optique
3. hémisphères cérébraux

DOC 3 **La liaison entre les yeux et le cerveau** est bien visible sur la photographie obtenue grâce à une technique d'imagerie médicale.

DOC 4 **Le système nerveux permet une réaction rapide.**

Lexique

- **Cerveau (ou encéphale) :** centre nerveux enfermé dans la boîte crânienne.
- **Moelle épinière :** centre nerveux situé dans la colonne vertébrale.
- **Nerf :** prolongement fin et long assurant la liaison entre un organe et un centre nerveux.

Pistes de travail

1. **Indiquez dans l'ordre tous les organes impliqués dans la réalisation de la réaction de la grenouille (DOC 1).**
2. **De la même manière, citez les organes impliqués dans la réaction illustrée par le DOC 4.**
3. **Pourquoi dit-on que la liaison nerveuse entre organe sensoriel et muscles est indirecte (DOC 1 à 3) ?**

Pour conclure, montrez par un schéma simple que la liaison entre un organe sensoriel et un muscle est assurée par le système nerveux.

Compétences • 1 et 2 : S'informer • 3 : Raisonner.

Activité 3

Le rôle des nerfs dans la communication entre organes

Tous les organes, organes sensoriels et muscles notamment, sont reliés aux centres nerveux par des nerfs.

• ***Quel est le rôle d'un nerf et comment son organisation permet-elle de remplir cette fonction ?***

A Découvrir la fonction assurée par les nerfs

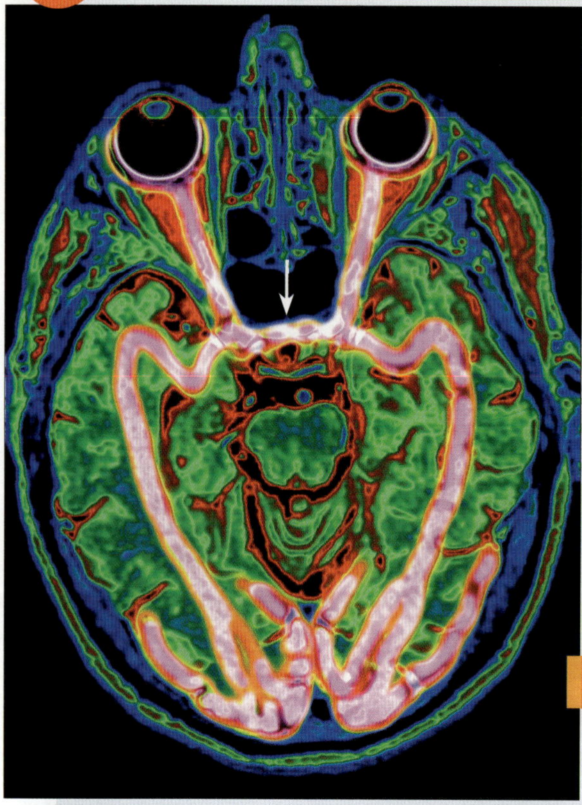

Vision normale

Vision chez un patient atteint d'une tumeur

DOC 1 **Une tumeur au niveau de la zone de croisement des nerfs optiques** (flèche) provoque un écrasement de ces **nerfs sensitifs**. Bien que les yeux du patient soient parfaitement fonctionnels, sa vision de l'environnement est profondément modifiée.

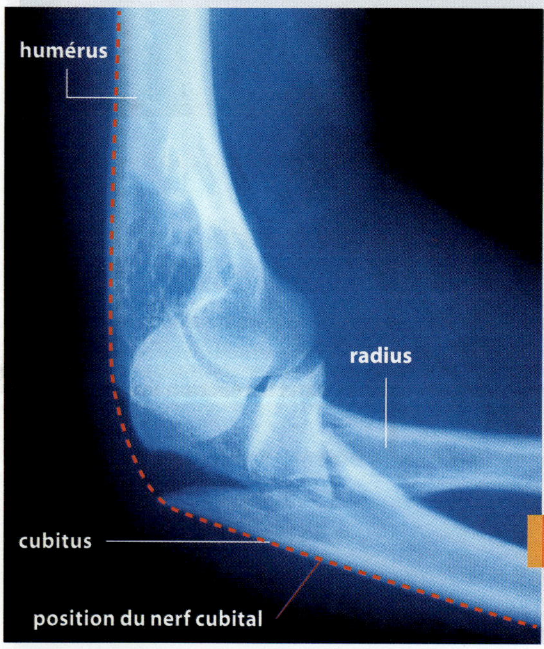

Après une fracture au niveau du coude, le **nerf cubital** peut être comprimé et ne plus coulisser normalement. Cette souffrance du nerf ne cause le plus souvent aucune douleur, mais se traduit par une perte de force de la main marquée par une diminution de la poigne. Une opération chirurgicale libérant le nerf cubital et rétablissant son coulissement permet de faire disparaître ce symptôme.

DOC 2 **Une compression du nerf au niveau du coude** peut perturber la commande de la main.

B L'organisation d'un nerf

Activités pratiques

- Prendre un morceau de nerf sciatique de grenouille.
- Le « déchirer » selon sa longueur à l'aide d'une aiguille montée.
- Observer sur fond noir à la loupe binoculaire.

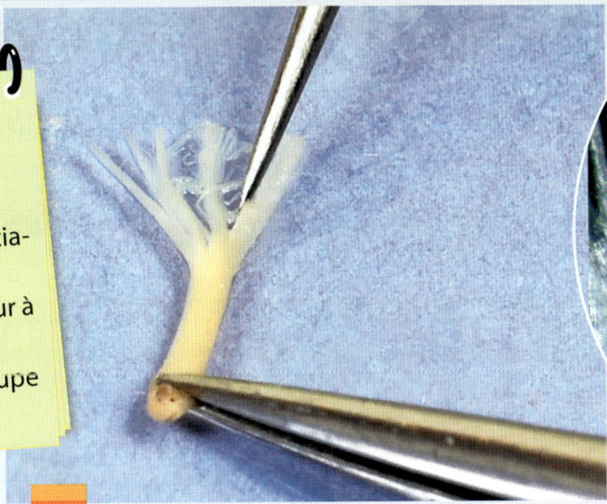

DOC 3 **Nerf dilacéré** observé à la loupe binoculaire.

DOC 4 **Nerf sectionné** et observé au microscope électronique.

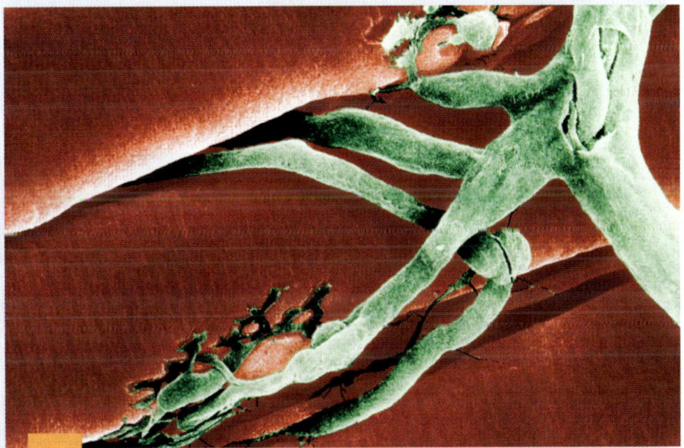

DOC 5 **Le contact nerf-muscle.** Une observation au microscope électronique de l'extrémité d'une fibre nerveuse permet de mettre en évidence la relation entre **nerf moteur** et muscle.

Lexique

- **Nerf sensitif :** nerf qui conduit des messages nerveux sensitifs d'un organe sensoriel vers un centre nerveux.
- **Nerf cubital :** nerf du bras passant par le coude.
- **Nerf moteur :** nerf qui conduit des messages nerveux moteurs d'un centre nerveux jusqu'aux muscles, organes effecteurs du mouvement.

Pistes de travail

1. **Pourquoi la vision du patient est-elle perturbée (DOC 1) ? Déduisez-en le rôle du nerf optique.**
2. **Comparez les conséquences des lésions des nerfs optiques et du nerf cubital (DOC 1 et 2). Quel type de message est altéré dans chaque cas ?**
3. **Quelles ressemblances y a-t-il entre un nerf et un câble électrique (DOC 3 et 4) ? Expliquez comment un seul nerf peut déclencher la contraction de plusieurs muscles (DOC 5).**

Pour conclure, expliquez en quelques lignes le rôle assuré par les nerfs.

Compétences • 1 : S'informer, raisonner • 2 et 3 : Raisonner.

Activité 4 Le rôle des centres nerveux dans la commande des mouvements

Des organes sensoriels aux muscles, les messages nerveux passent toujours par un centre nerveux, cerveau ou moelle épinière.

• ***Quel rôle jouent les centres nerveux dans cette relation entre les organes ?***

A Des lésions accidentelles qui révèlent le rôle des centres nerveux

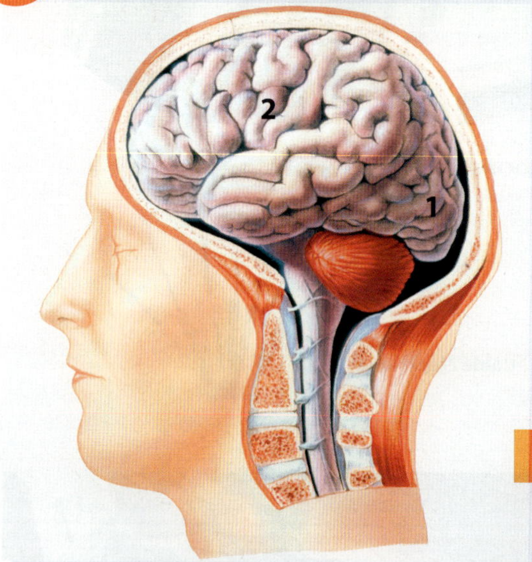

Une lésion cérébrale en **1** entraîne un défaut de perception visuelle. Le patient qui en est victime est partiellement aveugle : et une partie plus ou moins étendue de son champ visuel disparaît. En revanche, sa mobilité est intacte.

Un patient présentant une lésion en **2** présente une paralysie du bras droit : il ne peut plus bouger ce bras bien que ses muscles ne soient pas atteints. En revanche, ses capacités sensorielles sont intactes.

DOC 1 **La destruction accidentelle d'une partie du cerveau entraîne, selon sa localisation, des troubles différents.**

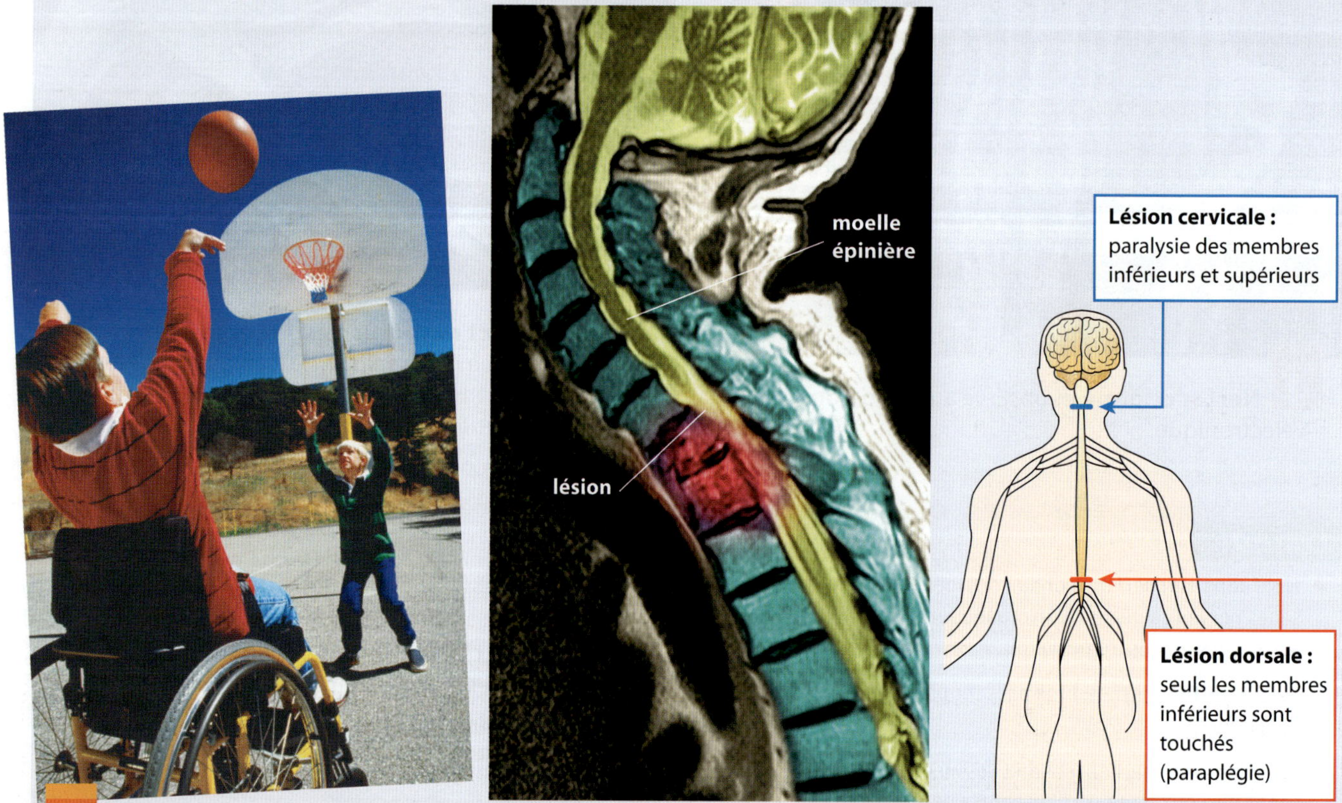

DOC 2 **Une lésion de la moelle épinière** provoque une perte de sensibilité tactile et une paralysie de parties plus ou moins étendues du corps. L'étendue des troubles dépend du niveau de la lésion.

B Une exploration du fonctionnement cérébral

Une balle blanche tombe dans votre main droite, et vous refermez cette main pour l'attraper. Cette réaction semble très simple. Une méthode complexe (appelée « magnétoencéphalographie ») a permis de visualiser l'activité cérébrale tout au long de cette action. Les zones du cerveau dans lesquelles se propagent des messages nerveux apparaissent en orangé. Le chronomètre est déclenché au moment où la balle entre dans le champ de vision du sujet.

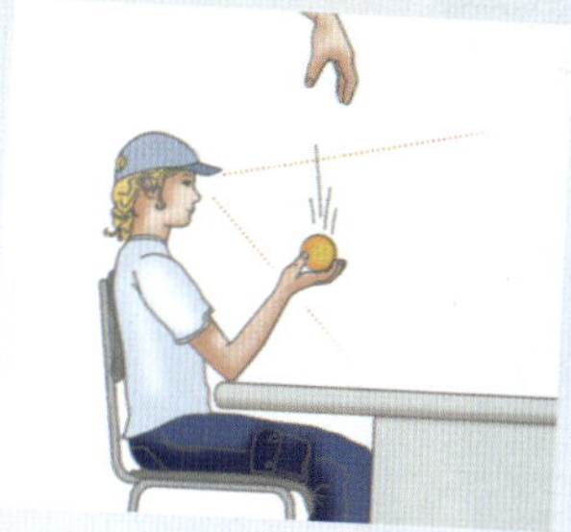

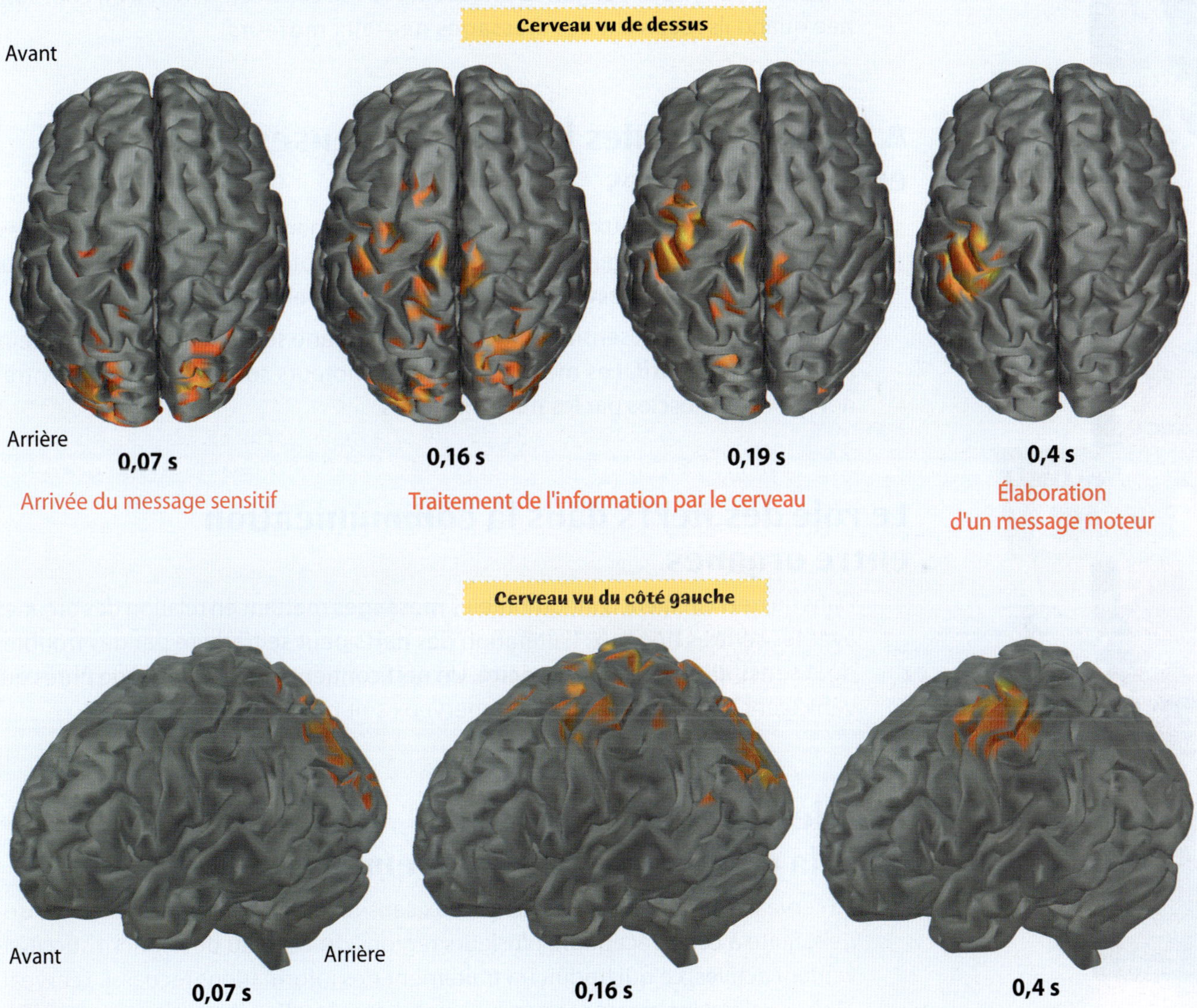

DOC 3 **Dans le cerveau, des zones successivement actives.**

POUR EN SAVOIR PLUS
www.bordas-svtcollege.fr/liens4e

Pistes de travail

1. Montrez que l'étude des lésions permet d'attribuer un rôle à certaines zones du cerveau (DOC 1).
2. Comparez les conséquences d'une lésion de la moelle épinière en fonction du niveau où elle se situe (DOC 2).
3. Décrivez l'emplacement des zones successivement actives du cerveau au cours de cette réponse motrice à une simulation (DOC 3). À l'aide de cette observation, expliquez les conséquences de lésions cérébrales évoquées dans le DOC 1.

Pour conclure, réalisez un schéma fonctionnel montrant le rôle du cerveau dans la relation entre un organe sensoriel et un muscle.

Compétences • 1, 2 : Raisonner • 3 : S'informer, raisonner.

Le bilan des activités

P. 172-173 Activité 1

Des réponses motrices à des stimulations extérieures

Un mouvement est souvent une réponse à une stimulation de l'environnement. Cette stimulation est captée par un **organe sensoriel**, le **récepteur**, qui donne naissance à un **message nerveux sensitif**.

Les **muscles** sont des **organes effecteurs** : ils se contractent de façon coordonnée quand ils reçoivent des **messages nerveux moteurs**.

P. 174-175 Activité 2

À la recherche des liaisons nerveuses entre les organes

C'est le système nerveux qui met en relation les organes sensoriels et les muscles. Le message n'est pas transmis directement du récepteur à l'effecteur. Il passe toujours par un **centre nerveux**, le **cerveau** ou la **moelle épinière**.

Le message nerveux sensitif est transmis de l'organe sensoriel au centre nerveux par un **nerf sensitif**. Les messages nerveux moteurs sont transmis des centres nerveux aux muscles par les **nerfs moteurs**.

P. 176-177 Activité 3

Le rôle des nerfs dans la communication entre organes

Dans un **nerf** circulent d'innombrables **messages** mettant en relation des organes avec les centres nerveux. L'altération des nerfs peut se traduire par des troubles de la **sensibilité** ou de la **motricité**. Un nerf contient une multitude de fibres qui véhiculent chacune des messages nerveux soit moteurs, soit sensitifs.

P. 178-179 Activité 4

Le rôle des centres nerveux dans la commande des mouvements

Le cerveau **reçoit** les messages nerveux sensitifs provenant des organes sensoriels. Suite à cette réception, plusieurs régions du cerveau deviennent successivement actives, ce qui traduit un traitement des informations reçues. Le cerveau **élabore** alors des messages nerveux moteurs et les **distribue** aux nerfs moteurs qui les acheminent jusqu'aux muscles effecteurs de la réponse motrice.

Les mots-clés

- Organe sensoriel
- Récepteur
- Muscle
- Effecteur
- Message nerveux
- Nerf sensitif
- Nerf moteur
- Centre nerveux
- Cerveau

L'essentiel

Ce qu'il faut savoir

- De nombreuses stimulations de l'environnement engendrent des réponses motrices de la part de l'organisme.

- Le système nerveux met en relation les organes sensoriels et les muscles ;
  – un nerf sensitif transmet le message nerveux sensitif depuis le récepteur jusqu'à un centre nerveux, cerveau ou moelle épinière ;
  – en réponse, le cerveau élabore et distribue les messages nerveux moteurs ;
  – un nerf moteur transmet le message nerveux moteur depuis le centre nerveux jusqu'au muscle, ce qui provoque sa contraction.

Le schéma-bilan — Une communication assurée par le système nerveux

Le rôle du système nerveux dans la commande du mouvement

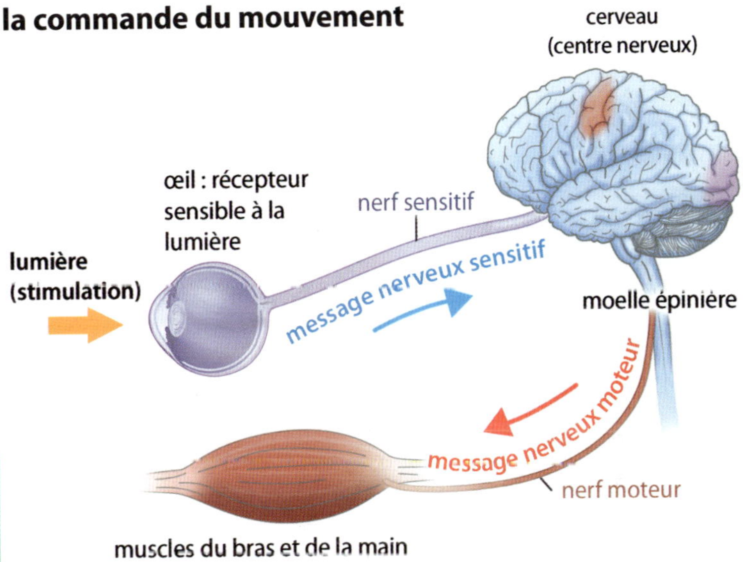

Organisation du système nerveux

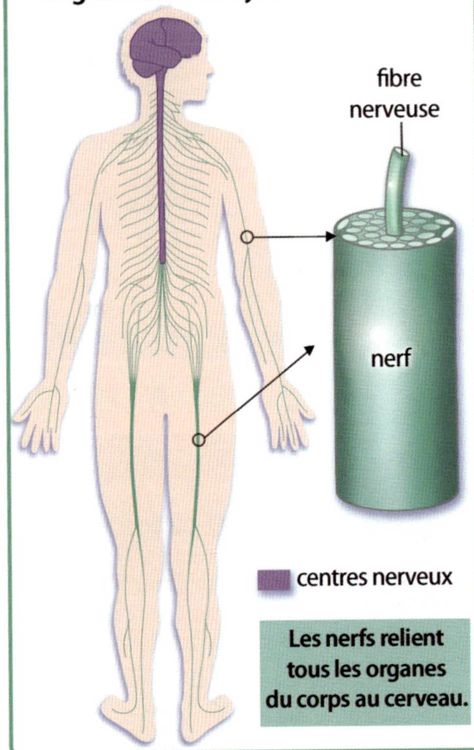

Les nerfs relient tous les organes du corps au cerveau.

Le même schéma pour toutes les réponses à une stimulation

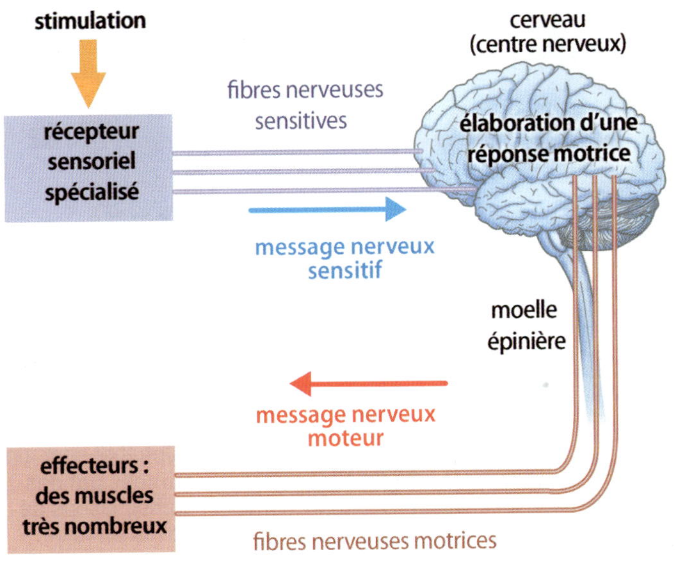

Le toucher, un sens toujours en éveil

À chaque instant d'innombrables informations sensorielles parviennent à notre cerveau. Si nous avons bien conscience de notre perception visuelle, le toucher reste un sens plus mystérieux…

Attention, ça pique !

Certaines zones de la peau sont plus sensibles que d'autres. Pour tester ces différences de sensibilité, par exemple la paume ou le dos de la main ou encore le bout des doigts, on peut opérer de la façon suivante : alors que vous gardez les yeux fermés, une personne dispose deux pointes à différents écartements (2, 5, 10 mm…) sur les zones à tester. Vous devez indiquer l'écartement minimal à partir duquel vous percevez deux pointes et non une seule. Plus la zone testée est sensible, plus l'écartement pour lequel on perçoit deux pointes est petit.

Lire avec les doigts

Les aveugles sont capables de tirer du toucher des informations que les voyants négligent. Ainsi, le braille (du nom de son inventeur) est un alphabet tactile qui permet aux malvoyants de lire un livre ou un journal.

Ce signe représente la lettre M en braille. Toutes les lettres de l'alphabet sont ainsi formées par des combinaisons de points en relief.

C'est quoi ?

ette figure disproportionnée est
ppelée « homoncule sensitif » : c'est la
représentation » du corps dans la
égion du cerveau recevant les informa-
ons tactiles de la peau. La taille de
haque organe traduit sa sensibilité :
lus un organe est sensible, plus
a « représentation » dans le cerveau
st étendue.

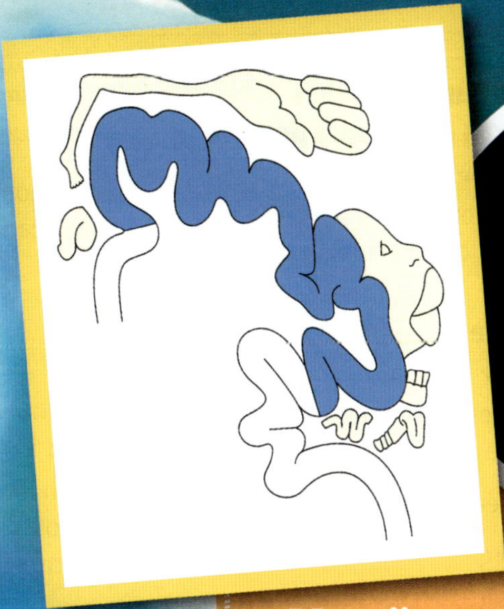

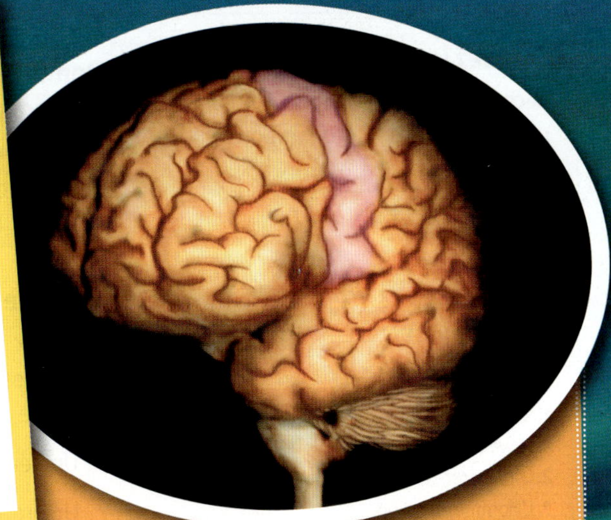

Une "carte" très étrange

La zone colorée en surface de ce cerveau est celle qui perçoit la sensibilité générale de l'ensemble du corps (toucher, sensibilité à la chaleur, douleur…). Toutes les régions du corps y sont représentées mais elles n'y « occupent » pas obligatoirement une surface proportionnelle à leur taille réelle dans l'organisme.

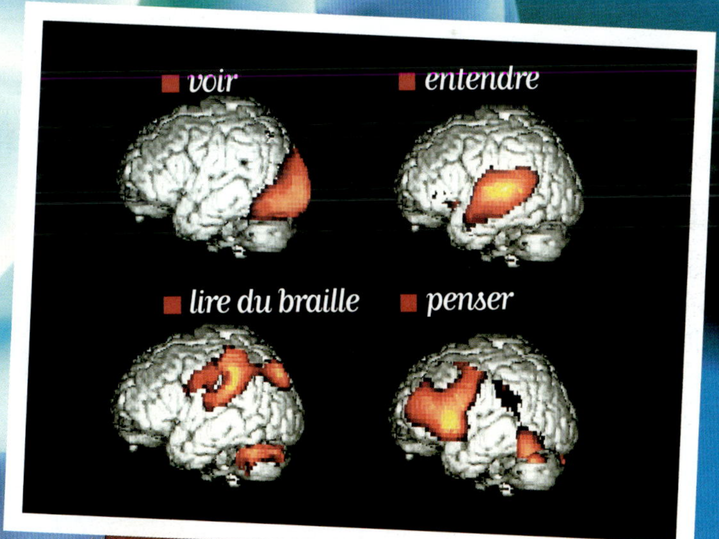

Voir l'activité cérébrale ?

Les techniques récentes d'imagerie cérébrale permettent de « voir » quelles zones du cerveau sont actives lorsqu'un sujet effectue une tâche précise. On connaît ainsi de mieux en mieux le rôle des différentes zones du cerveau.

Exercices

Je teste mes connaissances

EXERCICE 1 **Trouvez le mot caché.**

Recopiez la grille ci-dessous puis complétez-la à partir des définitions suivantes.

1
2
3
4
5
6
7

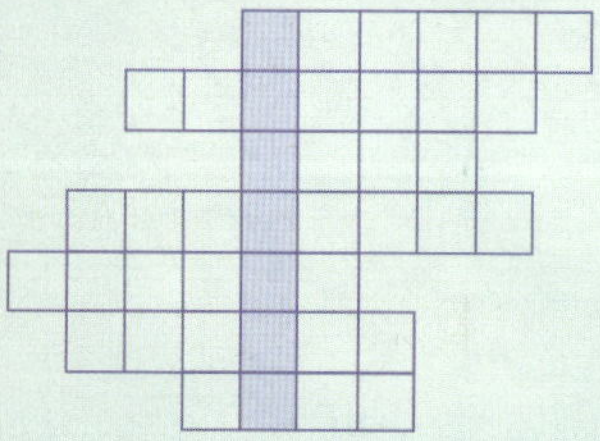

1. Se dit d'un message nerveux élaboré dans le cerveau.
2. Organe recevant les stimulations sonores.
3. L'Homme en a cinq.
4. Se dit d'un message nerveux élaboré au niveau d'un organe des sens.
5. Sens permettant la perception de stimulations olfactives (ou sens permettant la perception des odeurs).
6. Organe recevant des stimulations gustatives.
7. Permet la transmission de messages entre le cerveau et les organes.

Découvrez le mot caché et donnez-en une définition.

EXERCICE 2 **Donnez une définition des mots ou groupes de mots suivants.**

Stimulus, organe des sens, nerf, fibre nerveuse, centres nerveux.

EXERCICE 3 **Quelle est la différence entre…**

a. Un message nerveux sensitif et un message nerveux moteur.

b. Un nerf sensitif et un nerf moteur.

c. Un organe récepteur et un organe effecteur.

EXERCICE 4 **Rédigez une phrase en utilisant les mots ou groupes de mots suivants.**

a. Stimulus, organes des sens, message nerveux sensitif.

b. Organe des sens, message nerveux, nerf, centre nerveux.

c. Centre nerveux, message nerveux, nerf, muscle.

d. Lésion, moelle épinière, cerveau, handicap.

EXERCICE 5 **Replacez les phrases suivantes dans l'ordre chronologique.**

a. Un message nerveux sensitif est élaboré dans l'oreille de Valentin puis transmis jusqu'à son cerveau.

b. Un message nerveux moteur est transmis vers des muscles permettant à Valentin de lever le doigt.

c. Le professeur pose une question à la classe.

d. Le cerveau de Valentin reçoit le message nerveux et en élabore un autre.

J'utilise mes connaissances

EXERCICE 6 **Le système nerveux d'une souris**

Ra RAISONNER **Mettre en relation un document et des connaissances.**

La souris est un animal très méfiant : à la vue d'un intrus, elle s'enfuit dans sa cachette.

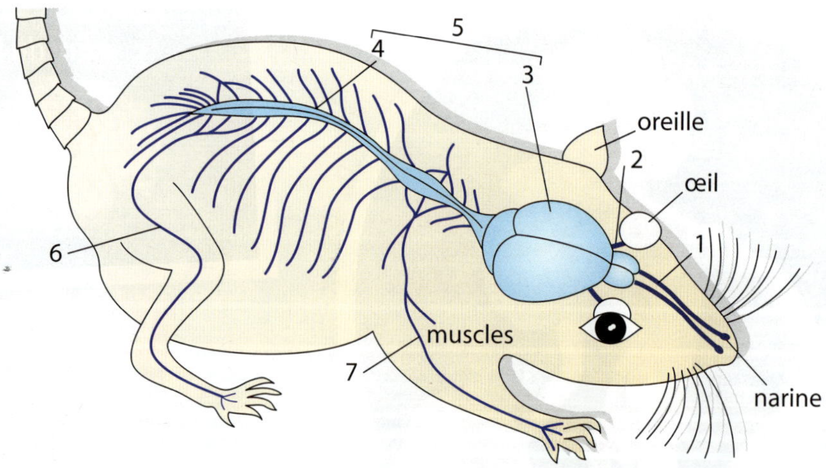

1. Écrivez le nom des différentes parties du système nerveux de la souris (légendes 1 à 7).

2. Lors de la réaction de fuite de la souris, identifiez les organes récepteurs et les organes effecteurs.

3. Indiquez le trajet des messages nerveux sensitifs et des messages nerveux moteurs lors de cette réaction de fuite.

EXERCICE 7 À chaque stimulus une réponse

Ra RAISONNER Mettre en relation un document et des connaissances.

a. Une forte odeur de brûlé parvient à Nathalie qui regarde la télévision. Elle se précipite dans la cuisine et éteint le feu sous la casserole.

b. Dès la première gorgée, Olivier se rend compte que son café n'est pas sucré. Il met deux morceaux de sucre dans sa tasse.

c. En plongeant avec précaution sa main dans la baignoire, Thomas constate que l'eau est beaucoup trop chaude. Il ouvre le robinet et rajoute de l'eau froide.

Pour chaque situation ci-dessus :

1. **Indiquez le stimulus, l'organe sensoriel impliqué, l'organe effecteur du mouvement.**

2. **Construisez un schéma montrant le trajet suivi par les messages nerveux, de la réception du stimulus jusqu'à la réponse motrice.**

EXERCICE 8 La sensibilité tactile

I INFORMER Tirer des informations de documents.

Pour étudier la sensibilité tactile des différentes zones du corps, on applique deux pointes de compas sur la peau (voir page 182). Selon l'écartement des pointes, deux sensations ou une seule sont ressenties par le patient. Les résultats sont présentés dans le tableau ci-dessous : les nombres expriment, en millimètres, l'écartement minimal pour obtenir deux sensations distinctes.

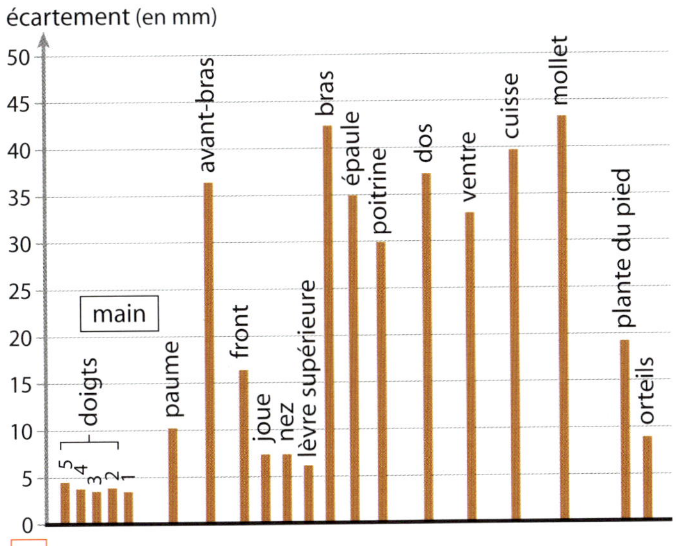

a

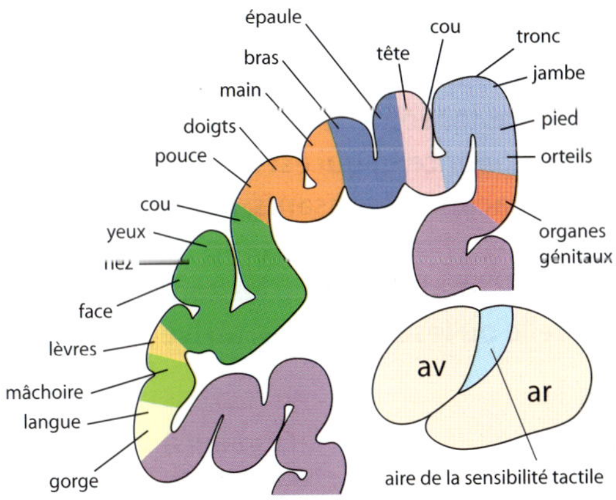

Surface occupée sur l'aire de la sensibilité tactile par les différentes parties du corps

b

1. Classez les parties suivantes du corps par ordre décroissant de sensibilité : bras, ventre, paume de la main, plante du pied, nez, lèvre, orteils.

2. Comparez la surface cérébrale (document **b**) correspondant aux différentes parties de la face à celle correspondant au reste de la tête. Que remarquez-vous ? Proposez une explication.

Exercices

EXERCICE 9 Découvrir une fonction du cerveau

Raisonner — Mettre en relation des informations.

Au niveau d'un passage pour piétons, deux passants traversent la rue. L'un est aveugle et l'autre est voyant.

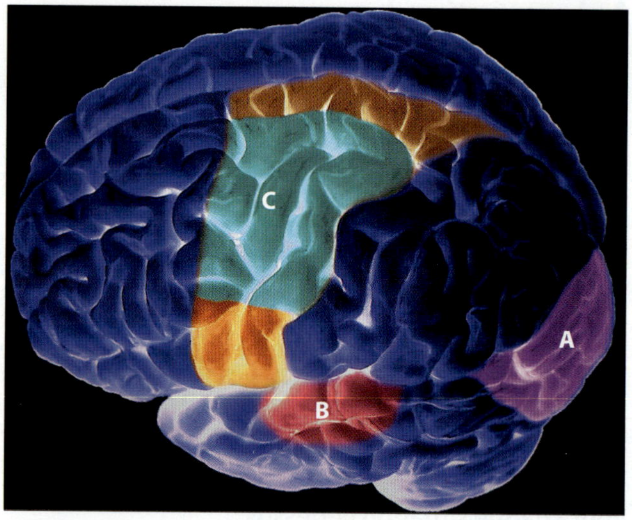

Zones **A**, **B** et **C** : zones cérébrales activées ou non chez les deux sujets.

1. Indiquez les stimulations extérieures déclenchant la traversée du passage piéton pour chaque passant.

2. Quelques millisecondes après l'émission des stimulations, une importante activité cérébrale se produit dans les zones A et B du sujet voyant et dans la zone B pour celui qui est non-voyant.
Pour chacun des passants, indiquez le(s) organe(s) sensoriel(s) où un message nerveux sensitif est créé puis identifiez la ou les zones du cerveau dans laquelle ou lesquelles il(s) arrive(nt).

3. Quelques millisecondes avant la traversée des deux piétons, l'activité cérébrale s'intensifie fortement au niveau de la zone C pour chacun d'eux. Quelle est la fonction de cette zone ? Expliquez pourquoi elle présente une forte activité à ce moment précis.

4. Recopiez et complétez le schéma ci-dessous pour chaque passant. Représentez par des flèches bleues ou rouges les différents messages sensitifs et moteurs.

Stimulations

....
....
→

....
....
→

Organe(s) récepteur(s)

....
....

....
....

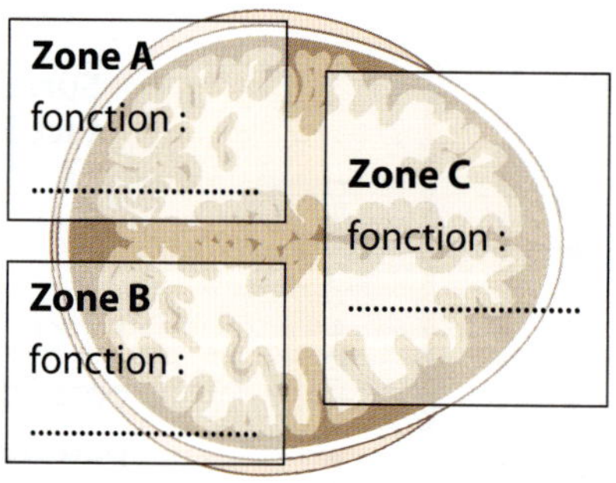

Zone A
fonction :
....

Zone B
fonction :
....

Zone C
fonction :
....

Organe moteur : ....
....
→

Réponse motrice : ....
....

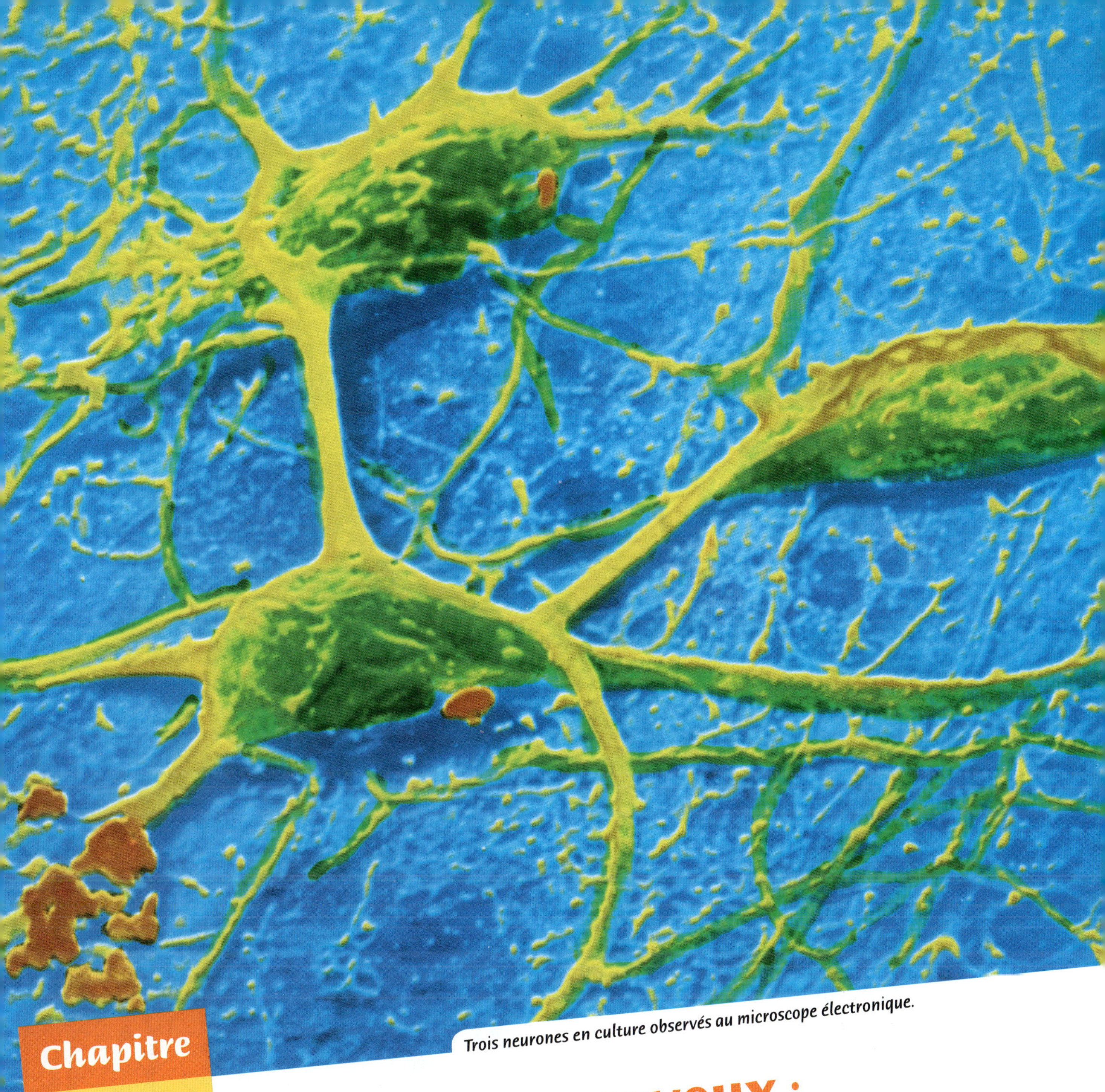

Trois neurones en culture observés au microscope électronique.

Chapitre

2 Le système nerveux : des cellules qui communiquent

Grâce à une multitude de cellules nerveuses ou neurones, le cerveau traite des informations « entrantes » et produit des informations « sortantes ». Bien que très performant, cet organe est fragile et sensible à de nombreuses substances.

- **Comment les neurones sont-ils organisés et comment communiquent-ils dans le cerveau ? Quelles « agressions » peuvent perturber le fonctionnement du système nerveux ?**

Activité 1

Le cerveau, un réseau de cellules nerveuses

Le cerveau reçoit les messages nerveux sensitifs et envoie aux muscles des messages nerveux moteurs, or, comme tous les organes du corps, il est constitué de cellules.

- ***Quelles cellules assurent ce rôle de communication et comment sont-elles agencées ?***

A Des neurones par milliards !

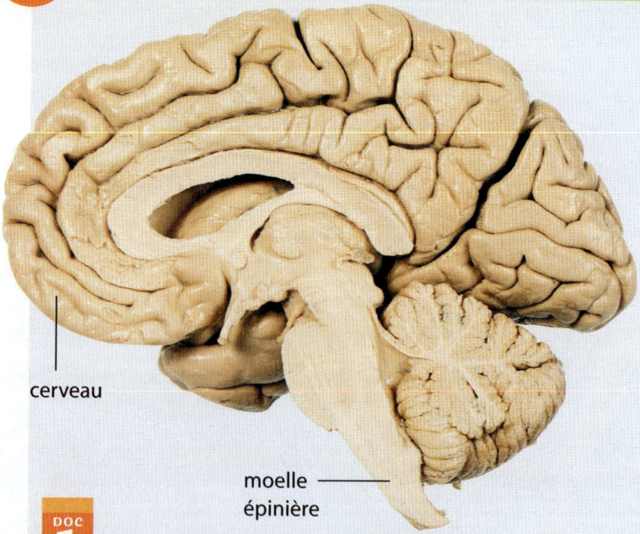

DOC 1 **Le cerveau et la moelle épinière** sont les principaux centres nerveux. Cette coupe longitudinale permet de constater leur liaison.

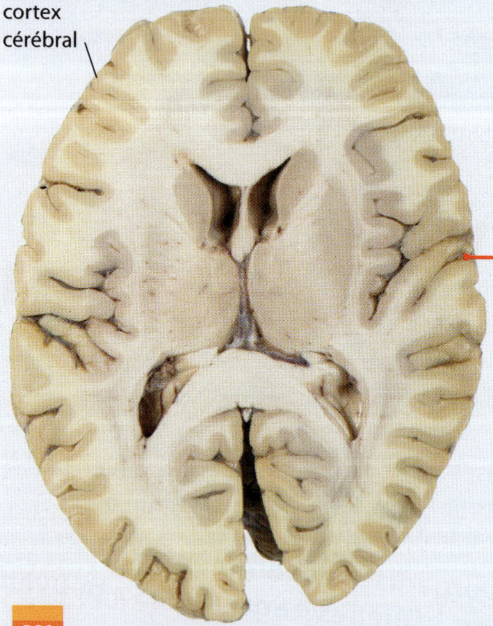

DOC 2 **La partie superficielle du cerveau, ou cortex cérébral** n'a que 2 à 4 mm d'épaisseur, mais ses nombreux replis triplent sa surface. Ainsi, le cortex représente environ 40 % de la masse totale du cerveau.

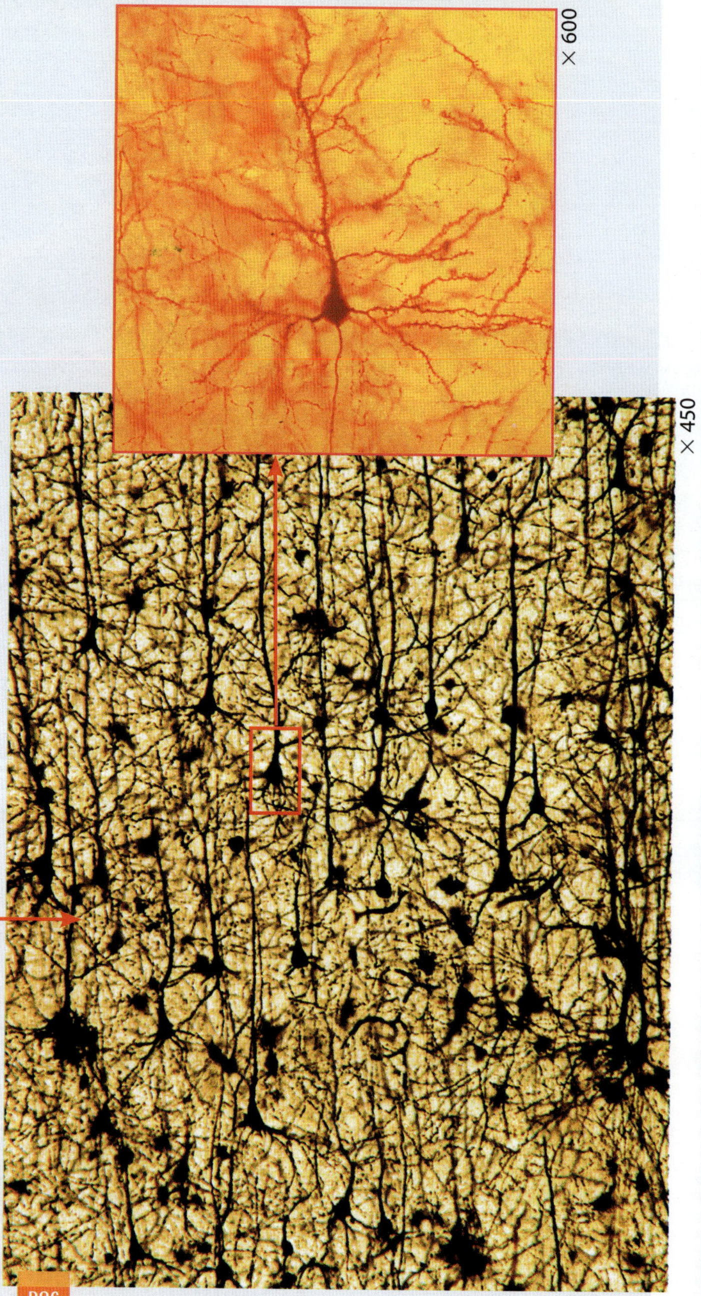

DOC 3 **Dans le cortex cérébral, on observe une énorme quantité de cellules nerveuses**. Évaluer le nombre de **neurones** est difficile, mais on l'estime à 100 milliards pour l'ensemble du cerveau !

B L'observation microscopique de neurones

Activités pratiques

- Observer au faible grossissement des coupes de cerveau (ou de moelle épinière) dissociées.
- Localiser les cellules nerveuses.
- Utiliser le fort grossissement pour repérer la forme et l'organisation de ces cellules.

POUR EN SAVOIR PLUS
www.bordas-svtcollege.fr/liens4e

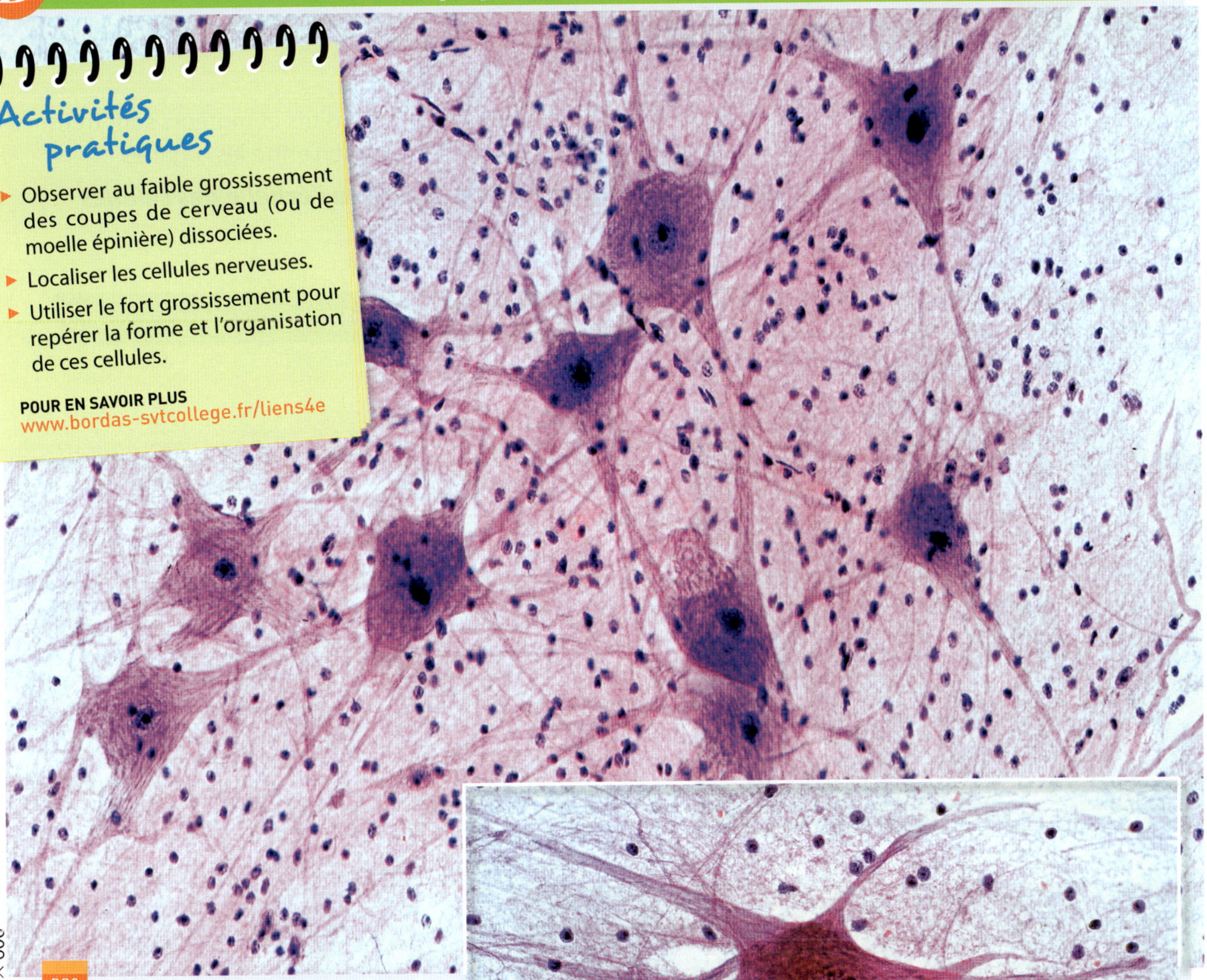

× 600

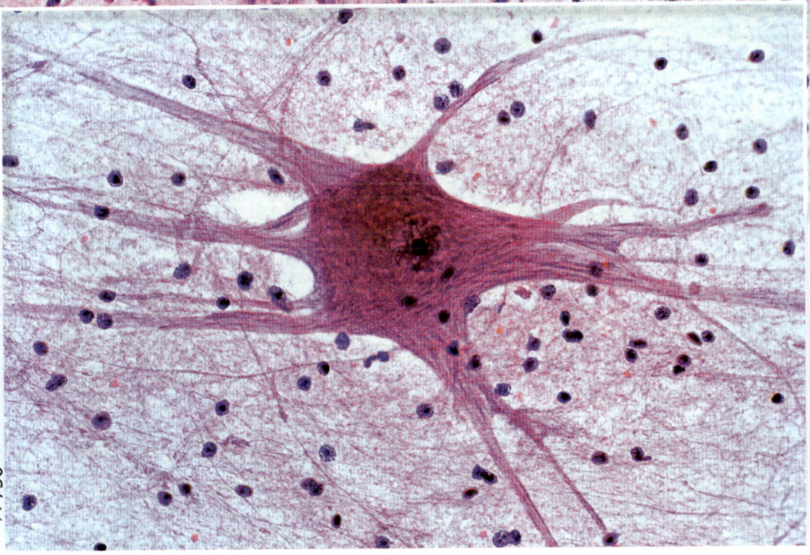

× 750

DOC 4 **Les neurones** sont des cellules de forme très caractéristique. L'essentiel du cytoplasme et le noyau sont localisés dans le **corps cellulaire** d'où partent des prolongements cytoplasmiques (les **fibres nerveuses**) qui se connectent à d'autres neurones.

Lexique

- **Neurone :** cellule nerveuse.
- **Corps cellulaire :** partie globuleuse du neurone, contenant le noyau. Les corps cellulaires des neurones sont situés dans les centres nerveux.
- **Fibre nerveuse :** prolongement cytoplasmique d'un neurone, très fin, de longueur très variable. Ce sont les fibres nerveuses des neurones qui constituent les nerfs.

Pistes de travail

1. Sur les coupes de cerveau, localisez les neurones puis repérez les corps cellulaires et les fibres de ces neurones (DOC 1 à 3).
2. Avec une calculatrice, vous additionnez 1 000 toutes les secondes (1 000 + 1 000 + 1 000… ceci, jour et nuit) : combien de temps vous faudra-t-il pour que s'affiche à l'écran le nombre total des neurones du cerveau (DOC 3) ?
3. Faites un dessin légendé d'un neurone (DOC 4).

Pour conclure, comparez les neurones avec les cellules que vous connaissez déjà.

Compétences • 1 : S'informer • 2 : Raisonner • 3 : Communiquer.

Activité 2 Les neurones : des cellules qui communiquent

À chaque instant, d'innombrables messages nerveux sensitifs et moteurs sont transmis par le système nerveux. Ils assurent ainsi la communication entre les organes.

• ***Comment cette communication est-elle assurée à l'échelle des cellules nerveuses ?***

A Les synapses, zones de connexion entre neurones

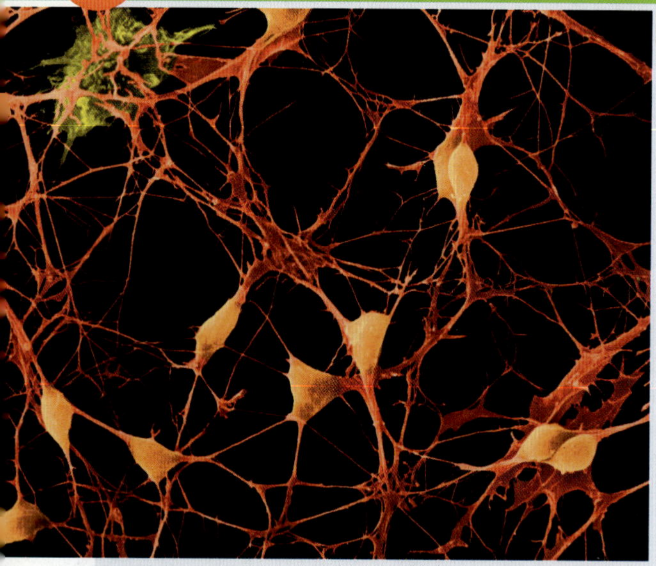

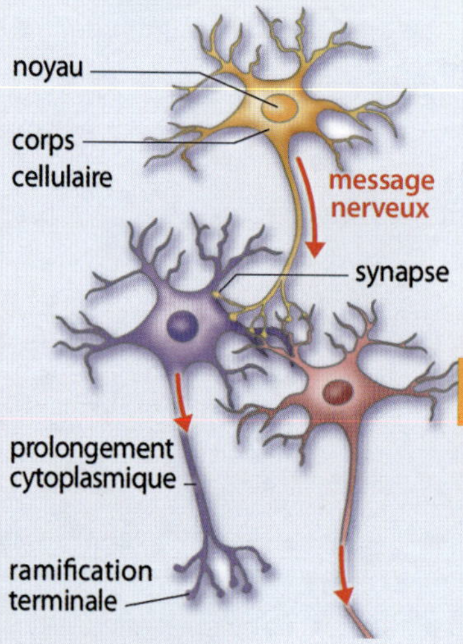

DOC 1 **Chaque neurone peut recevoir des messages** de 100 à 10 000 autres neurones et transmettre à son tour des signaux à 1 000 à 10 000 autres !

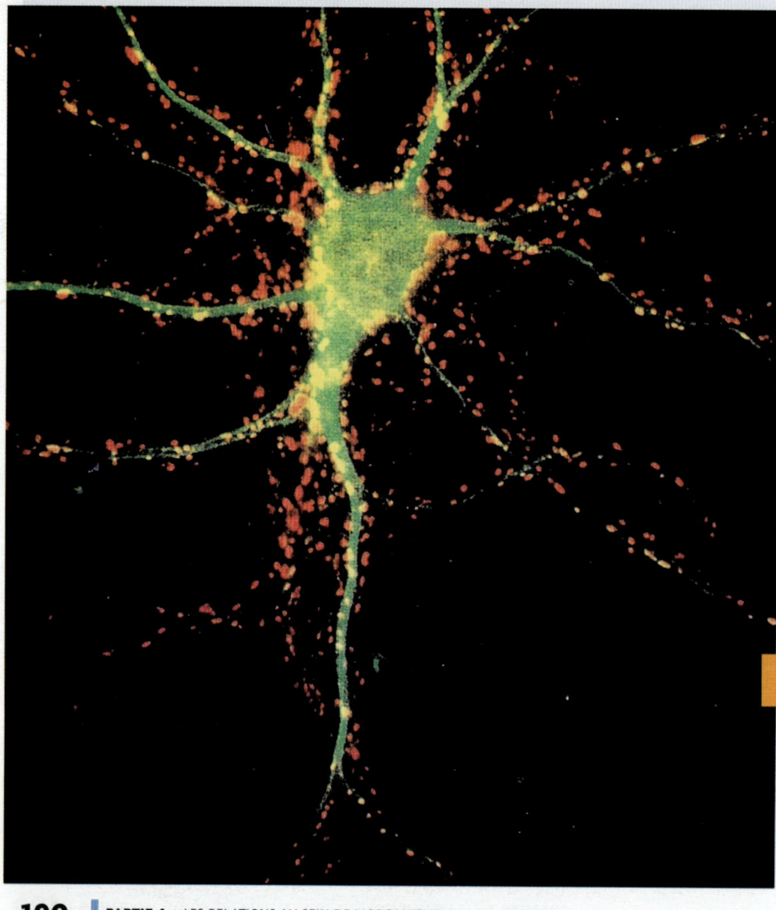

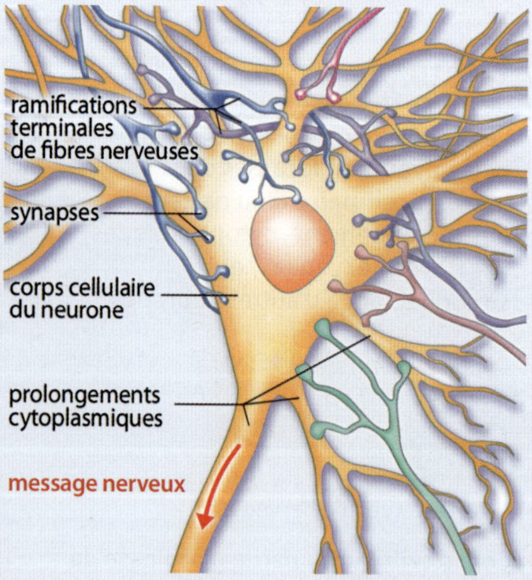

DOC 2 **De multiples connexions synaptiques :** sur cette photographie (image obtenue après un traitement chimique complexe), chaque point rouge correspond à un point de contact entre le neurone observé et d'autres neurones non visibles sur la photographie.

B La transmission du message d'un neurone à l'autre

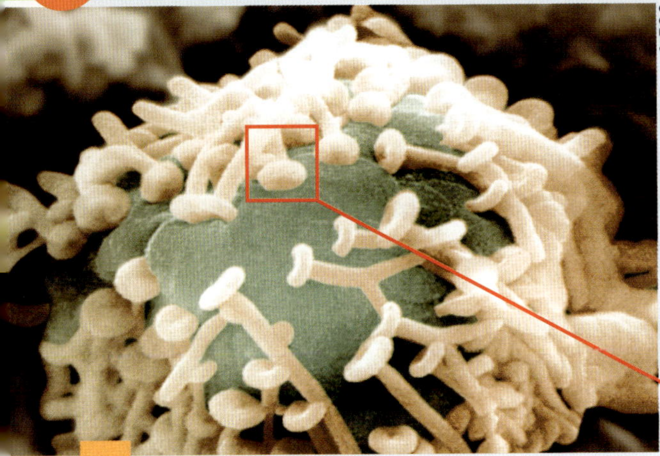

× 1 500

Sur la photographie ci-contre, obtenue au microscope électronique, la bille verte correspond au corps cellulaire d'un neurone. Les petites « ventouses » qui le recouvrent sont des terminaisons de fibres appartenant à d'autres neurones.

DOC 3 **De nombreux contacts synaptiques** recouvrent la surface de ce neurone.

La photographie ci-dessous, obtenue par une autre technique de microscopie électronique, est une coupe de la zone où l'une de ces « ventouses » vient se plaquer sur le neurone vert.

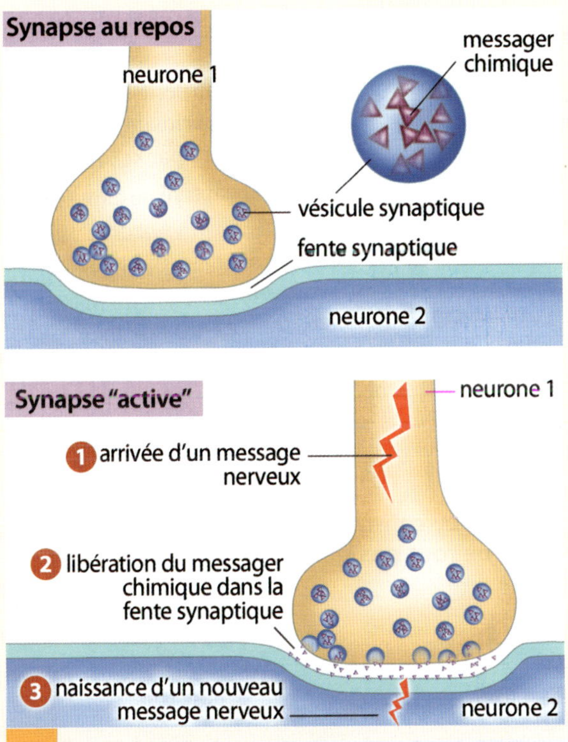

DOC 4 **La transmission du message nerveux entre deux neurones** s'effectue en plusieurs étapes.

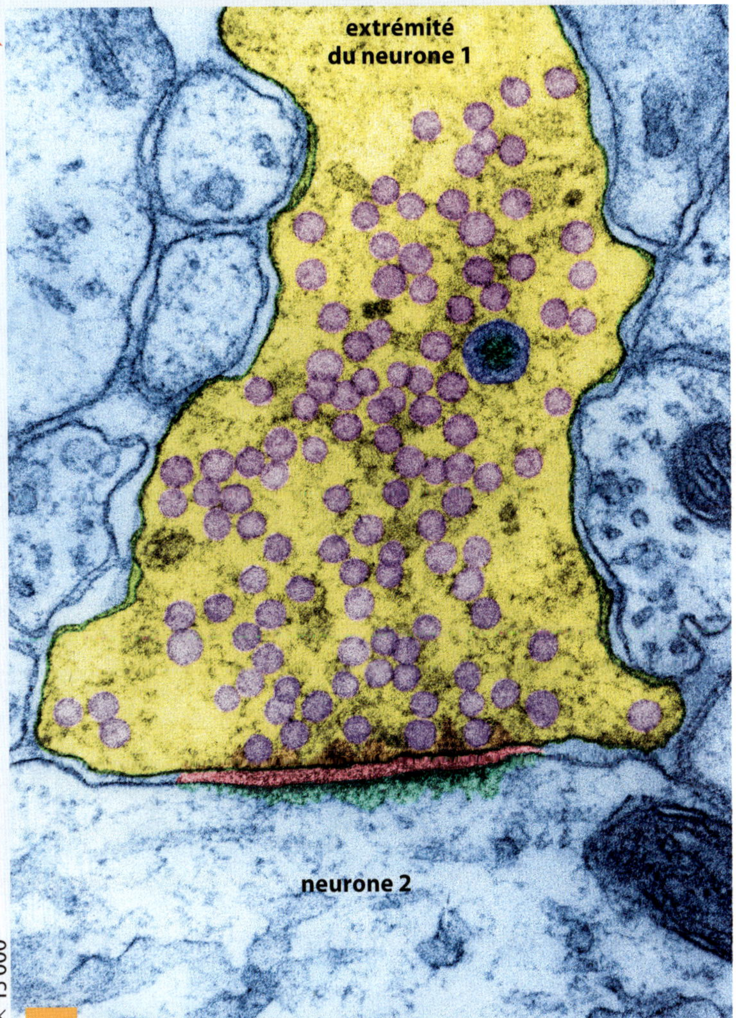

× 15 000

DOC 5 **Une synapse observée au microscope électronique** à un instant précis.

Lexique

- **Synapse :** zone où s'établit la communication entre deux neurones.
- **Message nerveux :** signal de nature électrique se propageant à grande vitesse (1 à 100 m/s) dans les fibres nerveuses (n.b. : son étude n'est pas au programme de 4e).

Pistes de travail

1. **Recherchez des arguments permettant de dire que les neurones constituent un réseau (DOC 1 et 2).**
2. **Expliquez comment le message nerveux peut être transmis entre les deux neurones observés au microscope électronique (DOC 3 à 5).**

Pour conclure, rédigez un court texte expliquant comment le message nerveux est transmis entre deux neurones.

Compétences • 1 : S'informer • 2 : S'informer, raisonner.

Activité 3

ÉDUCATION À LA SANTÉ

Drogues et perturbation du fonctionnement nerveux

Certaines substances sont classées parmi les drogues : en plus de leur toxicité, ces produits perturbent le fonctionnement du système nerveux.

• ***Comment les drogues peuvent-elles modifier le comportement de ceux qui les consomment ?***

A Les effets du cannabis sur le comportement

« Je fume depuis 10 ans. Quand j'étais jeune, je disais à tout le monde que je gérais et que je n'étais pas concerné par les problèmes que les autres ressentaient. Aujourd'hui ce n'est plus pareil. Ma vie est un enchaînement d'échecs familiaux et professionnels. Faites ce que vous voulez après tout. Si vous voulez voir votre vie gâchée, allez-y, roulez-vous des joints ! »

Sam.

DOC 1 Le témoignage d'un consommateur de cannabis.

« Le cannabis perturbe diverses étapes de l'apprentissage.

Il est d'abord à l'origine d'une perte de motivation, avec une perte d'intérêt, de curiosité, d'attention ; le consommateur est accaparé par ses rêveries.

• Dès lors, l'individu non captivé ne capte pas, ou du moins capte peu.

• L'effet du cannabis est évidemment incompatible avec un processus éducatif : « pétard du matin, poil dans la main ; pétard du soir, trou de mémoire ».

Il provoque en effet des perturbations de la mémoire. Le cannabis ne fait pas oublier ce que l'on a déjà appris mais il empêche d'apprendre. »

D'après Pr. J. Costentin, CNRS / Faculté de Rouen.

DOC 2 Le cannabis et l'apprentissage ne font pas bon ménage.

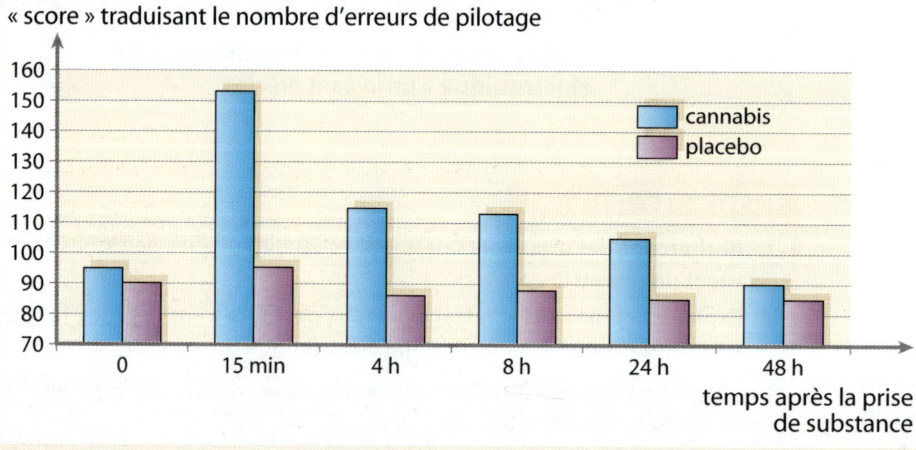

DOC 3 Un test en simulateur de vol : performances de deux groupes de pilotes, l'un ayant consommé du cannabis et l'autre un **placebo**.

B Les effets des drogues sur la communication entre les neurones

Les effets de l'ecstasy

Après la prise d'ecstasy le consommateur est euphorique et bavard, il nage dans un « bain de bonheur » pendant une durée de 2 à 4 heures selon la dose consommée et la sensibilité du sujet à cette drogue. L'effet vient de l'action de la drogue au niveau de certains neurones. L'ecstasy empêche la disparition du messager chimique libéré au niveau de certaines synapses. Le messager chimique reste ainsi présent en grande quantité dans l'espace entre les neurones : de nombreux messages sont alors transmis et entraînent une sensation de plaisir.
Mais 4 heures après environ survient une période d'abattement profond qui peut même se prolonger et se transformer en dépression. En effet, l'ecstasy empêche alors durablement la fabrication de messager chimique. Les messages nerveux à l'origine du bien-être ne sont donc plus transmis.

DOC 4 Les effets de l'ecstasy varient dans le temps.

POUR EN SAVOIR PLUS
www.bordas-svtcollege.fr/liens4e

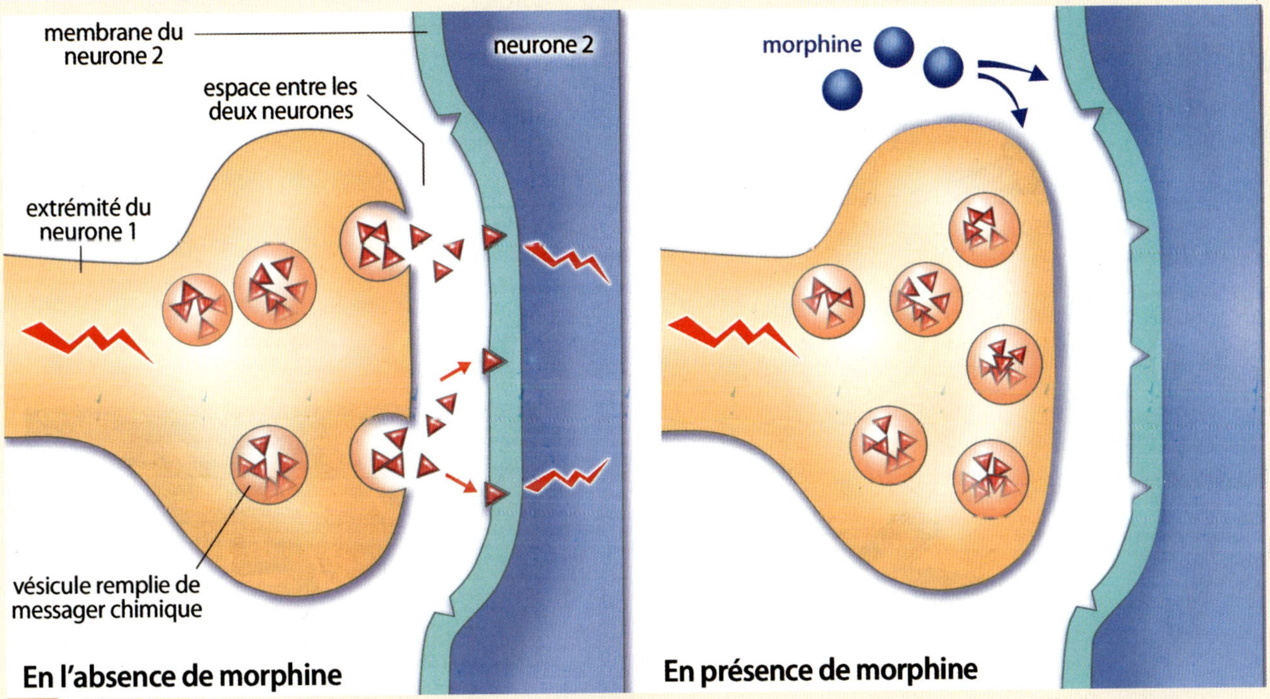

DOC 5 La morphine est une drogue extraite du pavot. Elle agit sur certains neurones dont elle modifie l'activité. Elle est utilisée en médecine pour supprimer ou atténuer la douleur des patients.

Lexique

→ **Placebo :** préparation médicale ne contenant aucune substance active et donnée à la place d'une drogue ou d'un médicament lors d'une expérience, sans que le patient soit prévenu.

Pistes de travail

1. Proposez une explication aux difficultés citées par le fumeur de cannabis (DOC 1 et 2).
2. Montrez que la prise de cannabis altère les performances de pilotage de façon durable (DOC 3).
3. Comparez les effets de l'ecstasy sur le fonctionnement synaptique à ceux de la morphine (DOC 4 et 5).

Pour conclure, expliquez en quelques lignes pourquoi les consommateurs de drogues présentent souvent des modifications de leur comportement.

Compétences • 1 et 2 : S'informer, raisonner • 3 : Raisonner.

Activité 4

L'oreille : un récepteur sensoriel à préserver

ÉDUCATION À LA SANTÉ

Le fonctionnement des récepteurs sensoriels peut être gravement altéré par certaines agressions de l'environnement. C'est par exemple le cas de l'oreille.

• ***Comment notre audition peut-elle être définitivement altérée ?***

A Des cellules sensibles aux sons

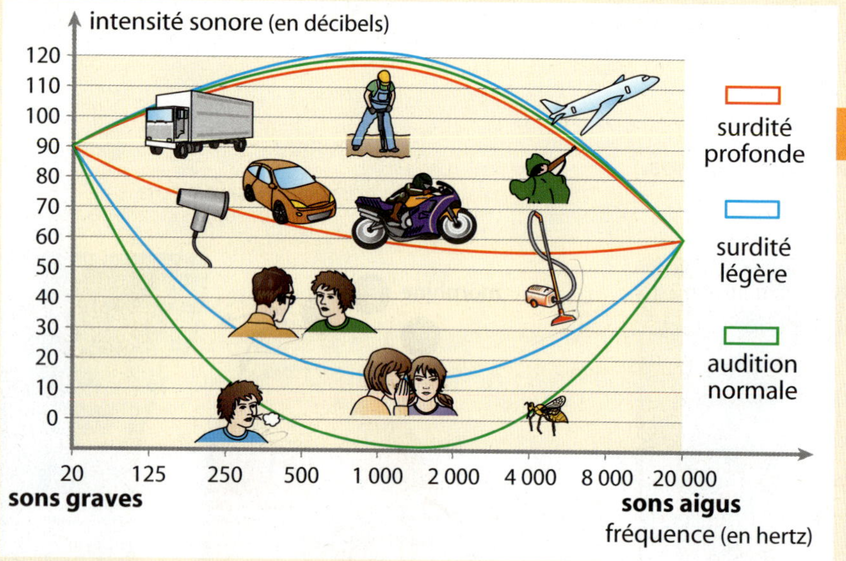

DOC 1 **L'oreille humaine** permet de percevoir des sons de très faible intensité (quelques **décibels**) pour une grande variété de **fréquences** allant des sons très graves (20 Hz) à très aigus (20 000 Hz).

POUR EN SAVOIR PLUS
www.bordas-svtcollege.fr/liens4e

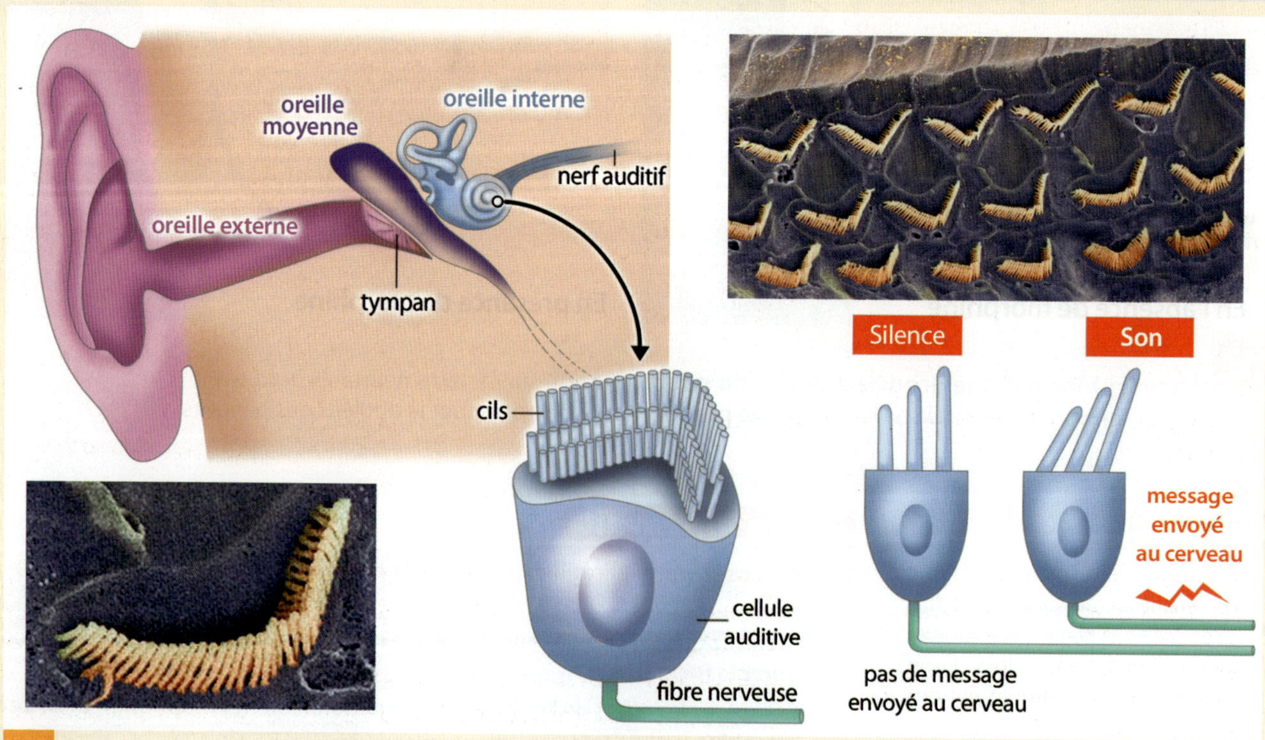

DOC 2 **Dans notre oreille interne, quatre rangées de cellules auditives munies de petits cils (vue de dessus).** Les vibrations sonores provoquent un mouvement des cils : c'est ce mouvement qui donne naissance au message nerveux auditif émis par l'oreille.

B Les effets des sons de trop forte intensité

Des cochons d'Inde ont été exposés à des sons d'intensité sonore très élevée pendant 15 minutes. On a ensuite recherché l'effet de ce traumatisme sur leurs cellules auditives et sur leur perception des sons. L'**image b** montre l'aspect des cellules auditives un mois après l'expérience (observation au microscope électronique).

× 10 000

a

Témoin non exposé

Exposition à 120 db

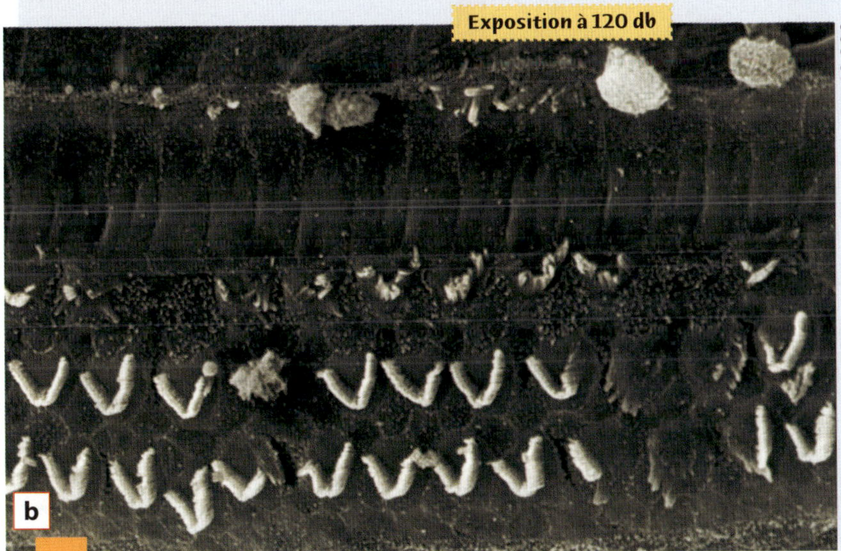
× 10 000

b

DOC 3 Aspect de l'oreille interne après un traumatisme sonore.

En France, depuis 1996, la loi limite à 100 db le volume sonore maximum des lecteurs de musique. De plus, les baladeurs doivent porter la mention : « *À pleine puissance, l'écoute prolongée du baladeur peut endommager l'oreille de l'utilisateur* ». Par ailleurs, l'Organisation Mondiale de la Santé (O.M.S.) recommande un niveau maximal de puissance acoustique de 90 db.

DOC 4 La puissance sonore des baladeurs est réglementée.

Lexique

→ **Décibel (db) :** unité de mesure de l'intensité sonore. Quand le son est deux fois plus fort, le nombre de décibels augmente de 3. Exemple : 23 db est 2 fois plus fort que 20 db.

→ **Fréquence :** mesurée en hertz, elle indique la hauteur d'un son (grave ou aigu).

Pistes de travail

1. **Comparez les sons et les bruits entendus par un individu sain avec ceux de personnes atteintes de surdité légère ou profonde (DOC 1).**
2. **Expliquez le rôle des cellules auditives (DOC 2 et 3).**
3. **Quels sont les effets produits par des bruits de très forte intensité ? Cette altération risque-t-elle d'être durable (DOC 3 et 4) ?**

Pour conclure, justifiez précisément la réglementation limitant le volume sonore des lecteurs de musique.

Compétences • 1, 2 et 3 : S'informer, raisonner.

Activité 5

ÉDUCATION À LA SANTÉ

Alcool, drogues, médicaments et conduite d'un véhicule

De nombreux accidents de la route pourraient être évités en prenant conscience des conséquences de certains comportements qui diminuent les performances du système nerveux.

• ***Quelles précautions doit-on prendre pour rester maître de sa conduite ?***

A De multiples facteurs de risque

DOC 1 Des risques d'accidents multipliés sous l'effet de certaines substances.

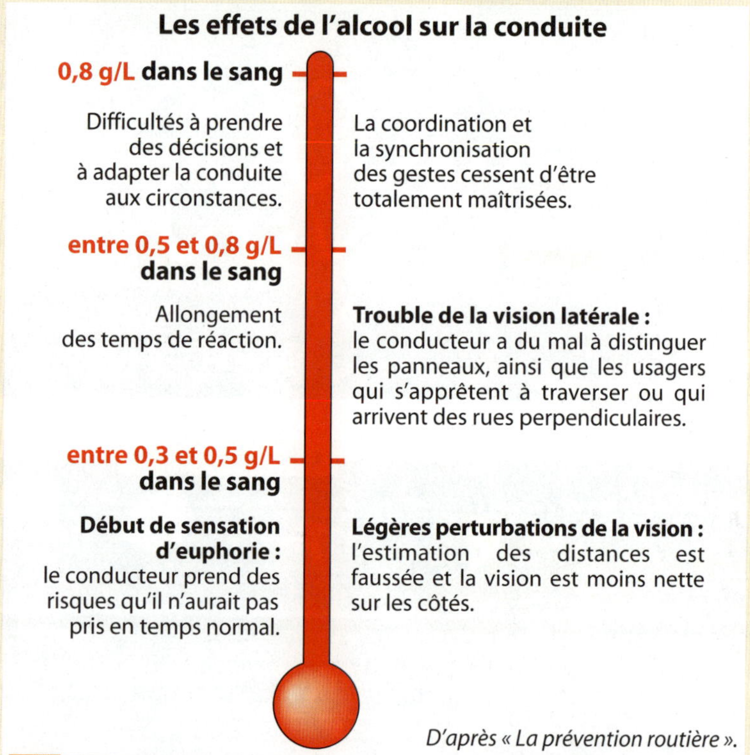

DOC 2 Les effets de l'alcool sur le comportement du conducteur.

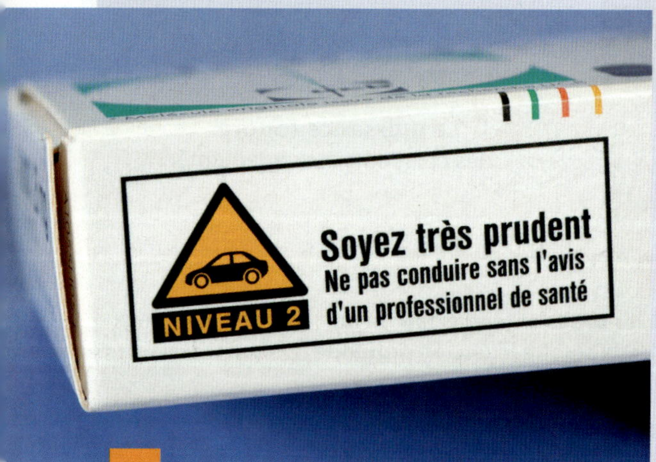

DOC 3 La notice de certains médicaments met en garde contre des effets secondaires.

DOC 4 La fatigue nerveuse entraîne une baisse de la vigilance et de la sensibilité des organes sensoriels. Elle est souvent attribuée à une diminution de l'apport en dioxygène et en glucose, nécessaires à l'activité des centres nerveux.

B Des capacités de réaction diminuées

Le **temps de réaction** est d'environ une seconde pour une situation simple. En revanche, dans une situation de conduite normale, compte tenu du grand nombre d'informations perçues, ce temps de réaction peut être beaucoup plus long.

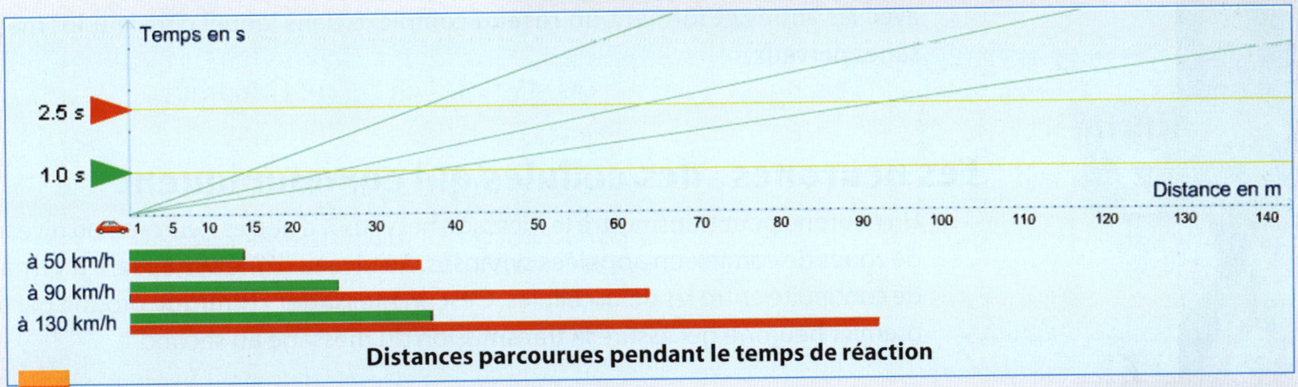

DOC 5 **Le temps de réaction est le temps mis pour actionner les freins après qu'un obstacle s'est présenté.** Pendant ce temps, le véhicule parcourt une certaine distance, et continuera aussi à avancer pendant le freinage, jusqu'au moment de l'arrêt total.

Activités pratiques

MODULO route – Le labo interactif de la Prévention Routière

À l'aide du logiciel « ModuloRoute », proposé par la Prévention Routière, on peut déterminer les conséquences précises d'une augmentation du temps de réaction à une stimulation. On peut également comprendre les effets de la consommation du cannabis ou de l'alcool sur la conduite.

POUR EN SAVOIR PLUS
www.bordas-svtcollege.fr/liens4e

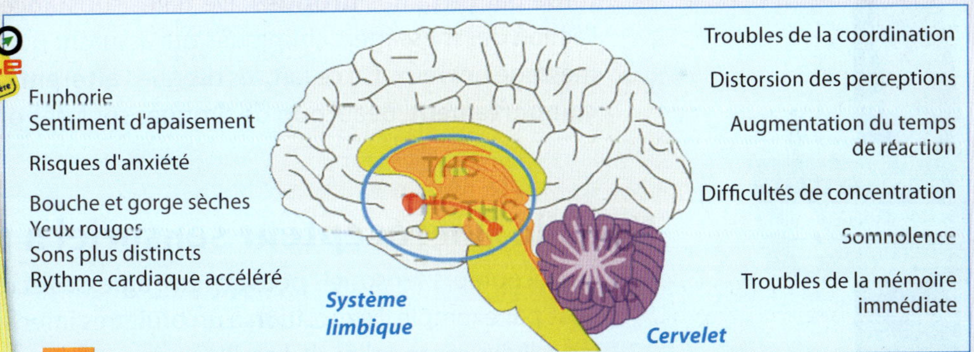

DOC 6 **Les effets du cannabis sur le fonctionnement cérébral** permettent de comprendre pourquoi il est très dangereux de conduire sous l'emprise de cette drogue.

Lexique

→ **Temps de réaction :** dans le cas de la conduite automobile, c'est le temps mis pour actionner les freins après l'apparition d'un obstacle dans le champ visuel. Il est augmenté par la consommation de certaines substances (par exemple, il est augmenté de 50 % pour un taux d'alcool dans le sang de 0,5 g/L).

Pistes de travail

1. **Montrez que certains comportements peuvent être responsables d'accidents (DOC 1 à 4).**
2. **Quelle est la conséquence d'une augmentation du temps de réaction ? À l'aide de vos connaissances, proposez une explication à l'augmentation de ce temps de réaction (DOC 5).**
3. **Quels effets du cannabis peuvent avoir une influence sur la conduite d'un véhicule (DOC 6) ?**

Pour conclure, exposez les comportements à adopter pour une conduite en toute sécurité.

Compétences • 1 : S'informer • 2 et 3 : S'informer, raisonner.

Le bilan des activités

P. 188-189 Activité 1

Le cerveau, un réseau de cellules nerveuses

Un centre nerveux, comme le cerveau, comporte des milliards de cellules nerveuses appelées **neurones**. Un neurone est une cellule constituée d'un **corps cellulaire** (comportant le noyau) muni de plusieurs **prolongements cytoplasmiques** très fins, pouvant être très longs. Ces neurones sont en relation les uns avec les autres et forment un **réseau** complexe dans lequel circulent les messages nerveux.

P. 190-191 Activité 2

Les neurones : des cellules qui communiquent

Un neurone peut transmettre le message nerveux à d'autres neurones au niveau de zones de connexion appelées synapses. Au niveau d'une **synapse**, il n'y a pas de continuité entre les deux cellules. C'est un **messager chimique** produit par le premier neurone qui assure la transmission du message au second.

P. 192-193 Activité 3

Drogues et perturbation du fonctionnement nerveux

Le fonctionnement des synapses, notamment celles du cerveau, peut être perturbé par certaines **drogues**. De telles substances peuvent en effet modifier l'action des messagers chimiques qui assurent normalement la transmission du message nerveux. De ce fait, les drogues **altèrent la sensibilité** et **modifient le comportement**. Beaucoup de drogues sont des produits **toxiques**.

P. 194-195 Activité 4

L'oreille : un récepteur sensoriel à préserver

Les récepteurs sensoriels peuvent être agressés et irrémédiablement endommagés : par exemple, l'exposition à un bruit très intense peut altérer définitivement les cellules sensorielles de l'oreille.

P. 196-197 Activité 5

Alcool, drogues, médicaments et conduite d'un véhicule

La **fatigue**, la **consommation d'alcool**, de **certains médicaments** ou de **drogues** sont particulièrement dangereuses dans le cas de la conduite d'un véhicule et sont impliquées dans de nombreux accidents. Il importe de veiller à préserver le bon fonctionnement de son système nerveux.

Les mots-clés

- Cerveau
- Neurone
- Réseau
- Synapse
- Messager chimique
- Drogues

L'essentiel

Ce qu'il faut savoir

- Perception de l'environnement et commande des mouvements nécessitent la circulation de messages nerveux au sein d'un réseau de neurones. Chaque neurone transmet des messages nerveux à d'autres neurones par l'intermédiaire de messagers chimiques au niveau des synapses.
- Le fonctionnement des synapses peut être perturbé par la fatigue, par la consommation ou l'abus de certaines substances.
- Les récepteurs sensoriels peuvent être gravement endommagés par des agressions de l'environnement.

Le schéma-bilan

Le système nerveux : des cellules qui communiquent

• Un réseau de neurones

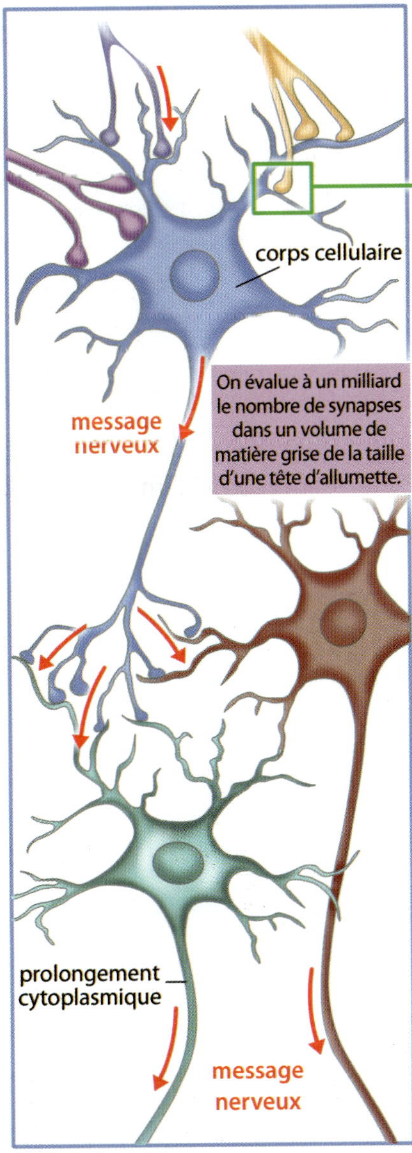

• Un passage par l'intermédiaire d'un messager chimique

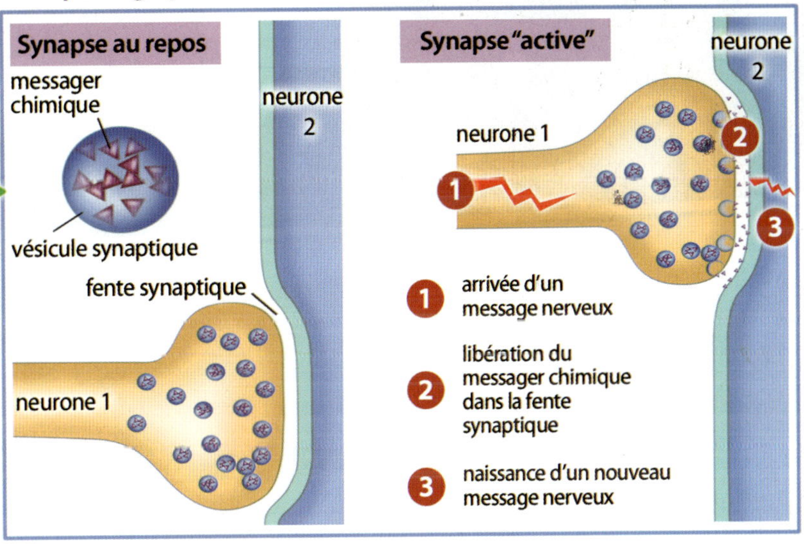

Le fonctionnement peut être perturbé...

... par des agressions de l'environnement

Les bruits intenses rendent sourd sans que l'on s'en aperçoive.

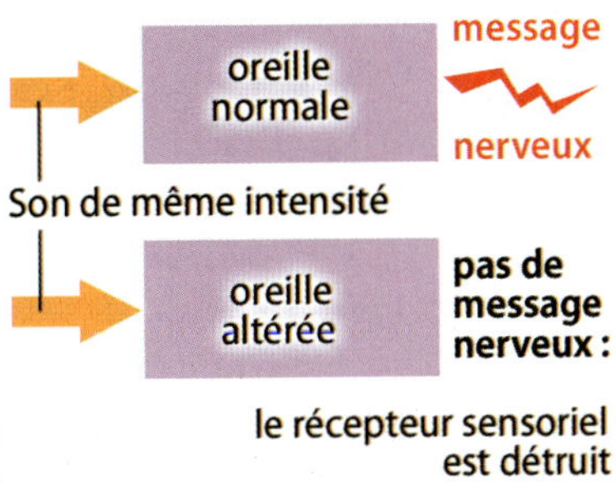

... par la consommation de drogues, de médicaments, d'alcool...

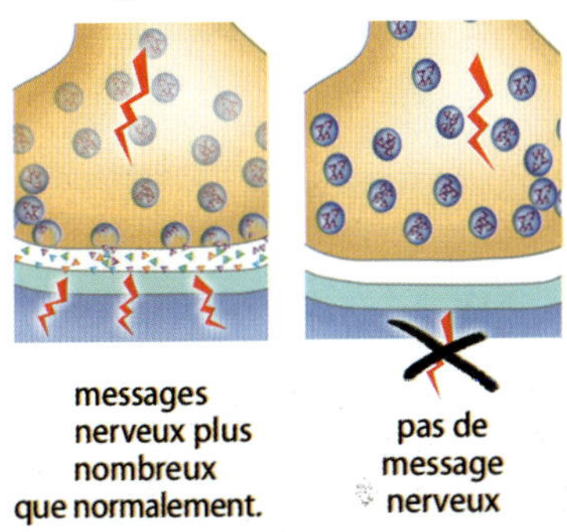

ÉDUCATION À LA SANTÉ

Le sommeil, indispensable à la vie

Dormir est indispensable à la vie, au même titre que boire ou manger. Quand tu auras 90 ans, tu auras dormi pendant 30 ans et rêvé pendant 6 ans !

C'est quoi une nuit de sommeil ?

Les scientifiques réalisent des enregistrements du fonctionnement du cerveau qui montrent que l'on ne dort pas de la même façon tout au long de la nuit. Dans le « train du sommeil », les wagons se suivent mais ne se ressemblent pas. Un train correspond à un cycle de sommeil. Au cours de la nuit, 4 à 5 trains se succèdent.

Que veut dire « paradoxal » ?

Au cours d'une nuit de sommeil on distingue nettement :
- les périodes de « sommeil profond » pendant lesquelles le cerveau fonctionne au ralenti ;
- les périodes de « sommeil paradoxal » pendant lesquelles l'activité du cerveau est presque la même que pendant l'éveil. C'est là le paradoxe : le cerveau est très actif alors que le sujet est endormi. C'est la période où l'on rêve.

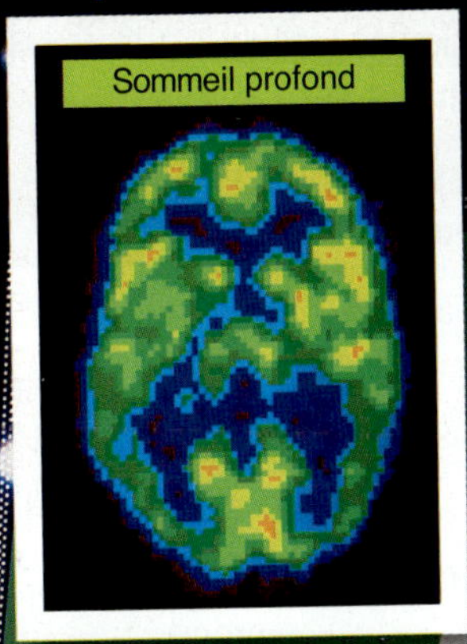

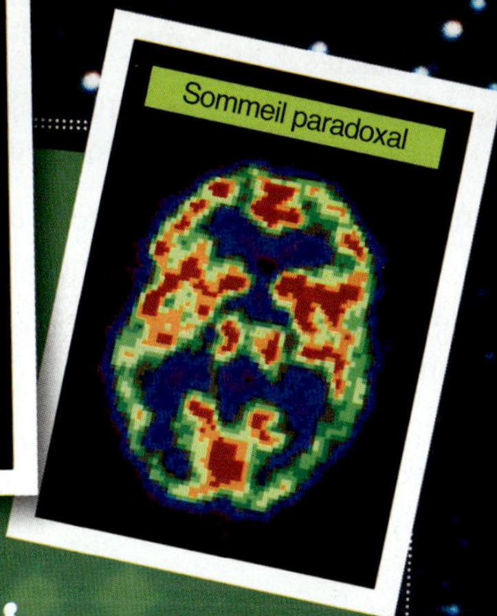

Des images exceptionnelles

Il est possible d'obtenir des images de l'activité cérébrale : les zones très actives, qui reçoivent le débit sanguin le plus important, apparaissent en rouge ou en orangé. Les zones les moins actives sont en bleu.

Est-ce que je dors suffisamment ?

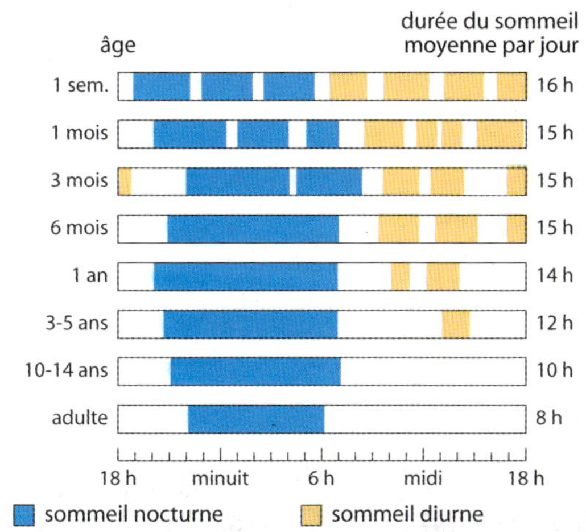

Qu'est-ce qui peut m'empêcher de dormir ?

Avant d'aller au lit, il faut éviter :

- les boissons au coca, le café, le thé... ,
- les jeux électroniques,
- un repas trop tardif ou trop copieux ,
- trop de sucreries,
- les films d'horreur ou violents à la télévision.

Pour bien dormir...

Il faut apprendre à bien s'écouter et ne pas chercher à lutter contre la fatigue, préférer se coucher à heure fixe dans les meilleures conditions possibles : une chambre pas trop chauffée, un matelas plutôt dur, du calme, peu ou pas de lumière...

Exercices

Je teste mes connaissances

EXERCICE 1 Découvrez le mot caché.

Recopiez et complétez la grille à l'aide des définitions suivantes.

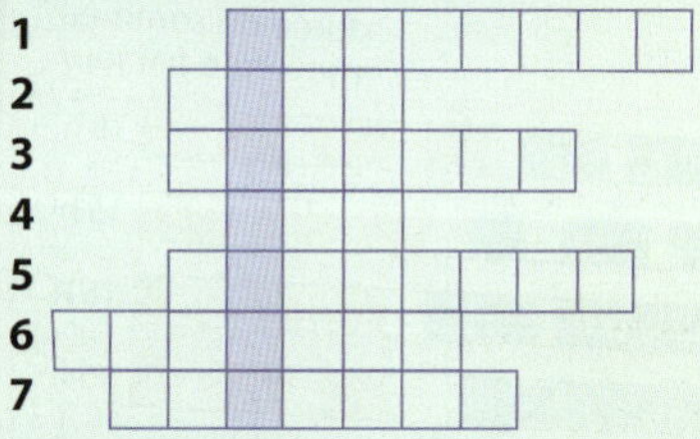

1. Drogue perturbant le fonctionnement du système nerveux.

2. Il permet la circulation des messages nerveux.

3. Organe sensoriel pouvant être altéré par une exposition à des sons d'intensité élevée.

4. Un des cinq sens.

5. Substance chimique permettant la transmission du message entre deux cellules nerveuses.

6. Zone de communication entre deux cellules nerveuses.

7. Cellule nerveuse spécialisée.

Découvrez le mot caché et donnez-en une définition.

EXERCICE 2 Vrai ou Faux ?

Certaines affirmations sont exactes. Recopiez-les et corrigez les phrases inexactes.

a. Tous les neurones sont situés dans le cerveau.

b. La communication entre deux neurones se fait grâce à un messager chimique.

c. Pour permettre la transmission du message nerveux au niveau d'une synapse, les deux neurones se touchent.

d. Le cannabis accroît les performances et la concentration.

e. Au volant, l'alcool provoque une diminution du temps de réaction.

EXERCICE 3 Faites une phrase courte pour retrouver une notion importante.

a. Cerveau, neurones, élaborer, message nerveux.

b. Communication, neurones, synapse, messager chimique.

c. Drogue, synapse, perturber, message nerveux.

d. Alcool, accidents, médicaments, provoquer.

EXERCICE 4 Questions à réponse courte

a. Qu'est-ce qu'un neurone ?

b. Comment le message nerveux circule t-il entre deux neurones ?

c. Pourquoi les drogues perturbent-elles le fonctionnement du système nerveux ?

d. Quels comportement sont responsables d'une augmentation du temps de réaction en voiture ?

e. Quel est le rôle d'un récepteur sensoriel ?

J'utilise mes connaissances

EXERCICE 5 Identifier une cellule

COMMUNIQUER **Réaliser un croquis légendé.**

La microphotographie ci-contre montre des cellules de la moelle épinière.

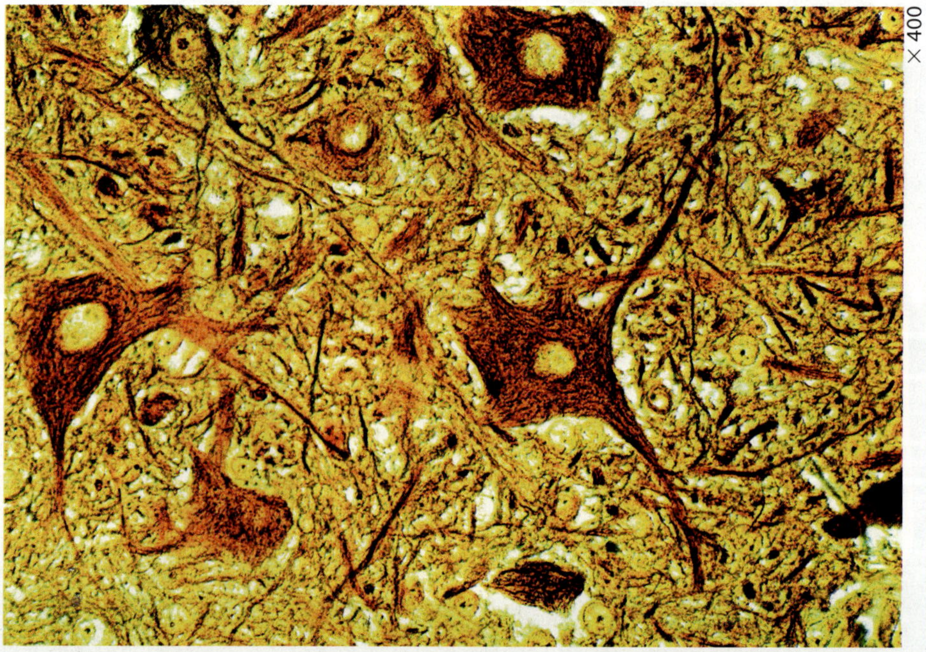

1. Faites un croquis de l'une de ces cellules puis placez-y un titre et des légendes.

2. À quoi correspondent les filaments visibles sur la photographie ? Quel est leur rôle ?

3. À l'aide de l'échelle, calculez la taille approximative du corps cellulaire de l'une de ces cellules.

EXERCICE **6**

Les conséquences de la consommation de cannabis

Ra RAISONNER Mettre en relation des informations.

« Moi, je fumais régulièrement avec ma meilleure amie. Nous fumions avant les cours, après manger le midi, puis le soir après les cours. Mes autres amis me disaient que je fumais trop, et j'en ai d'ailleurs perdu quelques-uns à cause de mon comportement. J'ai failli perdre mon copain aussi. Il en avait assez de voir notre argent partir en fumée ! Maintenant j'ai arrêté, je me sens bien ! Pas besoin de fumer ! Ma meilleure amie n'a pas réussi à arrêter. Elle fume toujours, et seule parfois. Nous avons perdu le dialogue étant donné que je ne suis plus dans le même état qu'elle. Elle me fait peur ! Mais que faire pour elle ? Elle ne veut pas arrêter ! »

Loly (20 ans)

Les problèmes des consommateurs fréquents de cannabis
(sondage réalisé en 2004)

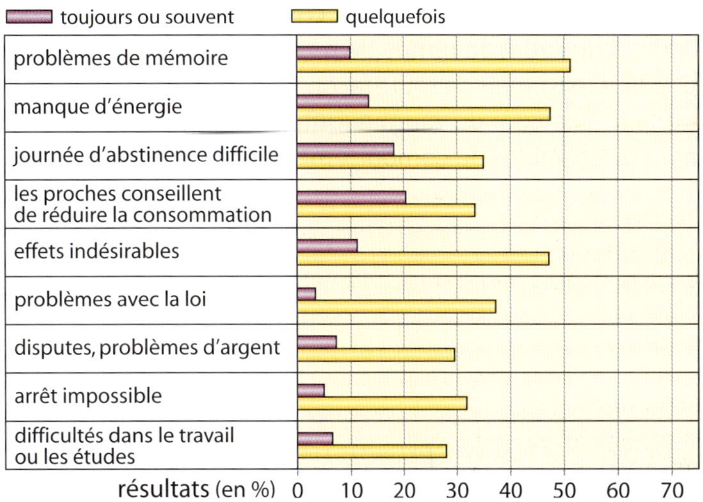

1. **De quels problèmes évoqués dans le sondage ci-dessus, la consommatrice de cannabis parle-t-elle dans son témoignage ?**

2. **À l'aide des documents ci-dessus montrez que les effets du cannabis sont variables d'un consommateur à l'autre mais que le système nerveux est toujours perturbé.**

EXERCICE **7**

Les effets de l'alcool et du cannabis

Ra RAISONNER Mettre en relation des informations.

Au laboratoire, les chercheurs peuvent visualiser les effets de certaines substances sur les capacités motrices de souris par l'expérience de « la barre en rotation ». Ils placent une souris sur une barre qui tourne et mesurent le temps au bout duquel l'animal chute.

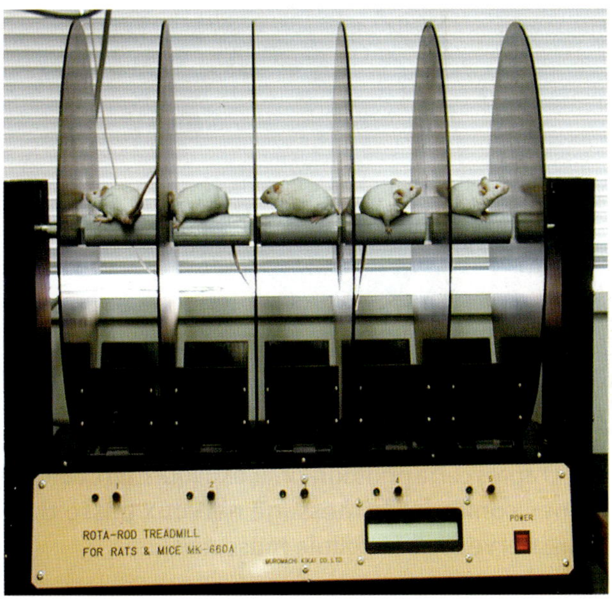

Le **graphique** montre le résultat de ce test chez des souris auxquelles on a injecté de l'alcool et du cannabis.

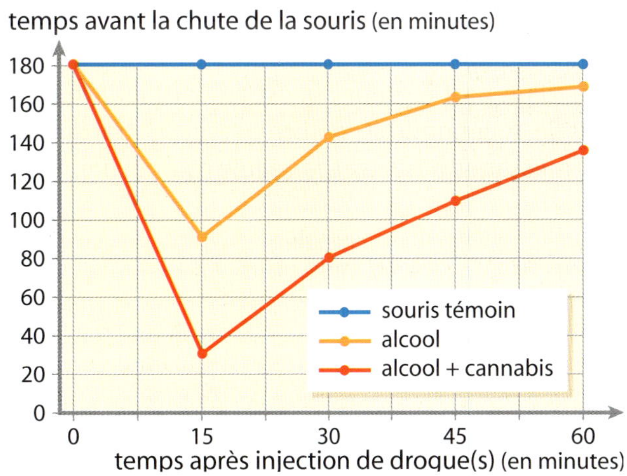

1. **Comparez les « performances » des différentes souris.**

2. **Une campagne récente de la Prévention Routière indique « Sur la route, cannabis + alcool c'est 15 fois plus de risque d'accident mortel ». Cette affirmation vous paraît-elle justifiée ? Expliquez pourquoi.**

Exercices

EXERCICE 8 Les effets de l'alcool

S'INFORMER **Tirer des informations d'un texte et d'un tableau.**

Chez un sujet à jeun, l'alcool passe dans le sang en moins de 30 minutes. S'il est consommé au cours d'un repas, le temps de passage est un peu plus long, mais de toute façon, l'alcoolémie (teneur en alcool du sang) augmente, entraînant des troubles du comportement.

Alcoolémie (en g/L)	Effets sur le comportement
0,25	• Légère euphorie, excitation verbale
0,25 à 0,6	• Allongement du temps de réaction
0,6 à 1,5	• Mauvaise coordination de la marche, vision trouble, altération du jugement
1,5 à 3	• Parole incohérente, la confusion mentale s'installe
3 et plus	• Coma, pouvant entraîner la mort au-delà de 5 g/L

1. Qu'est-ce que l'alcoolémie et en quelle unité la mesure-t-on ?

2. En France, la limite légale interdisant la conduite est fixée à 0,5 g/L. Pourquoi cette mesure est-elle justifiée ?

3. L'alcool agit sur les centres nerveux. Quelles informations du tableau vous le montrent ?

EXERCICE 9 La communication dans les centres nerveux

COMMUNIQUER **Réaliser des schémas.**

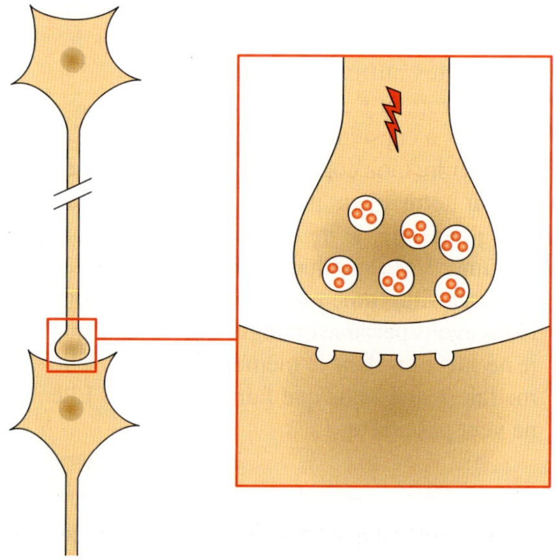

1. Reproduisez le schéma encadré, légendez-le et donnez-lui un titre.

2. Sur ce modèle, construisez deux autres schémas qui montrent les deux étapes suivantes de la communication entre deux neurones.

EXERCICE 10 La transmission du message nerveux au muscle

RAISONNER **Utiliser ses connaissances.**

La photographie ci-contre montre l'extrémité d'une fibre d'un nerf moteur qui est en contact avec le muscle. À cet endroit, la fibre nerveuse transmet des messages nerveux à la cellule musculaire.

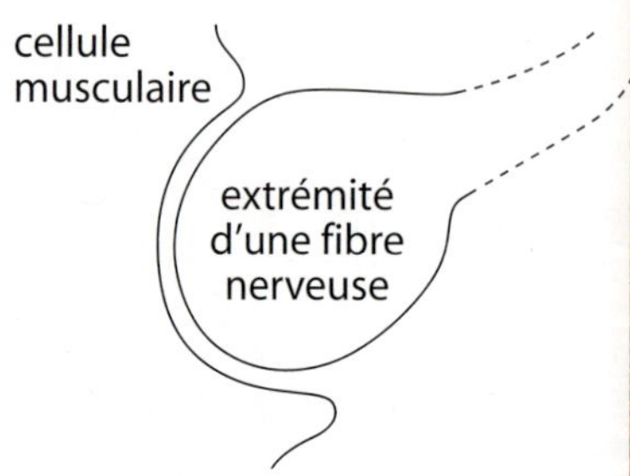

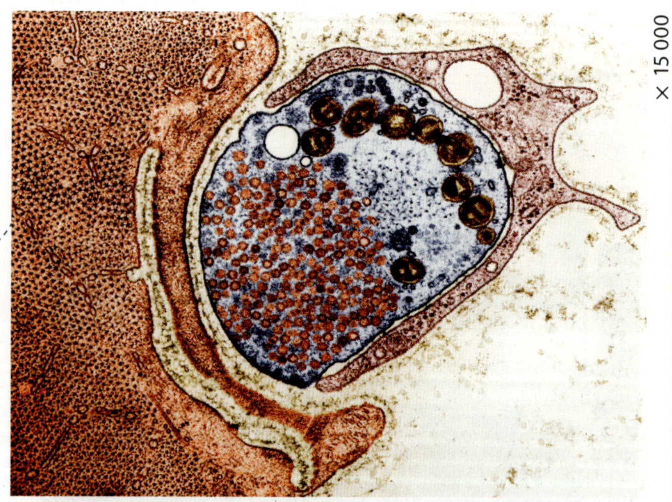

1. Quel type de message nerveux est véhiculé par cette fibre nerveuse ? Justifiez.

2. Quelle structure vue dans ce chapitre reconnaissez-vous ? Que représentent les petites sphères rouges ?

3. D'après cette photographie, expliquez en quelques lignes comment le message nerveux passe de la fibre nerveuse à la cellule musculaire.

Un examen cérébral par IRM.

Chapitre 3

Une communication assurée par des hormones

Les médecins savent qu'un problème de déclenchement de la puberté peut avoir une origine cérébrale. Pourtant ce ne sont pas des messages nerveux qui induisent les transformations de la puberté, mais des messages hormonaux véhiculés par le sang.

• Qu'est-ce qu'une hormone ? Comment ces hormones permettent-elles la communication entre organes ?

Activité 1 Le déclenchement de la puberté

Pendant la puberté, le corps se transforme tant sur le plan morphologique que sur celui de son fonctionnement. C'est à partir de ce moment que l'on devient apte à se reproduire.

- ***Qu'est-ce qui déclenche les transformations de la puberté ?***

A Une « mise en marche » des testicules et des ovaires

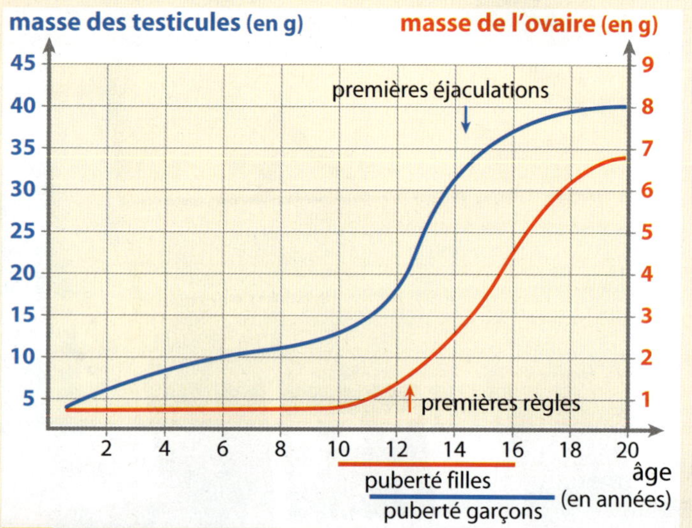

DOC 1 **La masse des ovaires et testicules** pendant les vingt premières années de la vie d'une femme et d'un homme.

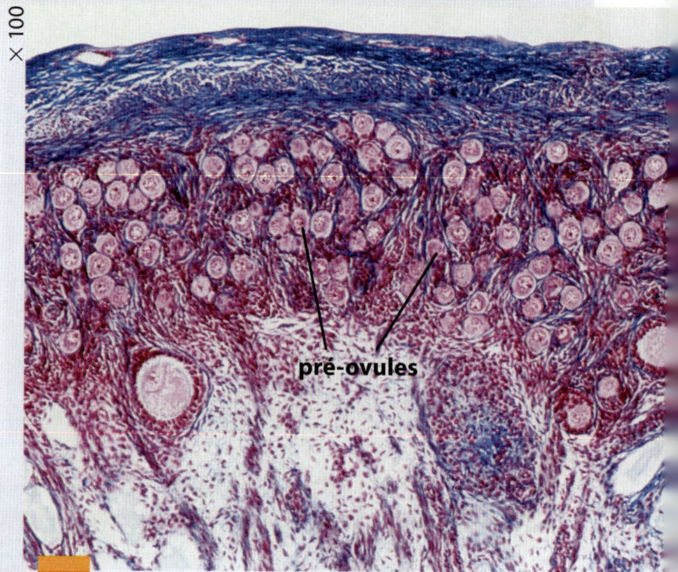

DOC 2 **Avant la puberté, l'ovaire d'une fille contient des milliers de pré-ovules,** mais aucun n'évolue pour donner un ovule fécondable.

Âge du garçon	Tubes séminifères		
	Diamètre	Longueur	Contenu
8 ans	50 à 80 µm	50 à 80 cm	–
14 ans	300 à 400 µm	80 à 100 cm	spermatozoïdes

(1 µm = 0,001 mm)

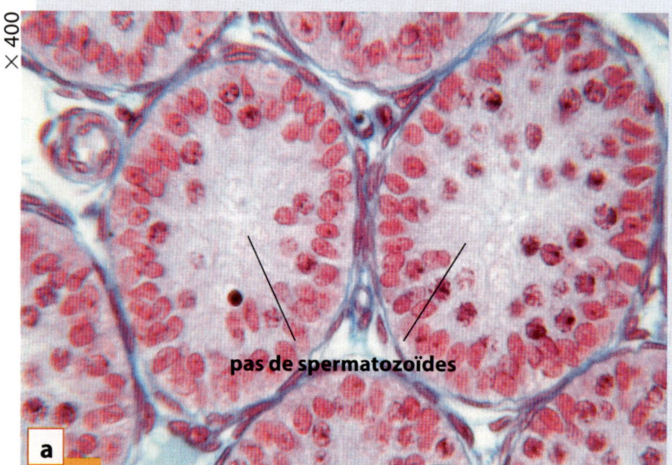

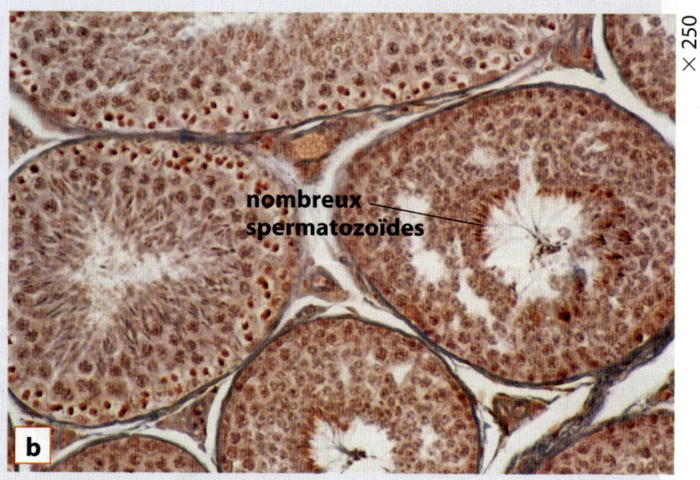

DOC 3 **Une comparaison de l'état des tubes séminifères** chez un garçon impubère (**a**) et chez un garçon pubère (**b**).

B L'origine de la « mise en marche » des organes reproducteurs

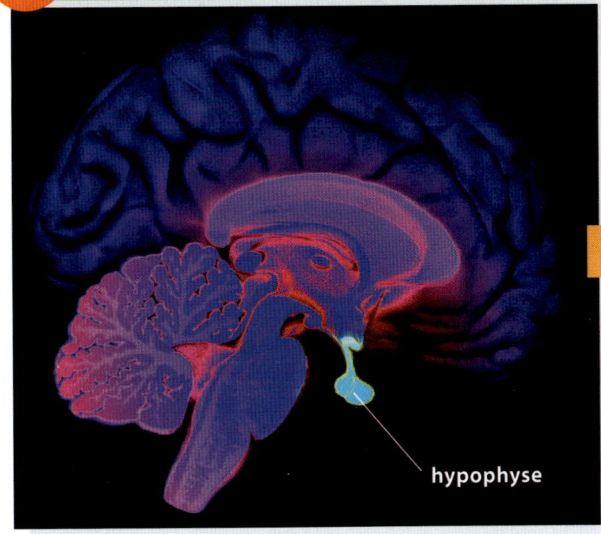

DOC 4 **L'hypophyse est un organe** de la taille d'un petit pois situé à la base du cerveau. L'hypophyse fabrique de nombreuses **hormones**. Certaines d'entre elles, appelées **gonadostimulines**, stimulent les glandes sexuelles (ovaires ou testicules).

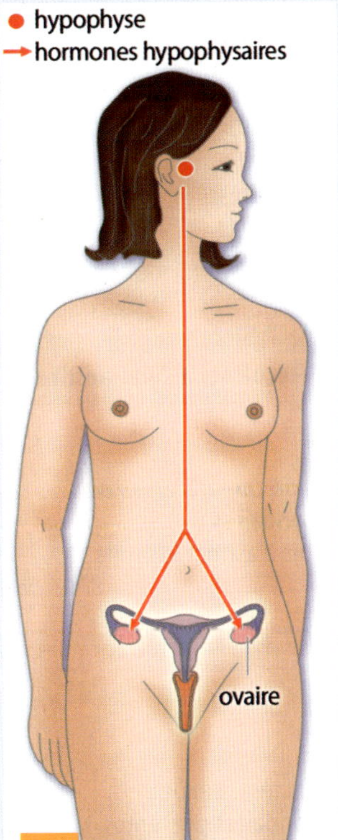

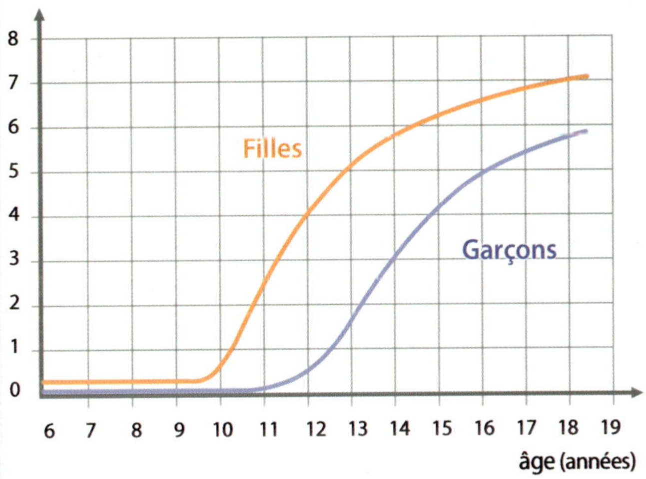

(d'après J-C. Czyba et A. Montella)

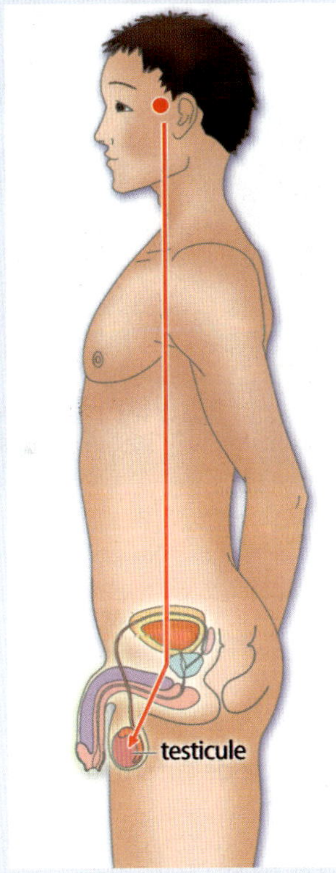

DOC 5 **L'hypophyse fabrique les mêmes gonadostimulines chez les filles et les garçons.**

Lexique

- **Tube séminifère :** long tube pelotonné localisé dans les testicules et produisant les spermatozoïdes.
- **Hormone :** substance chimique produite par un organe, véhiculée par le sang et agissant sur un autre organe.
- **Gonadostimulines :** hormones présentes dans le sang, produites par l'hypophyse et agissant sur les testicules ou les ovaires.

Pistes de travail

1. **Quelles modifications affectent les ovaires et les testicules au moment de la puberté (DOC 1 à 3) ?**
2. **Montrez que l'on peut dire que c'est le cerveau qui déclenche la puberté (DOC 4 et 5).**
3. **Comment les gonadostimulines sont-elles véhiculées du cerveau aux organes reproducteurs (DOC 5) ?**

Pour conclure, rédigez un petit texte qui explique comment les glandes sexuelles se mettent en marche à la puberté.

Compétences • 1 : S'informer • 2 : S'informer, raisonner • 3 : S'informer.

Activité 2

Hormones sexuelles et transformations pubertaires

La puberté est marquée par de nombreux changements physiques définissant ce que l'on appelle les caractères sexuels secondaires.

• ***Quels organes sont responsables de ces modifications et comment agissent-ils ?***

A La mise en évidence du rôle des ovaires et des testicules

La **castration** d'un homme était jadis pratiquée chez de jeunes chanteurs (appelés castrats) afin de conserver leur voix d'enfant. Réalisée avant la puberté, la castration ne rendait pas seulement stérile, mais perturbait le développement. L'appareil génital restait juvénile, la pilosité peu développée, et la voix restait infantile et donc très aiguë.

DOC 1 **Carlo Broschi, plus connu sous le nom de Farinelli,** fut l'un des chanteurs castrats les plus célèbres d'Europe au XVIIIe siècle.

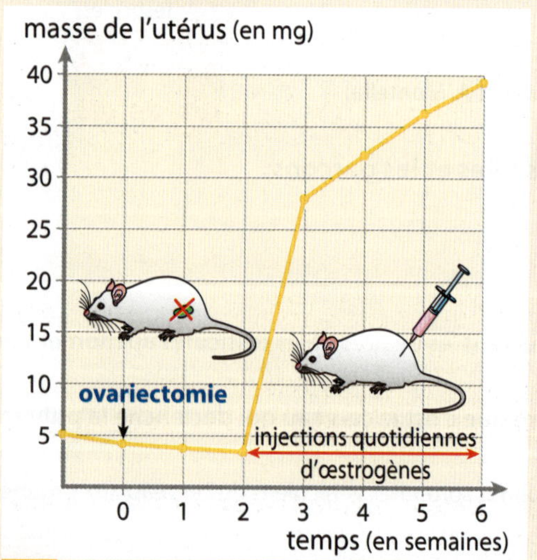

DOC 2 **Une expérience** réalisée chez des rats femelles avant la puberté.

Expériences	Résultats à l'âge adulte
Expérience 1 **castration** 	Pas de caractères sexuels secondaires ; pénis d'aspect juvénile
Expérience 2 **castration** 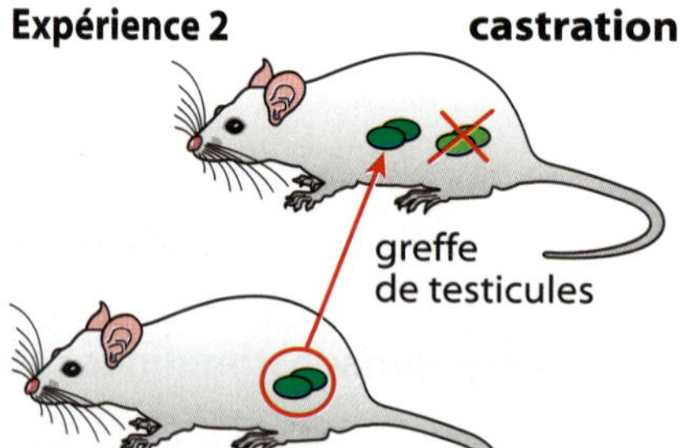	Caractères sexuels secondaires présents ; pénis d'aspect adulte
Expérience 3 **castration** 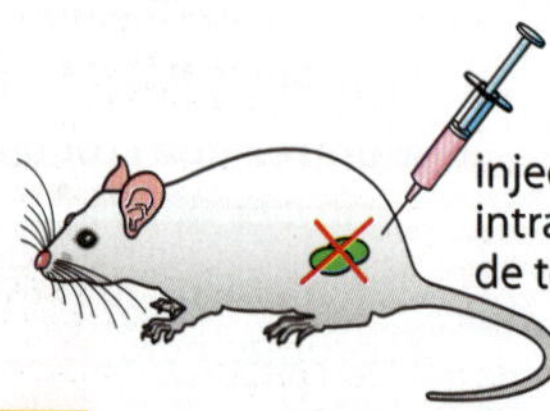	Caractères sexuels secondaires présents ; pénis d'aspect adulte

DOC 3 **Des expériences** réalisées sur de jeunes rats mâles avant la puberté.

B Quelques effets des hormones sexuelles

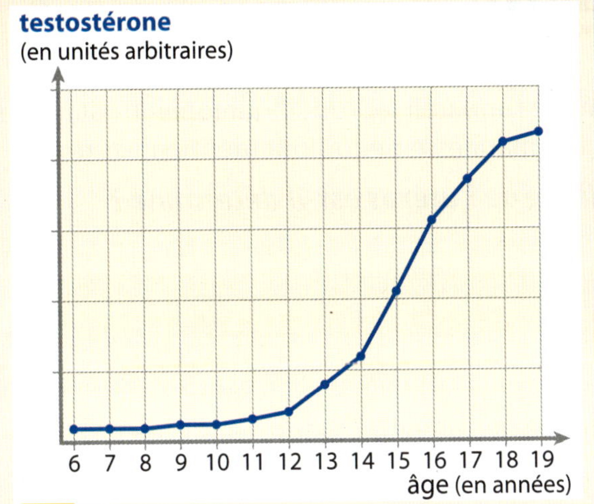

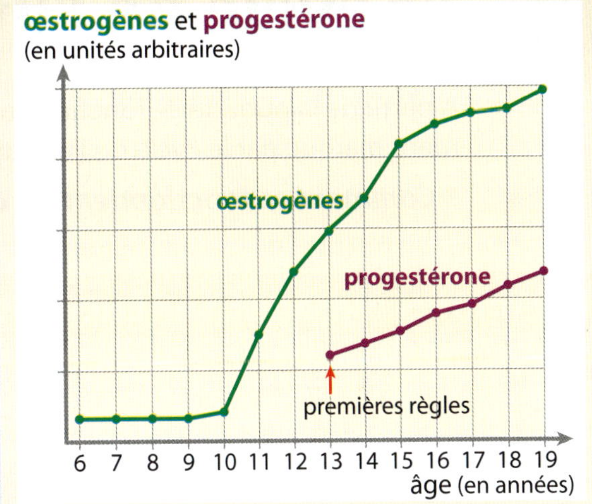

DOC 4 **Les taux sanguins d'hormones sexuelles** avant et pendant la puberté. La testostérone est produite par les testicules ; œstrogènes et progestérone sont produits par les ovaires.

DOC 5 **Un effet de la testostérone** qui se manifeste à la fin de la puberté.

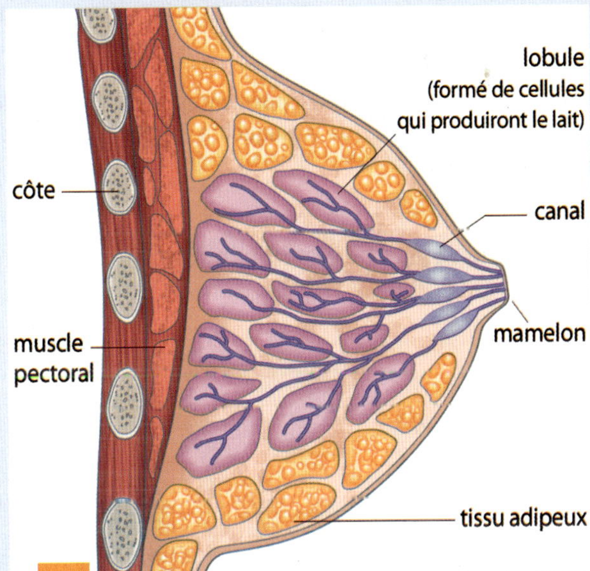

DOC 6 **La structure d'un sein, vue en coupe.**
Les canaux se développent en présence d'hormones œstrogènes, alors qu'il faut l'hormone progestérone pour le développement des lobules.

Lexique

- **Castration :** ablation des testicules.
- **Ovariectomie :** ablation des ovaires.
- **Œstrogènes et progestérone :** deux hormones sexuelles féminines produites par les ovaires.
- **Testostérone :** hormone sexuelle masculine produite par les testicules.

Pistes de travail

1. Montrez que les caractéristiques des castrats révèlent plusieurs rôles des testicules (DOC 1).
2. Tirez des conclusions de chacune des expériences des DOC 2 et 3.
3. À quoi peut-on attribuer le développement de la pilosité au moment de la puberté (DOC 4 et 5) ?
4. Montrez qu'il y a deux étapes successives dans le développement des seins, et indiquez l'âge auxquelles elles débutent (DOC 4 et 6).

Pour conclure, expliquez comment les ovaires et les testicules déterminent le développement des caractères sexuels secondaires.

Compétences • 1 : S'informer • 2 : Raisonner • 3 et 4 : S'informer, raisonner.

Activité 3 Hormones sexuelles et cycle de l'utérus

À partir de la puberté, le fonctionnement de l'appareil reproducteur féminin est notamment marqué par le cycle de l'utérus qui se manifeste périodiquement par les règles.

• ***Comment ce fonctionnement cyclique de l'utérus est-il déterminé ?***

A Des hormones agissant sur l'utérus

Expériences réalisées	 	 ovariectomie = ablation des deux ovaires	 ovariectomie puis greffe d'ovaires sous la peau	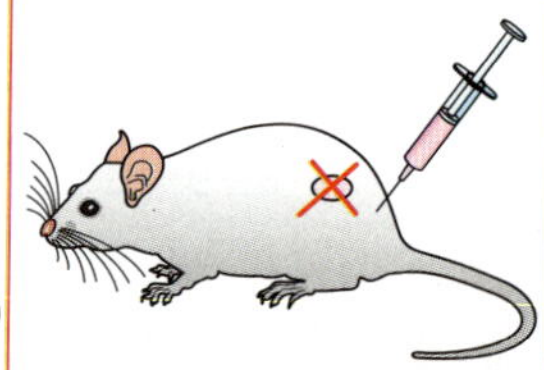 ovariectomie puis injection quotidienne d'extraits ovariens
Résultat obtenu sur l'utérus	développement cyclique de la muqueuse utérine	aucun développement de la muqueuse utérine	développement cyclique de la muqueuse utérine	développement de la muqueuse utérine mais sans variation cyclique

DOC 1 **Une démarche expérimentale** permet de mettre en évidence le rôle des ovaires et des hormones qu'ils produisent.

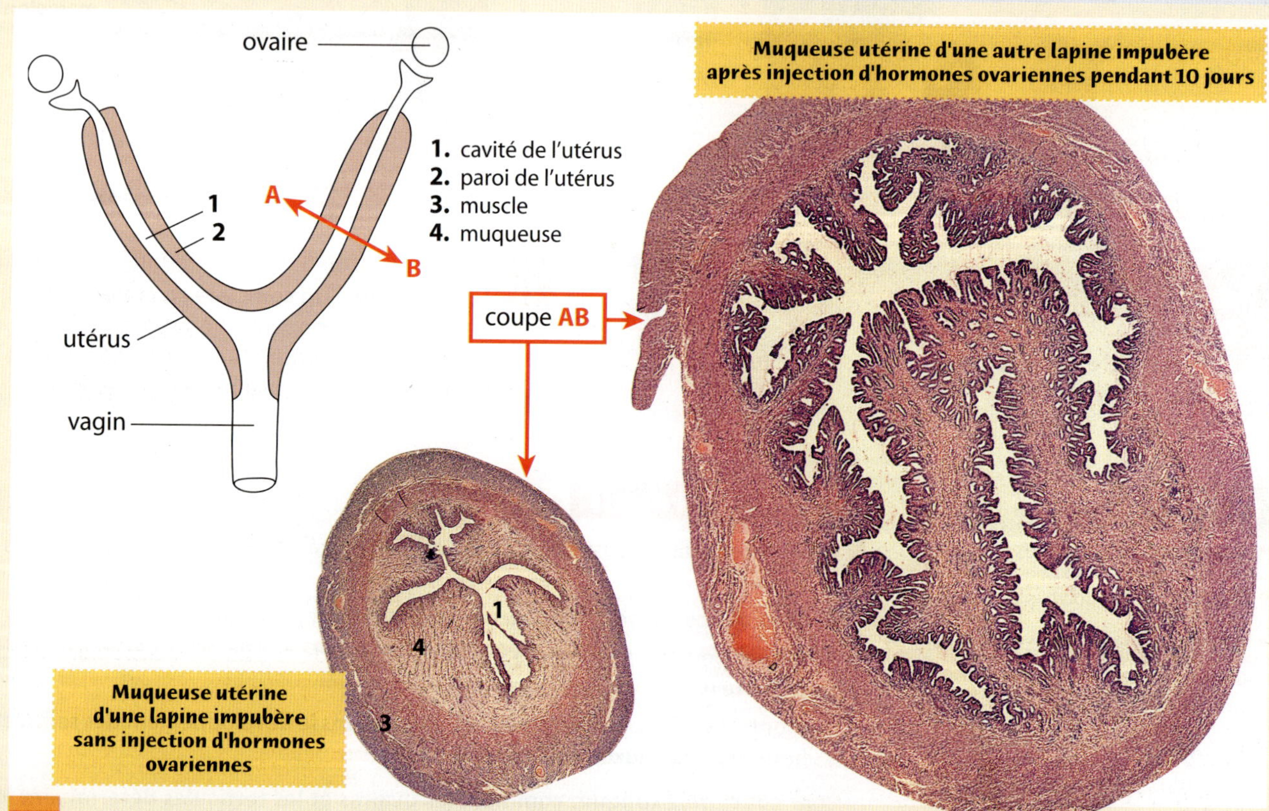

DOC 2 **L'aspect de la muqueuse utérine** avant et après l'injection d'hormones ovariennes.

B Des taux d'hormones variables au cours d'un cycle

• **Un aspect du fonctionnement cyclique de l'ovaire : le cycle des sécrétions hormonales**

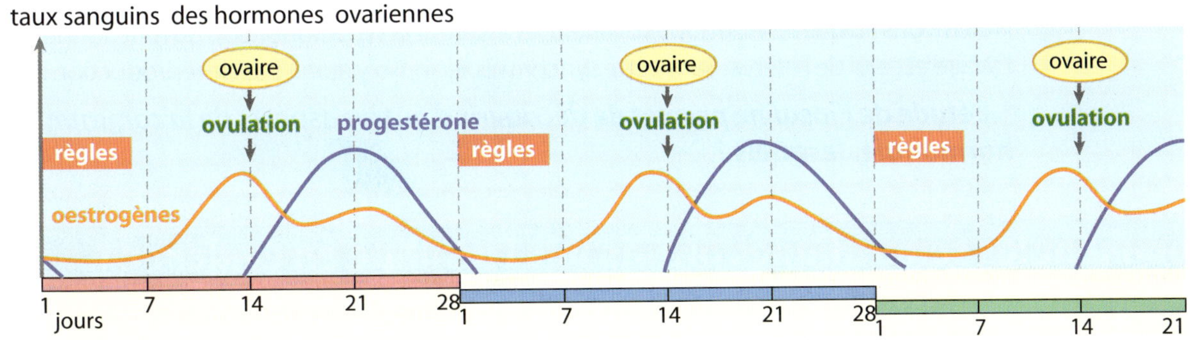

• **Les hormones ovariennes commandent le cycle de l'utérus**

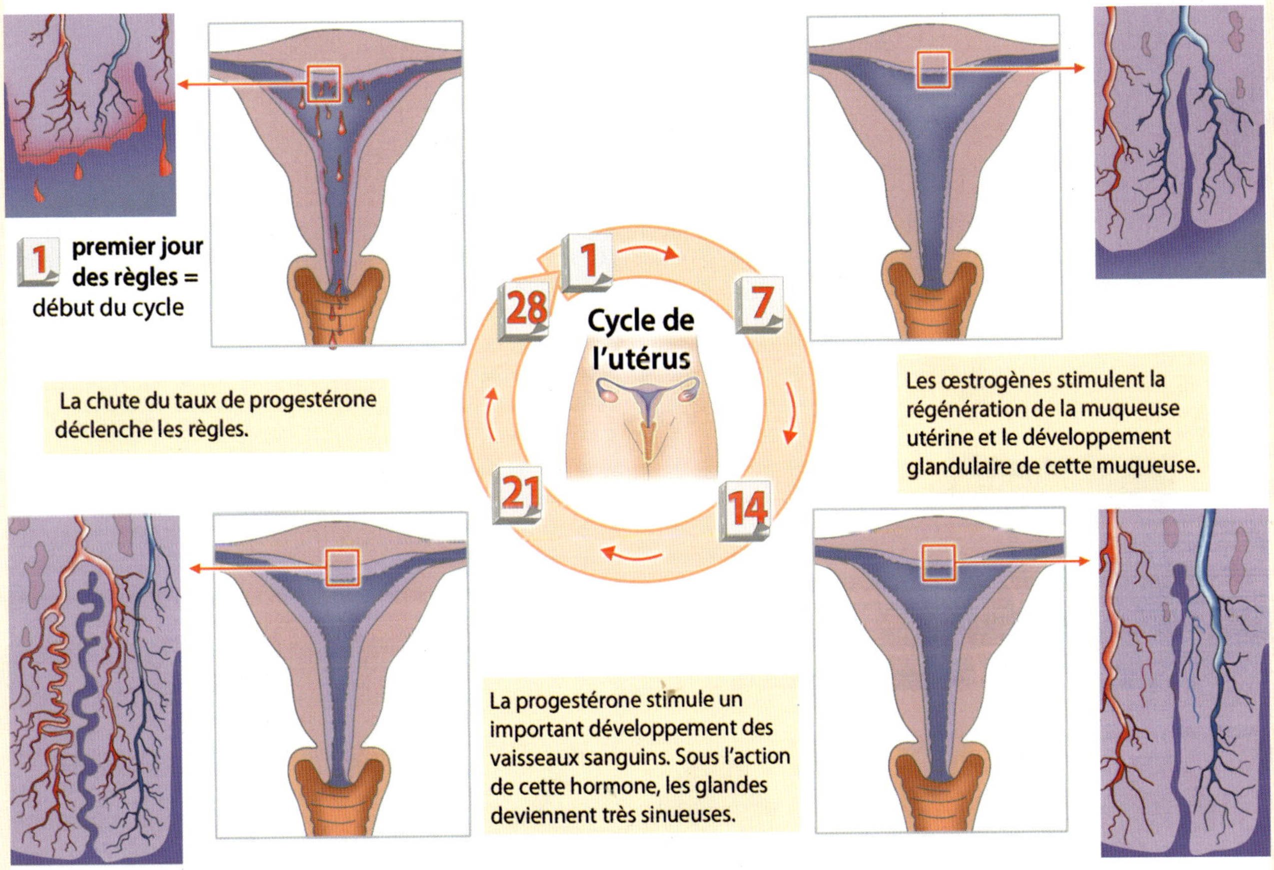

DOC 3 **Un exemple de communication hormonale entre organes.**

Pistes de travail

1. Comparez chaque expérience avec l'expérience témoin et indiquez la conclusion que l'on peut en tirer (DOC 1).
2. Comparez les photographies du DOC 2. Que peut-on en déduire ?
3. À quoi est due l'augmentation de l'épaisseur de la muqueuse utérine qui se produit à chaque cycle (DOC 2 et 3) ?
4. Précisez comment évoluent les taux d'hormones sexuelles avant les règles (DOC 3) puis expliquez l'absence de variations cycliques de la muqueuse utérine constatée lors de la dernière expérience du DOC 1.

Pour conclure, présentez sous forme d'un schéma la communication hormonale reliant ovaires et utérus.

Compétences • 1 : Raisonner • 2, 3 et 4 : S'informer, raisonner.

Activité 4

Un autre exemple de communication hormonale

Nous avons vu que les hormones ovariennes assurent la synchronisation du fonctionnement de l'ovaire et celui de l'utérus. Sans cette synchronisation, il n'y aurait pas de reproduction possible.

• ***L'étude de l'insuline permet de découvrir d'autres aspects de la communication hormonale, lesquels ?***

A Comment les scientifiques ont-ils mis l'insuline en évidence ?

DOC 1 **Chaque jour, cette adolescente se fait plusieurs piqûres d'insuline.**
Ces injections remplacent le mauvais fonctionnement de son pancréas. C'est actuellement le seul traitement qui lui permet de vivre malgré sa maladie : le **diabète** juvénile. Le diabète est caractérisé par une teneur du sang en glucose anormalement élevée. Comme son nom l'indique, le « diabète juvénile » survient pendant l'enfance ou à l'adolescence : le malade est alors incapable de produire de l'insuline.

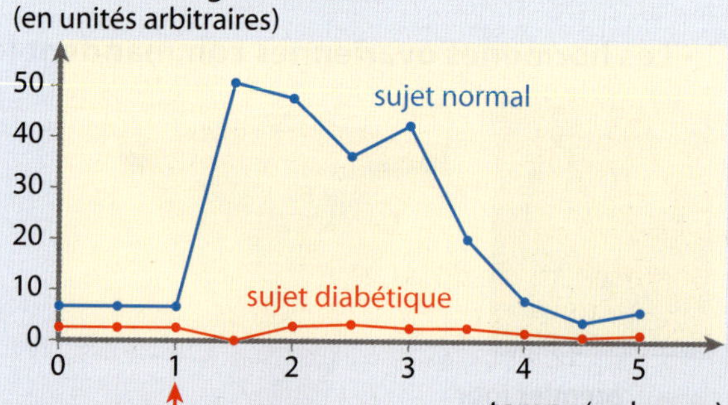

Jusqu'à une date récente, l'insuline utilisée par les malades était extraite du pancréas d'animaux. À l'heure actuelle, on sait fabriquer de l'hormone humaine en utilisant des bactéries génétiquement modifiées.

Histoire des Sciences

Expérimentation sur des animaux

1889

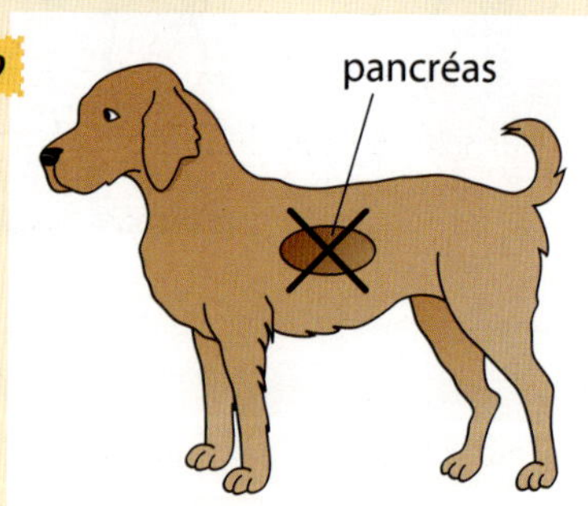

Ablation totale du pancréas chez un animal

↓

L'animal devient diabétique

1921

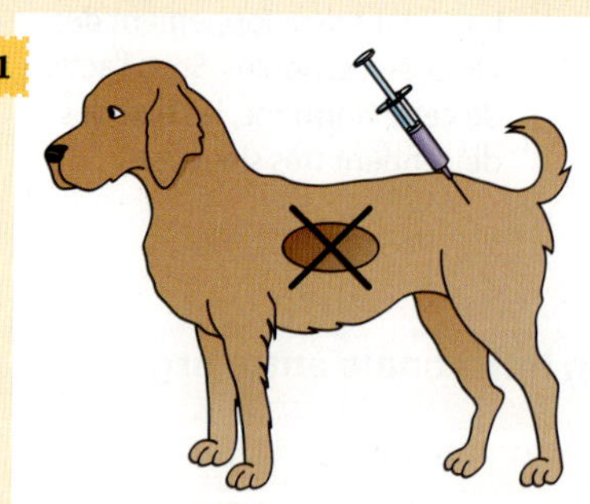

Ablation totale du pancréas avec injections quotidiennes d'extraits pancréatiques

↓

Pas de diabète.

Utilisation pour l'Homme des résultats expérimentaux

1922

À partir des extraits pancréatiques, les chercheurs isolent l'hormone : **l'insuline**.

Injection d'insuline à un jeune diabétique de 14 ans dans le coma.

↓

Le malade est sauvé de la mort et survit par des injections quotidiennes d'insuline.

DOC 2 **Les étapes d'une découverte.**

POUR EN SAVOIR PLUS
www.bordas-svtcollege.fr/liens4e

B Des organes « cibles » de l'insuline

• Les muscles prélèvent dans le sang le glucose dont ils ont besoin et le stockent sous forme de **glycogène**. Sur cette coupe microscopique de muscle, le glycogène est coloré en rose par un colorant spécifique.

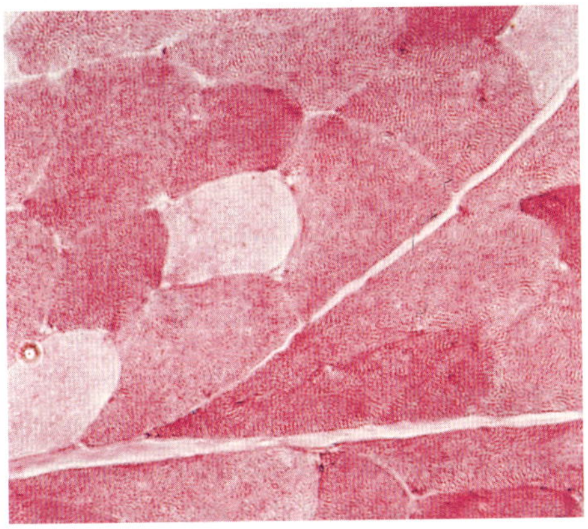

• **Résultats de dosages :**
Ces dosages sont réalisés sur du tissu musculaire mis en culture, en présence et en absence d'insuline.

Milieu sans insuline

Teneur en glycogène :
2,45 mg/g de muscle

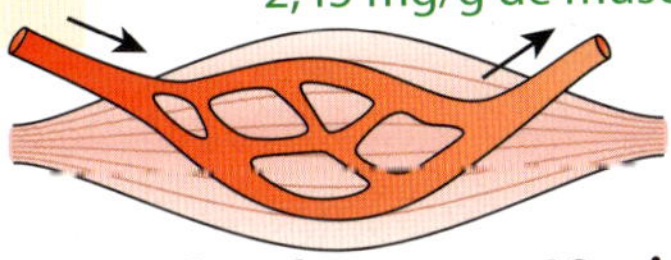

Glucose prélevé dans le sang en 10 minutes :
1,43 mg/g de muscle

Milieu avec insuline

Teneur en glycogène :
2,85 mg/g de muscle

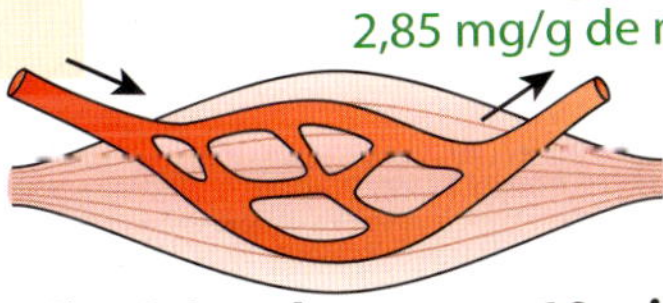

Glucose prélevé dans le sang en 10 minutes :
1,88 mg/g de muscle

DOC 3 **Mise en évidence du rôle de l'insuline sur les muscles.**

L'insuline agit sur des organes variés.
Elle facilite la pénétration du glucose et son utilisation.

Les muscles

L'**insuline** stimule l'absorption du glucose sanguin et son utilisation. Elle agit aussi sur la mise en réserve du glucose, c'est-à-dire sa transformation en glycogène.

Le foie

L'**insuline** facilite l'absorption du glucose et sa mise en réserve sous forme de glycogène.
En cas de besoin, le foie peut puiser dans ces réserves pour libérer du glucose dans le sang.

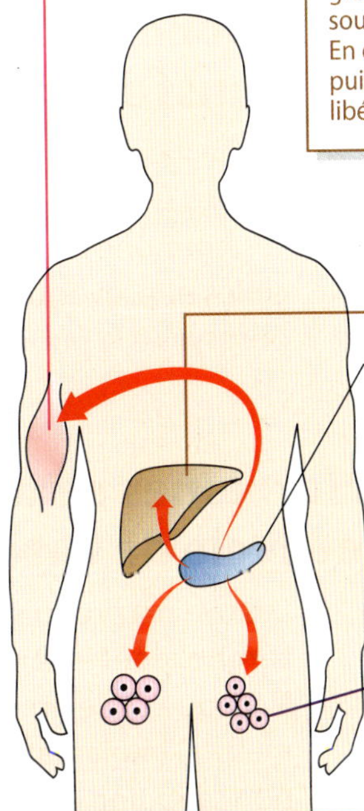

La graisse

Certaines cellules (appelées cellules adipeuses) stockent le glucose sous forme de corps gras. L'insuline facilite ce stockage.

Autres organes

De nombreux autres organes sont sensibles à l'action de l'**insuline** qui facilite l'absorption et l'utilisation du glucose. En revanche, l'insuline n'agit pas sur certaines cellules (cellules nerveuses par exemple).

DOC 4 **L'action de l'insuline sur les divers organes cibles.**

Lexique

→ **Diabète :** maladie caractérisée, entre autre, par une glycémie anormalement élevée.

→ **Glycémie :** quantité de glucose (sucre) dans le sang exprimée en gramme par litre de sang (g/L).

→ **Glycogène :** forme de stockage du glucose dans les organes.

Pistes de travail

1. **Expliquez pourquoi les diabétiques doivent se faire des injections d'insuline après un repas (DOC 1).**
2. **Quelles conclusions peut-on dégager du DOC 2 ?**
3. **Comparez les prélèvements de glucose effectués par le muscle. Précisez alors le rôle de l'insuline (DOC 3 et 4).**
4. **Retour sur le graphique du DOC 1 : quel est l'intérêt de l'augmentation de la teneur en insuline chez un individu sain ?**

Pour conclure, élaborez un schéma montrant la relation entre organes établie par l'insuline et rappelez en quelques lignes les caractéristiques d'une hormone.

Le bilan des activités

P. 206-207 Activité 1

Le déclenchement de la puberté

Les transformations observées à la **puberté** sont déclenchées par certaines substances produites par une glande du **cerveau** (l'hypophyse). Ces substances (appelées **gonadostimulines**) sont transportées par le sang jusqu'aux ovaires et aux testicules et provoquent leur développement. De telles substances sont des **hormones**.

P. 208-209 Activité 2

Hormones sexuelles et transformations pubertaires

Les testicules et les ovaires produisent à leur tour d'autres hormones. Les **testicules** produisent de la **testostérone**, les **ovaires** des **œstrogènes** : ce sont ces hormones qui, transportées par le sang, agissent sur de nombreux organes-cibles et provoquent le développement des **caractères sexuels secondaires** observés à la puberté.

P. 210-211 Activité 3

Hormones sexuelles et cycle de l'utérus

Les ovaires produisent plusieurs hormones différentes, **œstrogènes** et **progestérone**, dont le taux varie au cours de chaque cycle. Ces hormones provoquent à chaque cycle un **développement de la muqueuse** de l'utérus de façon à permettre l'implantation éventuelle d'un embryon. La diminution de la concentration sanguine de ces hormones en fin de cycle déclenche les **règles**.

P. 212-213 Activité 4

Un autre exemple de communication hormonale

Dans l'organisme, beaucoup de communications entre organes sont assurées par des hormones. Une hormone comme l'**insuline**, par exemple, est produite par un organe (le **pancréas**), est transportée par le sang et stimule l'utilisation de glucose par d'autres organes (les **muscles**, le **foie**).

Les mots-clés

- Hormone
- Hypophyse
- Gonadostimulines
- Testostérone
- Œstrogènes
- Puberté
- Cycle de l'utérus
- Organe sécréteur
- Organe-cible

L'essentiel

Ce qu'il faut savoir

- La puberté est déclenchée par la sécrétion d'hormones produites par l'hypophyse et qui stimulent l'activité des ovaires et des testicules.
- Testicules et ovaires libèrent à leur tour d'autres hormones (testostérone, œstrogènes) qui provoquent le développement des caractères sexuels secondaires. Les hormones ovariennes (œstrogènes, progestérone) déterminent le cycle de l'utérus.
- Une hormone est une substance, fabriquée par un organe, libérée dans le sang et qui agit sur le fonctionnement d'un ou de plusieurs organes.

Le schéma-bilan — Une communication assurée par des hormones

Un exemple : le déclenchement de la puberté

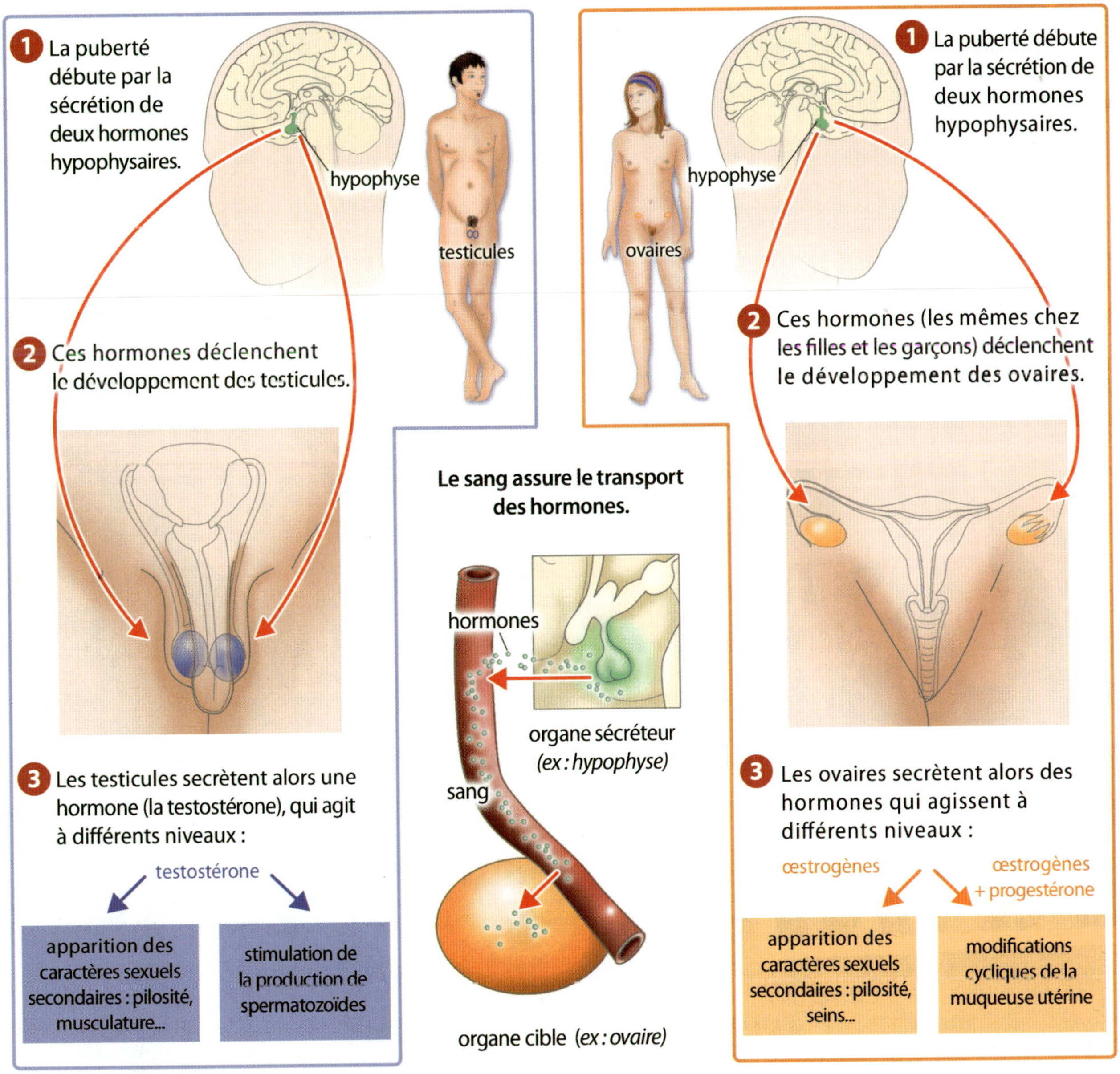

Des hormones qui font grandir

**Grands ou moins grands, après le pic de croissance de la puberté, la taille est définitive.
Des hormones contrôlent ce processus complexe.**

L'hormone de croissance ni trop, ni pas assez !

Le cerveau, en réalité l'hypophyse, petite glande située à la base du cerveau, produit une hormone responsable de la croissance.

Certaines formes de nanisme sont dues à une insuffisance de production de cette hormone de croissance mais ce n'est pas la seule cause du nanisme. À l'inverse, une taille anormalement élevée peut résulter d'une sécrétion trop importante de l'hormone de croissance.

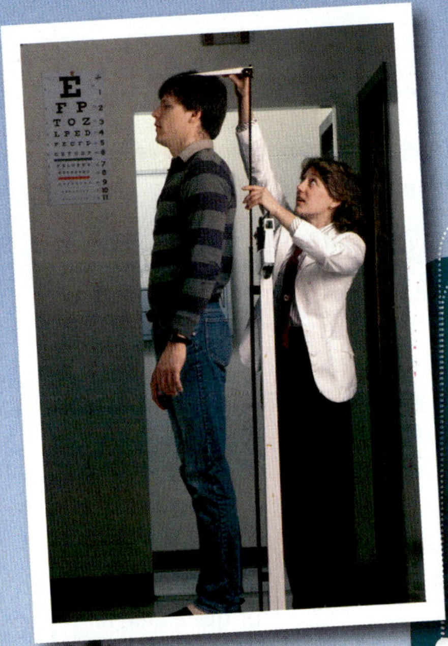

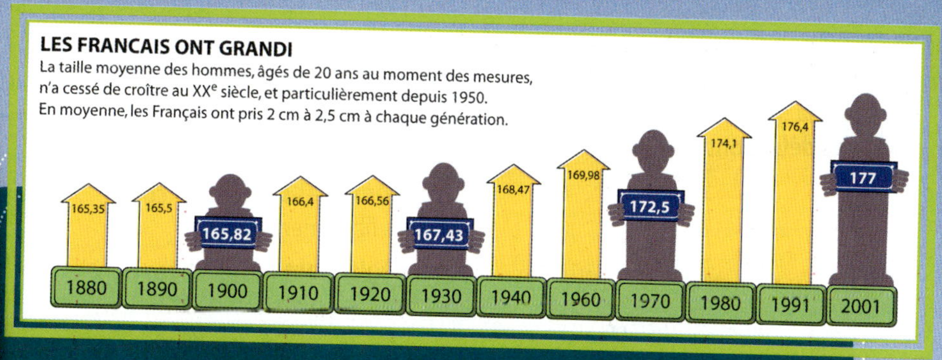

Dix bons centimètres en un siècle !

L'augmentation de la taille des filles et des garçons depuis un siècle est considérable, cela particulièrement au cours des 50 dernières années. On sait aujourd'hui que de multiples facteurs interviennent dans la croissance : différentes hormones mais aussi les conditions de vie et l'alimentation.

La croissance et le sport

Un entraînement intensif (plus de 12 heures par semaine) peut ralentir la croissance et retarder la puberté, mais sans conséquences sur la taille définitive de l'enfant. En revanche, le sport de haut niveau, associé à un déséquilibre alimentaire ou hormonal, peut entraîner des troubles et avoir un retentissement sur la taille adulte.

Peut-on prédire la taille ?

Les os d'un enfant possèdent des zones cartilagineuses responsables de la croissance en longueur de ces os. Lorsque le cartilage est transformé en os, la croissance s'arrête.
Les cartilages sont sensibles non seulement à l'hormone de croissance, sécrétée en plus grande quantité à la puberté, mais aussi aux hormones sexuelles.

En réalisant des radiographies, du poignet par exemple, le médecin peut déterminer le degré d'ossification d'un os et prédire alors la taille approximative que fera un enfant une fois adulte.

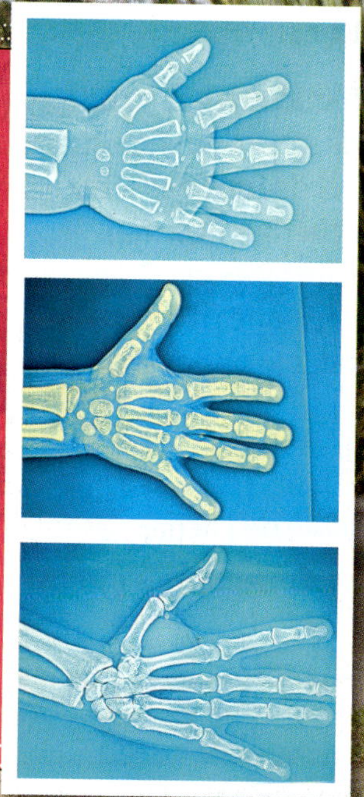

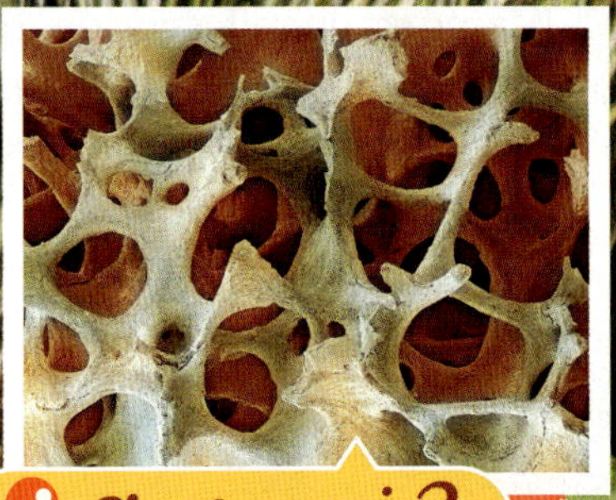

C'est quoi ?

Tissu osseux observé au microscope électronique.

Exercices

Je teste mes connaissances

EXERCICE 1 **Trouvez le mot caché.**

Recopiez la grille et complétez-la à l'aide des définitions suivantes.

1
2
3
4
5
6
7

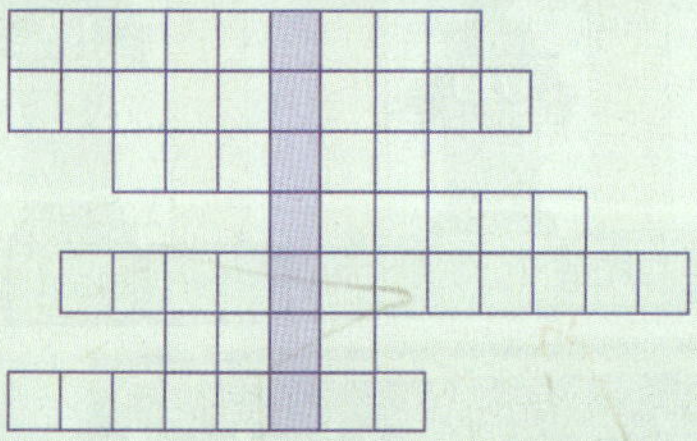

1. Glande cérébrale produisant des hormones.
2. Hormone sexuelle féminine.
3. Organe cible des hormones sexuelles féminines.
4. Organe cible de l'insuline.
5. Hormone fabriquée par les testicules.
6. Il permet le transport des hormones.
7. Organe producteur d'insuline.

Découvrez le mot caché et donnez-en une définition.

EXERCICE 2 **Vrai ou faux ?**

Certaines affirmations sont exactes. Recopiez-les. Corrigez ensuite les affirmations inexactes.

a. Entre 10 et 15 ans, la concentration sanguine d'hormone sexuelle diminue.

b. La formation des seins est due à une augmentation de la concentration sanguine en testostérone.

c. Les hormones sexuelles circulent dans des fibres nerveuses.

d. Les règles sont déclenchées par une diminution de la concentration sanguine d'hormones sexuelles.

e. L'état de la muqueuse utérine dépend seulement du taux de progestérone.

f. L'insuline est une hormone produite par les muscles.

EXERCICE 3 **Recopiez ce texte et complétez-le avec les mots suivants.**

Vous utiliserez les mots ou groupes de mots suivants :
Sang, testostérone, hormones, testicules, caractères sexuels secondaires, hypophyse, ovaires, insuline, muscles, organes cibles, œstrogènes, pancréas.

L'.................... est un organe du cerveau libérant des substances appelées .... dont la concentration sanguine augmente fortement à la puberté, déclenchant le développement des .... et des .... Ces organes sexuels se mettent alors à leur tour à libérer des hormones : les ovaires produisent des .... et les testicules produisent de la .... Ces hormones sont libérées et transportées dans le .... et vont agir sur des ...., permettant le développement des ....

Chaque individu produit de nombreuses autres hormones comme l'...................., fabriquée par le .... et agissant entre autres sur les ....

EXERCICE 4 **Rédigez une phrase avec les mots suivants.**

a. Augmentation, hormone, hypophyse, puberté.

b. Testicule, testostérone, développement, masse musculaire.

c. Règles, œstrogènes, progestérone, sang.

d. Pancréas, insuline, glucose, muscle.

J'utilise mes connaissances

EXERCICE 5 **Comprendre l'origine de l'acné**

RAISONNER **Mettre en relation des informations.**

L'acné est une affection de la peau très fréquente chez les adolescents. Elle est due à une hypersécrétion de sébum (une substance grasse permettant de protéger la peau) par des glandes sébacées situées dans le derme de la peau (voir schéma ci-contre).
L'apparition de l'acné est favorisée par la testostérone. Celle-ci est fabriquée par les testicules (et en faible quantité par les ovaires) ainsi que par les glandes cortico-surrénales (glandes situées au dessus des reins).

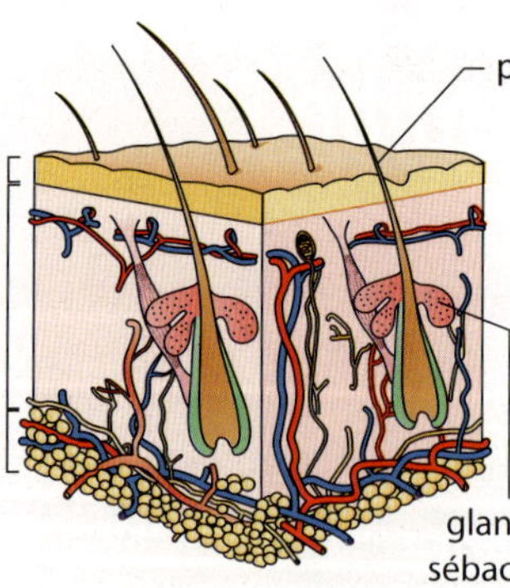

1. **Citez l'hormone en partie responsable de l'acné.**

2. **Expliquez pourquoi l'acné apparaît souvent ou s'intensifie à l'adolescence.**

3. **Justifiez le fait que les filles sont autant touchées que les garçons par l'acné.**

4. **Réalisez un schéma indiquant le(s) organe(s) producteur(s) de l'hormone impliquée dans ce type d'acné, son mode de transport et son organe cible.**

EXERCICE 6 Une puberté au déclenchement précoce

Ra RAISONNER Mettre en relation un document et des connaissances.

La puberté précoce correspond à l'apparition des manifestations de la puberté avant 8 ans chez une fille et 10 ans chez un garçon.

L'image ci-contre est une IRM en fausses couleurs du crâne d'une jeune fille ayant une puberté précoce.

Le cercle pointillé blanc représente la taille d'une hypophyse normale, soit celle d'un petit pois.

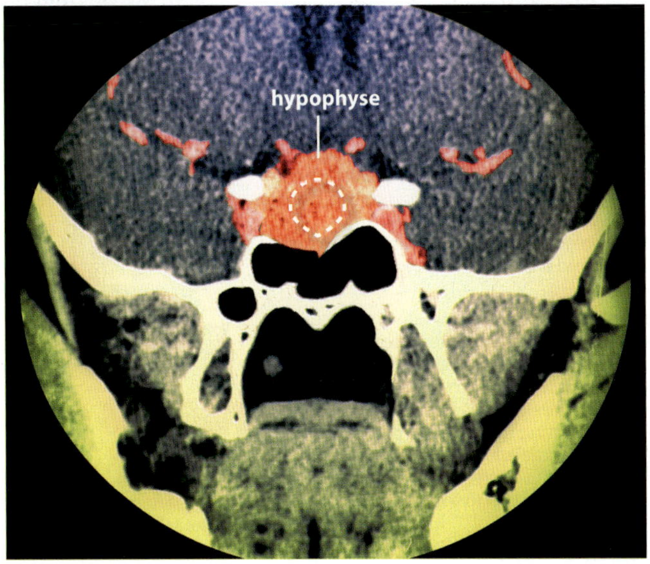

1. Indiquez ce qu'est l'hypophyse et quel est son rôle dans le déclenchement de la puberté.

2. Proposez une explication à la puberté précoce de cette jeune fille.

EXERCICE 7 Une comparaison de différents contraceptifs hormonaux

Ra RAISONNER Mettre en relation des informations.

Les pilules contraceptives et la pilule du lendemain contiennent toutes, comme principe actif, des hormones de synthèse (fabriquées en laboratoire).

Les **documents ci-dessous** sont des extraits de notices de trois contraceptifs, qui indiquent la composition de chaque comprimé et les effets secondaires possibles.

Contraceptif	Pilule classique	Micropilule	Pilule du lendemain
Substances actives	• Ethinylestradiol(1) : 0,015 mg • Gestodène(2) : 0,060 mg	• Noréthistérone(2) : 0,35 mg	• Levonorgestre(2) : 1,5 mg
Taux de fiabilité	99 % en l'absence d'erreur de prise	99 % en l'absence d'erreur de prise	Variable selon le moment de la prise : 95 % entre 0 et 24 h 84 % de 24 à 48 h 58 % de 48 à 72 h
Mode d'utilisation	Prise continue, 1 comprimé par jour pendant 21 jours puis arrêt pendant 7 jours	Prise continue, 1 comprimé par jour	Un seul comprimé

(1) Hormone œstrogène de synthèse
(2) Progestérone de synthèse

Quelques effets secondaires des hormones de synthèse

- **Œstrogènes de synthèse**
Augmentent le risque d'accident cardio-vasculaire en particulier s'ils sont administrés par voie buccale.
- **Progestérone de synthèse**
Maux de tête, prise de poids, nausées, acné, modification de l'humeur, vomissements, sensations vertigineuses, saignements.

1. À partir de vos connaissances, précisez les modes d'utilisation de la pilule classique et de la pilule du lendemain.

2. Comparez les compositions.

3. À partir des informations proposées, expliquez pourquoi la pilule du lendemain ne peut pas être un moyen contraceptif régulier, mais seulement un contraceptif d'urgence.

Corrigés de « Je teste mes connaissances »

p. 26

1. Vrai ou faux ?

a. Faux, de nombreux séismes ne produisent pas de dégâts. **b.** Vrai. **c.** Faux, un séisme sous-marin peut être à l'origine d'un tsunami. **d.** Vrai. **e.** Vrai. **f.** Vrai. **g.** Vrai. **h.** Vrai. **i.** Faux, les ondes sismiques prennent naissance au foyer. **j.** Faux, les séismes se produisent aussi près des fosses océaniques et le long de l'axe des dorsales. **k.** Vrai. **l.** Faux, les séismes sont particulièrement fréquents dans les chaînes de montagnes, près des fosses océaniques et le long de l'axe des dorsales.

2. Expliquez pourquoi...

a. Les vibrations se propagent dans tout le globe terrestre et s'atténuent en s'éloignant du foyer. L'épicentre est le point de la surface du globe le plus proche du foyer car il est à la verticale de ce dernier, d'où des dégâts de moins en moins importants quand on s'éloigne de l'épicentre.

b. Pour une même magnitude, le foyer du séisme peut être plus ou moins profond et la distance à l'épicentre est plus ou moins grande.

3. Quelles différences y a-t-il entre...

a. Les manifestations du séisme correspondent au bruit sourd et aux secousses, alors que les effets peuvent être des dégâts matériels et humains et des modifications du paysage.

b. Le foyer du séisme est le lieu où se produit la rupture des roches en profondeur alors que l'épicentre est le point de la surface du globe situé à la verticale du foyer.

c. Un sismomètre est un appareil qui permet de détecter et d'enregistrer les ondes sismiques, un sismogramme représente cet enregistrement.

4. Faites une phrase courte pour retrouver une notion importante.

a. Un séisme résulte de la rupture des roches le long d'une faille en un point appelé foyer du séisme.

b. Les ondes sismiques se propagent à partir du foyer dans tout le globe terrestre.

c. L'épicentre est le point de la surface de la Terre où les dégâts sont les plus importants.

d. La magnitude est évaluée sur l'échelle de Richter, elle mesure la puissance d'un séisme.

5. Trouvez le mot caché.

1 FOYER
2 EPICENTRE
3 MAGNITUDE
4 FAILLE
5 SEISME

Ondes : vibrations produites par un séisme et se propageant à l'intérieur ou à la surface de la Terre.

p. 46

1. Vrai ou faux ?

a. Faux, les éruptions explosives sont caractérisées par de violentes explosions. **b.** Faux, les éruptions effusives produisent de longues coulées de lave. **c.** Faux, le piton de la Fournaise est qualifié de volcan « rouge ». **d.** Vrai. **e.** Vrai. **f.** Vrai. **g.** Faux, le basalte provient du refroidissement d'une lave fluide. **h.** Vrai. **i.** Faux, la plupart des roches volcaniques sont formées de cristaux noyés dans un verre non cristallisé. **j.** Faux, les volcans actifs sont alignés (pourtour du Pacifique, axe des dorsales...).

2. Expliquez comment...

a. L'édifice volcanique d'un volcan effusif se construit au cours des éruptions successives par l'accumulation des coulées de lave et des projections volcaniques.

b. Un volcan explosif se forme par une alternance d'explosions violentes et de montée de magma visqueux qui constitue un dôme de lave.

c. Le magma, contenu dans un réservoir, est entraîné par les gaz ; il remonte le long de la cheminée du volcan et arrive en surface.

d. Le magma se refroidit par étapes et se transforme en roche volcanique : un refroidissement lent, qui permet la formation des gros cristaux, est suivi d'un refroidissement plus rapide au cours duquel se forment les petits cristaux et le verre.

3. Quelles différences y a-t-il entre...

a. Une éruption effusive se caractérise par l'émission de longues coulées de lave fluide alors qu'une éruption explosive se manifeste par des violentes explosions accompagnées de nuées ardentes.

b. L'édifice d'un volcan « gris » est constitué par l'amoncellement des produits issus des violentes explosions et par un dôme de lave alors qu'un volcan « rouge » est en grande partie formé par l'accumulation des coulées de lave produites au cours des éruptions successives.

c. Le magma est constitué de liquides, d'éléments solides et de gaz dissous alors que la lave représente du magma en partie dégazé et émis à la surface du globe.

d. Un magma fluide se répand facilement en longues coulées alors qu'un magma visqueux s'accumule sur place et forme un dôme de lave.

4. Parmi le vocabulaire suivant, retrouvez le mot qui correspond à chaque définition.

a. Petit cristal en forme de baguette : **microlite**.

b. Solide dans lequel les éléments sont arrangés de manière régulière : **cristal**.

c. Matière minérale non cristallisée : **verre**.

d. Matière minérale à très haute température : **magma**.

5. Trouvez le mot caché.

1 LAVE
2 RESERVOIR
3 COULEE
4 SCORIES
5 MAGMA
6 CONE

Volcan : Lieu de la surface de la Terre, souvent en forme de cône, où de la lave et des gaz s'échappent par des fractures.

p. 68

1. Vrai ou faux ?

a. Vrai. **b.** Faux, les plaques lithosphériques sont mobiles. **c.** Faux, la lithosphère se forme au niveau des dorsales océaniques. **d.** Vrai. **e.** Faux, la lithosphère disparaît au niveau des fosses océaniques. **f.** Faux, la lithosphère repose sur l'asthénosphère. **g.** Vrai. **h.** Faux, les chaînes de montagnes se forment par affrontement de deux plaques continentales.

2. Cherchez l'intrus en justifiant votre choix.

a. dorsale, elle correspond au lieu de formation de la lithosphère.

b. asthénosphère, elle se trouve sous les plaques lithosphériques.

c. fosse océanique, elle est caractéristique des zones de rapprochement de plaques.

3. Associez un mot à sa définition.

a. Zone du globe sur laquelle repose les plaques : **asthénosphère**.

b. Relief océanique très profond correspondant à une zone d'enfoncement d'une plaque : **fosse océanique**.

c. Zone de formation des plaques océaniques : **dorsale**.

d. Couche superficielle rigide du globe terrestre : **lithosphère**.

4. Expliquez comment...

a. Les continents se déplacent en raison des mouvements des plaques lithosphériques qui glissent l'asthénosphère.

b. Les océans s'agrandissent lorsque les plaques s'écartent.

c. Les chaînes de montagnes se forment lorsque les plaques s'affrontent.

p. 82

1. Vrai ou faux ?

a. Vrai. **b.** Faux, les risques sismiques existent en France métropolitaine (Provence, Alpes, Côte d'Azur, Pyrénées...). **c.** Vrai. **d.** Vrai. **e.** Vrai. **f.** Faux, les volcans explosifs sont beaucoup plus dangereux pour les populations.

2. Expliquez comment...

a. Les cartes des principales zones à risque sismique ou volcanique sont établies en prenant en compte les séismes et les éruptions volcaniques historiques (leur fréquence, leur importance) et en estimant les dégâts humains et matériels possibles.

b. Les risques sismiques peuvent être limités en prenant des mesures de prévention : mise en place d'un plan d'aménagement du territoire, réglementation des normes de construction (constructions parasismiques), informations des populations.

c. La prévision des éruptions volcaniques prend en compte la fréquence des éruptions historiques et les données fournies par la surveillance de l'activité des volcans.

3. Faites une phrase courte pour retrouver une notion importante.

a. Pour prévenir les risques volcaniques, les volcans sont mis sous surveillance et un plan de secours est établi.

b. Pour prévenir les risques sismiques, on délimite les zones à risques et on met en place un plan de prévention des risques sismiques.

4. Trouvez le mot caché.

1 PREVENTION
2 FAILLES
3 PARASISMIQUES
4 SISMIQUE
5 SOUFRIERE
6 SEISMES

Risque : est défini par l'éventualité qu'un phénomène dangereux survienne et par les dégâts humains ou matériels qu'il peut causer.

p. 102

1. Vrai ou faux ?

a. Faux, la fécondation représente l'union d'un ovule et d'un spermatozoïde. **b.** Vrai. **c.** Faux, l'ovule est la cellule reproductrice femelle. **d.** Faux, chez le grillon la fécondation est interne. **e.** Vrai. **f.** Vrai. **g.** Faux, l'accouplement n'est pas obligatoire pour une reproduction sexuée. **h.** Faux, un seul spermatozoïde féconde l'ovule. **i.** Vrai.

2. Dans la liste ci-après, recherchez les mots ou expressions qui se rapportent...

a. À la fécondation externe : mâle, femelle, cellule reproductrice femelle, cellule reproductrice mâle, cellule-œuf, fécondation, union des cellules reproductrices, dans l'eau.

b. À la fécondation interne : mâle, femelle, accouplement, cellule reproductrice femelle, cellule reproductrice mâle, cellule-œuf, fécondation, union des cellules reproductrices, dans le corps de la femelle.

3. Expliquez pourquoi...

a. Les parades nuptiales favorisent le rapprochement du mâle et de la femelle et donc l'union des cellules reproductrices à la suite de l'accouplement.

b. L'attraction des cellules reproductrices favorise la fécondation car elle permet la rencontre de ces cellules, celle-ci étant très aléatoire dans le milieu aquatique.

4. Faites une phrase courte pour retrouver une notion importante.

a. La cellule-œuf provient de la fécondation d'un ovule par un spermatozoïde.

b. Au cours de l'accouplement les cellules reproductrices mâles sont déposées dans l'appareil reproducteur de la femelle.

c. Le papillon mâle est attiré par les substances odorantes produites par le papillon femelle.

5. Trouvez le mot caché.

1 ACCOUPLEMENT
2 MALE
3 REPRODUCTION
4 SPERMATOZOIDE
5 FECONDATION
6 OVULE

Parade : Comportement d'un individu qui permet d'attirer le partenaire sexuel et de favoriser l'accouplement.

p. 134

1. Vrai ou faux ?

a. Faux, la puberté est plus précoce chez les filles. **b.** Vrai. **c.** Faux, les caractères sexuels secondaires apparaissent à la puberté. **d.** Faux, les ovules sont produits par les ovaires. **e.** Faux, les spermatozoïdes se forment dans les testicules. **f.** Le sperme contient des spermatozoïdes et des secrétions produites dans les vésicules séminales et la prostate. **g.** Vrai. **h.** Faux, le fonctionnement des organes reproducteurs de l'homme est continu à partir de la puberté. **i.** Faux, l'ovulation a lieu 14 jours avant le cycle suivant. **j.** Faux, le cycle féminin dure en moyenne 28 jours. **k.** les règles se produisent au début du cycle. **l.** Faux, le dernier jour des règles est approximativement le 5e jour du cycle.

2. Retrouvez le nom des organes qui correspondent aux définitions suivantes.

a. Ils produisent les cellules reproductrices de l'homme : **testicules**.

b. Ils produisent les cellules reproductrices de la femme : **ovaires**.

c. Ils conduisent les spermatozoïdes : **canaux déférents**.

d. Elles conduisent les ovules : **trompes**.

e. Il est le lieu des règles : **utérus**.

f. Elles produisent le liquide formant le sperme : **vésicules séminales et prostate**.

3. Dans la liste ci-après, recherchez les mots ou expressions qui se rapportent...

a. Au spermatozoïde : produit à partir de la puberté, mobile, petite taille (75 µm), muni d'un flagelle, produit jusqu'à la fin de la vie, des millions, survie 2 à 5 jours, produit de façon continue, testicule.

Corrigés de « Je teste mes connaissances »

b. À l'ovule : produit à partir de la puberté, immobile, grande taille (1/10e de mm), sphérique, produit jusqu'à la ménopause, un tous les 28 jours, survie 48 heures, produit de façon cyclique, ovaire.

4. Questions à réponse courte.

a. Les caractères sexuels secondaires représentent les modifications physiques qui apparaissent à la puberté, ils sont spécifiques à chaque sexe.
b. Le fonctionnement de l'appareil reproducteur de la femme évolue sur 28 jours en moyenne : à chaque cycle un des deux ovaires libère un ovule et la muqueuse utérine s'épaissit puis est éliminée au moment des règles.
c. Les spermatozoïdes sont produits en continu à partir de la puberté et jusqu'à la fin de la vie.
d. Les ovules sont produits de la puberté à la ménopause, à raison de un ovule par cycle.
e. Les règles représentent un écoulement sanguin dû à la destruction de la muqueuse utérine.

5. Trouvez le mot caché.

1 OVULE
2 SPERMATOZOIDE
3 REGLES
4 OVAIRE
5 TESTICULE
6 SPERME

Utérus : muscle creux dont la couche superficielle forme la muqueuse utérine qui est à l'origine des règles.

p. 150

1. Vrai ou faux ?

a. Vrai. **b.** Faux, la fécondation a lieu dans les trompes. **c.** Faux, la cellule-œuf se forme au moment de la fécondation. **d.** Vrai. **e.** Faux, l'embryon s'implante dans l'utérus maternel. **f.** Vrai. **g.** Faux, pendant la période fœtale, les organes du futur bébé grandissent. **h.** Faux, le placenta est fixé dans l'utérus maternel. **i.** Vrai.

2. Expliquez comment...

a. Le fait que les règles ne se produisent pas constitue le premier signe de la grossesse, les cycles sont interrompus.
b. Au moment de la fécondation, un seul spermatozoïde pénètre dans l'ovule, leurs noyaux s'unissent, il se forme alors une cellule œuf, première cellule du futur bébé.
c. La cellule-œuf se divise, elle devient un embryon dans lequel les différents organes se mettent en place. À la fin du 2e mois de grossesse, l'embryon prend le nom de fœtus, ses organes déjà formés s'accroissent rapidement.
d. Le futur bébé respire par l'intermédiaire du placenta, celui-ci permet les échanges entre le sang maternel et celui du fœtus : le dioxygène passe du sang de la mère au fœtus, le dioxyde de car bone produit par le fœtus est rejeté dans le sang maternel.
e. À la fin de la grossesse, les contractions de l'utérus annoncent l'accouchement.

3. Quelles différences y a-t-il entre...

a. La fécondation représente l'union des noyaux des deux cellules reproductrices alors que la nidation correspond à la fixation de l'embryon dans la muqueuse utérine
b. L'embryon est le nom donné au futur bébé pendant les deux premiers mois de grossesse lorsque les organes se forment. Le fœtus est le nom donné au futur bébé à partir du 3e mois de grossesse lorsque ses organes subissent une croissance accélérée.
c. Le placenta est un organe en forme de disque qui est fixé dans la muqueuse utérine.

4. Associez la bonne définition à chacun des mots suivants.

a. Libération d'un ovule par l'ovaire : **ovulation**.
b. Organe permettant les échanges entre la mère et le fœtus : **placenta**.
c. Fixation de l'embryon dans la muqueuse utérine : **nidation**.
d. Union de deux cellules reproductrices : **fécondation**.
e. Relie le fœtus à sa mère : **cordon ombilical**.

5. Trouvez le mot caché.

1 TROMPE
2 OMBILICAL
3 FECONDATION
4 ACCOUCHEMENT
5 FOETUS
6 EMBRYON
7 UTERUS
8 NIDATION

Placenta : organe permettant les échanges entre l'organisme maternel et le futur bébé.

p. 164

1. Trouvez le mot caché.

1 CONTRACEPTION
2 NIDATION
3 OVULE
4 UTERUS
5 STERILET
6 PRESERVATIF

Pilule : méthode contraceptive qui empêche la production d'ovules.

2. Vrai ou faux ?

a. Vrai. **b.** Faux, la pilule d'urgence doit être prise le plus tôt possible après un rapport non ou mal protégé (maximum 72 heures). **c.** Faux, une pilule classique doit être prise tous les jours pendant 21 jours. **d.** Faux, le D.I.U. (ou stérilet) empêche l'implantation de l'embryon dans l'utérus. **e.** Vrai. **f.** Faux, c'est le médecin qui choisit le type de pilule le mieux adapté à chaque femme.

3. Associez chaque méthode contraceptive à son mode d'action.

1. Pilule : bloque l'ovulation.
2. D.I.U. : empêche la nidation.
3. Préservatif : empêche la rencontre des cellules reproductrices.
4. Pilule d'urgence : bloque l'ovulation et empêche la nidation.

4. Faites une phrase pour retrouver une notion importante.

a. La contraception représente l'ensemble des méthodes qui permettent d'éviter une grossesse.
b. Le D.I.U. empêche l'implantation de l'embryon dans l'utérus.
c. Le préservatif s'oppose à la fécondation et est un moyen de protection contre le SIDA.
d. La pilule est efficace à condition d'être prise quotidiennement.

p. 184

1. Trouvez le mot caché.

1 MOTEUR
2 OREILLE
3 SENS
4 SENSITIF
5 ODORAT
6 LANGUE
7 NERF

Message : Information transmise par un nerf lorsqu'il s'agit d'un message nerveux.

2. Donnez une définition des mots ou groupes de mots suivants.

Stimulus : stimulation provenant de l'environnement.
Organe des sens : organe qui émet un message nerveux en réponse à une stimulation.
Nerf : fin prolongement blanchâtre qui assure la liaison entre un organe et un centre nerveux.
Fibre nerveuse : filament constituant le nerf et assurant la propagation du message nerveux.
Centres nerveux : partie centrale du système nerveux formée par le cerveau et la moelle épinière.

3. Quelle est la différence entre...

a. Un message nerveux sensitif est produit par un récepteur sensoriel puis il est transmis aux centres nerveux où il est analysé, un message nerveux moteur est élaboré par les centres nerveux puis transmis jusqu'aux muscles.
b. Un nerf sensitif transmet le message nerveux sensitif alors qu'un nerf moteur conduit le message nerveux moteur.
c. Un organe récepteur est un organe qui émet un message nerveux sensitif en réponse à une stimulation, un organe effecteur est par exemple un muscle qui se contracte en réponse à un message nerveux moteur.

4. Rédigez une phrase en utilisant les mots ou groupes de mots suivants.

a. Un stimulus est capté par un organe des sens qui donne naissance à un message nerveux sensitif.
b. L'organe des sens produit un message nerveux qui est transmis par le nerf jusqu'au centre nerveux.
c. Le centre nerveux élabore un message nerveux qui est transmis par le nerf jusqu'au muscle.
d. Une lésion de la moelle épinière ou du cerveau provoque un handicap.

5. Replacez les phrases suivantes dans l'ordre chronologique.

L'ordre chronologique est : **c, a, d, b**.

p. 202

1. Trouvez le mot caché.

1 CANNABIS
2 NERF
3 OREILLE
4 VUE
5 MESSAGER
6 SYNAPSE
7 NEURONE

Cerveau : centre nerveux constitué par un réseau de neurones.

2. Vrai ou faux ?

a. Faux, des neurones existent dans la moelle épinière. **b.** Vrai. **c.** Faux, au niveau d'une synapse, il n'y a pas de contact entre les deux neurones. **d.** Faux, le cannabis diminue les performances et la concentration. **e.** Vrai.

3. Faites une phrase courte pour retrouver une notion importante.

a. Le cerveau contient des neurones qui élaborent et transmettent des messages nerveux.
b. Au niveau de la synapse, le messager chimique assure la communication entre deux neurones.
c. Les drogues perturbent la transmission du message nerveux au niveau de la synapse.
d. L'alcool et les médicaments peuvent provoquer des accidents.

4. Questions à réponse courte

a. Un neurone est une cellule nerveuse.
b. Au niveau des synapses, les messagers chimiques produits par le premier neurone assurent la transmission du message nerveux au second neurone.
c. Les drogues peuvent modifier l'action des messagers chimiques dans les synapses et perturber ainsi la transmission des messages nerveux.
d. La fatigue, la consommation d'alcool, de drogues ou de certains médicaments augmentent le temps de réaction en voiture.
e. Un récepteur sensoriel produit des messages nerveux qui sont envoyés au cerveau.

p. 218

1. Trouvez le mot caché.

1 HYPOPHYSE
2 OESTROGENE
3 UTERUS
4 MUSCLE
5 TESTOSTERONE
6 SANG
7 PANCREAS

Hormone : substance fabriquée par un organe, libérée dans le sang et qui agit sur le fonctionnement d'un organe-cible.

2. Vrai ou faux ?

a. Faux, entre 10 et 15 ans, la concentration sanguine d'hormone sexuelle augmente. **b.** Faux, la formation des seins est due à une augmentation de la concentration sanguine en œstrogènes. **c.** Faux, les hormones sexuelles circulent dans le sang. **d.** Vrai. **e.** Faux, l'état de la muqueuse utérine dépend du taux d'œstrogènes et de progestérone. **f.** Faux, l'insuline est une hormone produite par le pancréas.

3. Recopiez ce texte et complétez-le avec les mots suivants.

L'**hypophyse** est un organe du cerveau libérant des substances appelées **hormones** dont la concentration sanguine augmente fortement à la puberté, déclenchant le développement des **ovaires** et des **testicules**. Ces organes sexuels se mettent alors à leur tour à libérer des hormones : les ovaires produisent des **œstrogènes** et les testicules produisent de la **testostérone**. Ces hormones sont libérées et transportées dans le **sang** et vont agir sur des **organes-cibles**, permettant le développement des **caractères sexuels secondaires**. Chaque individu produit de nombreuses autres hormones comme l'**insuline**, fabriquée par le pancréas et agissant entre autres sur les **muscles**.

4. Rédigez une phrase avec les mots suivants.

a. L'augmentation de la production d'hormone par l'hypophyse déclenche la puberté.
b. Le testicule produit de la testostérone qui provoque le développement de la masse musculaire.
c. L'apparition des règles correspond à une diminution de la quantité d'œstrogènes et de progestérone dans le sang.
d. Le pancréas produit de l'insuline qui stimule l'absorption du glucose par le muscle et son utilisation.

INDEX

Un index n'est pas une liste de mots à connaître ; c'est un outil de travail pour se repérer dans le livre à partir d'un mot ou d'une expression.
Les pages indiquées **en gras** sont celles où la définition du mot figure dans le « lexique » des doubles pages d'activités.

CRÉDITS PHOTOGRAPHIQUES

Couverture : *g* Ph. © Docstock / Kage / BSIP
m m Ph. © Bettmann / CORBIS
m d Ph. © Arthur Tilley / GETTY IMAGES
m bas P. Wegner / ARCO / BSIP
p. 6 : Ph. © Pascal Blondé
p. 8 : *ht* Ph. © SIPA
p. 8 : *bas* Ph. © Jim Sugar / CORBIS
p. 9 : Ph. © Stéphane COMPOINT
p. 11 : Ph. © Mian Kursheed / REUTERS
p. 12 : *ht* Ph. © Arne Hodalic / Satelight / DEADLINE PRESS PHOTO
p. 12 : *bas* Ph. © Toma Wagner / CORBIS
p. 13 : *ht* Ph. © Yvor Lapinard / AFP
p. 13 : *bas* © RéNaSS, Ecole et Observatoire des Sciences de la Terre, Université Louis Pasteur – Strasbourg, CNRS-INSU
p. 14 : *ht* Ph. © Lloyd Cluff / CORBIS
p. 14 : *bas g* Ph. © Roger Ressmeyer / CORBIS
p. 14 : *bas d* Ph. © IPGP courtesy B. Meyer
p. 15 : *ht* Ph. © Digital Globe / Gamma / HPP
p. 15 : *m* Ph. © JAMSTEC
p. 16 : *ht* Ph. © Francis Demange / Gamma / HPP
p. 16 : *bas* Ph. © COLLEGE DES CAILLOLS MARSEILLE Projet Sciences à l'École « SISMO » (Logiciel SeisGram 2k-Ordina13)
p. 17 : (3 docs), **p. 18** (2 docs), **p. 33** (1 doc), **p. 37** (1 doc), **p. 38-39** (7 docs), **p. 48** (1 doc), **p. 52** (2 docs), **p. 61** (4 docs), **p. 75** (1 doc), **p. 90** (1 doc), **p. 94** (1 doc), **p. 97** (2 docs), **p. 122** (1 doc), **p. 131** (2 docs), **p. 140** (3 docs), **p. 155** (4 docs), **p. 156** (1 doc), **p. 157** (2 docs), **p. 158** (1 doc), **p. 159** (1 doc), **p. 162** (2 docs), **p. 163** (1 doc), **p. 168** (5 docs), **p. 172** (1 doc), **p. 174** (3 docs), **p. 176** (2 docs), **p. 177** (3 docs), **p. 182** (2 docs), **p. 196** (1 doc), **p. 209** (1 doc) Total : 62 Ph. © Claude FABRE
p. 19 : Ph. © E. Stutzman / Géoscope / IPGP / T
p. 24 : et **p. 25** Ph. © Bettmann / CORBIS
p. 24 : *g* Ph. © Lloyd Cluff / CORBIS
p. 25 : *ht* Ph. © AKG
p. 25 : *m* Ph. © Gamma / HPP
p. 25 : *bas d* Ph. © LEEMAGE
p. 26 : Ph. © H.H.A. / SIPA
p. 28 : 2 Ph. © http://www-dase.cea.fr / Droits Réservés CEA
p. 29 : Ph. © Enzo Signorelli / Gamma / HPP
p. 30 : *ht* Ph. © Richard Bouhet / AFP
p. 30 : *bas* Ph. © Jean-Luc Allègre
p. 31 : *g* ph. © Bernard Edmaier / SPL / COSMOS
p. 31 : *d* Ph. © Savino / SIPA
p. 33 : *ht* Ph. © Richard Bouhet / REUTERS
p. 34 : *ht* Ph. © Bill Thompson / Woodfin Camp / COSMOS
p. 34 : bas et p. 35 : 3 Ph. © USGS
p. 37 : *ht* Ph. © Jean-Luc Allègre
p. 40 : *bas g* Ph. © Game McGimsey / EPA / SIPA
p. 40 : *bas d* Ph. © Alfio Scigliano / Sygma / CORBIS
p. 41 : *ht g* Ph. © Philippe Bourseiller / ALTITUDE
p. 41 : *ht d* Ph. © Jean-Luc Allègre
p. 41 : *m d* Ph. © B. Murton / SPL / COSMOS
p. 41 : *as* Ph. © Crack Palinggi / REUTERS
p. 44 : et p 45 Ph. © Jaubert / SIPA
p. 44 : *ht d* Ph. © Stringer / REUTERS
p. 44 : *m d* Ph. © Joël Damase / FRANCEDIAS.COM
p. 44 : *m g* Ph. © CRI Nancy Lorraine / Krafft / HOA-QUI / HPP
p. 44 : *bas* Ph. © Luc Olivier / FRANCEDIAS.COM
p. 45 : *ht d* Ph. © Alberto Garcia / REA
p. 45 : *ht m* Ph. © Aucouturier / ANDIA
p. 45 : *m* Ph. © Volcan de Lemptégy
p. 45 : *bas* Ph. © Jean-Luc Franchomme / Collège du Houtland à Wormhout
p. 47 : *g* Ph. © Patrick Aventurier / Gamma / HPP
p. 47 : *d* Ph. © Krisna / EPA / SIPA
p. 48 : *m* Ph. © Mattes / ANDIA
p. 49 : Ph. © Bernhard Edmaier / SPL / COSMOS
p. 51 : Ph. © Tom Van Sant / Geophere Project / Santa Monica / SPL / COSMOS
p. 53 : Ph. © NASA / CIEL ET ESPACE
p. 56 : Ph. © Image courtesy of Submarine Ring of Fire 2002 Exploration, NOAA-OE
p. 58 : *ht* Ph. © NASA / SPL / COSMOS
p. 58 : *bas* Ph. © J. Wohlenberg, www.ged.rwth-aachen.de
p. 59 : *ht* Ph. © NASA / SPL / COSMOS
p. 59 : *m* Ph. © Planet Observer / HOA-QUI / HPP
p. 60 : *ht* Ph. © L. BESSOL / cNature
p. 60 : *bas* Ph. © GARRY HAYES
p. 64 et 65 : h. "World Ocean Floor Panorama" Bruce. C. HEEZEN and Marie THARP, 1977 © by Marie Tharp 1977/2003. Reproduced by permission of Marie

Tharp Oceanographic Cartographer, One Washington Ave.,South Nyack, New York 10960
p. 66 et **p. 67 :** Ph. © IFREMER / Campagne Momareto 2006
p. 66 : *bas g* Ph. © Jean-Pierre Leveque / AFP
p. 66 : *bas d* Ph. © AFP
p. 67 : *ht* Ph. © IFREMER
p. 67 : *m m* Ph. © IFREMER / Campagne Phare 2002
p. 67 : *m d* Ph. © IFREMER / Campagne Phare 2002
p. 67 : *bas* Ph. © Image courtesy of Submarine Ring of Fire 2006 Exploration, NOAA Program
p. 70 : *ht d* **:** Ph. © J. DEBELMAS / T
p. 71 : Ph. © Philippe Bourseiller / Hoa-Qui / HPP
p. 72 : *ht* Ph. © Sismicité historique de la France (années 1000 à 2005) : épicentres de séismes. Source : SISFRANCE, 2006, BRGM-EDF-IRSN (http:/www.sisfrance.net) - autor. R06/23Ed
p. 72 : *bas* Ph. © AFP, reprise p. 79
p. 73 : *ht g* Ph. © Collection IM / KHARBINE-TAPABOR
p. 73 : *ht d* Ph. © F. Beauducel / IPGP, 2005
p. 73 : *m* Ph. © IMAZ PRESS REUNION / GAMMA / HPP
p. 74 : D.-R.
p. 75 : *g* © Marie de Lambesc / Plan communal de Sauvegarde et participation au Scénario Départemental de Risque Sismique élaboré en Préfecture, reprise p. 79
p. 76 : *ht* Ph. © Philippe Giraud / CORBIS
p. 76 : *m* Ph. © IPGP, Paris – reprise p. 79
p. 76 : *bas* Ph. © Dominique Gilbert / CNRS Photothèque, reprise p. 79
p. 77 : *ht* Ph. © BRGM Im@ge
p. 77 : *bas* Ph. © CORBIS
p. 80 et **p. 81 :** Ph. © Tarko Sudiarno / AFP
p. 80 : *m g* Ph. © Roger Ressmeyer / CORBIS
p. 80 : *m m* Ph. © Bourseiller HOA-QUI / HPP
p. 80 : *m d* Ph. © Mauritius / PHOTONONSTOP
p. 81 : *ht* Ph. © Hans Strand / CORBIS
p. 84 : Ph. © Tony Crocetta / BIOS
p. 86 : *ht g* Ph. © Régis Cavignaux / BIOS
p. 86 : *ht d* Ph. © John Cancalosi / BIOS
p. 86 : *m g* Ph. © M. B. Withers / CORBIS
p. 86 : *m d* Ph. © Daniel Heuclin / BIOS
p. 86 : *bas g* Ph. © François Gilson / BIOS
p. 86 : *bas m* Ph. © DK Limited / CORBIS
p. 87 : *ht g* et ht d : 2 Ph. © Claude FABRE / T
p. 87 : *ht m* Ph. © Claudius Thiriet / PHONE
p. 87 : *m* Ph. © Kunkel / Phototake / BSIP
p. 87 : *bas g* Ph. © Pierre Vauthey / Sygma / CORBIS
p. 87 : *bas d* Ph. © M. Gaillard / REA / T
p. 89 : Ph. © Pierre Huguet / BIOS
p. 90 : *bas* Ph. © Anne et Jacques SIX
p. 91 : *ht* Ph. © M.P. et C. Piednoir / AQUA PRESS
p. 91 : *bas* Ph. © Denis Bringard / BIOS
p. 92 : *ht g* Ph. © P. Sutter / ARCO / BSIP
p. 92 : *ht d* Ph. © Gérard Peaucellier / ISM
p. 92 : *m m* Ph. © Claude Carre / PHONE
p. 92 : *m d* Ph. © Hervé Conge / ISM
p. 92 : *bas* Ph. © Biology Media / BSIP
p. 93 : *ht* Ph. © Uwe Walz / CORBIS
p. 93 : *m* Ph. © Pascal MERMILLOD / INRA
p. 94 : *ht* Ph. © Anne et Jacques SIX
p. 95 : *ht* Ph. © Cyril Ruoso / JH Editorial / Minden Pictures
p. 95 : *bas* Ph. © Stuart Wilson / Photos Researchers, Inc. / BSIP
p. 96 : *g* Ph. © Botanicon / BSIP
p. 96 : *d* Ph. © Hervé Conge / ISM
p. 100 et **p. 101 :** Ph. © Claude Ruchet
p. 100 : *ht* Ph. © Guido Bergmann / dpa / CORBIS
p. 100 : *bas g* Ph. © Ashley Cooper / CORBIS
p. 100 : *bas d* Ph. © Jonathan Blair / CORBIS
p. 101 : *ht* Ph. © AGE / HOA-QUI / HPP
p. 101 : *m* Ph. © Jonathan Blair / CORBIS
p. 101 : *bas* 3 Ph. © Wolfgang Kaehler / CORBIS
p. 102 : Ph. © Oxford Scientific / BSIP
p. 103 : *g* Ph. © Robert Thompson / NHPA / SUNSET
p. 103 : *d* Ph. © Stoelwinder Fotografie / BIOS
p. 104 : *ht g* Ph. © Claudius Thiriet / BIOS
p. 104 : *ht d* Ph. © Benoit Decout / REA
p. 104 : *bas* Ph. © Claudius Thiriet / BIOS
p. 105 : Ph. © PG - http://www.lacsdespyrenees.com
p. 106 : Ph. © Juniors Bildarchiv / SUNSET
p. 107 : *g* Ph. © Christian WATIER
p. 107 : *d* Ph. © Claude FABRE / T
p. 108 : *bas d* Ph. © G. W. Carter / CORBIS
p. 109 : *m g* Ph. © PHOTO12 / ALAMY
p. 109 : *m d* Ph. © FPLA / SUNSET
p. 110 : Ph. © ANIMALS ANIMALS / SUNSET
p. 111 : *ht m* Ph. © Frilet / SIPA
p. 111 : *ht* Ph. © D.-R.
p. 114 : *ht* Ph. © Jean-François Noblet / BIOS
p. 114 : *m* Ph. © Louis-Marie Préau
p. 114 : *bas* Ph. © LPO PACA
p. 115 : *ht* Ph. © Markus Botzek / Zefa / CORBIS
p. 115 : *m g* Ph. © Anne et Jacques SIX
p. 115 : *bas g* Ph. © Jean-Claude Onillon / INRA
p. 115 : *bas m* Ph. © Nigel Cattlin / SUNSET
p. 115 : *bas d* Ph. © Jacques Gambier / INRA
p. 116 : Ph. © H. Cauvayre / JUPITER IMAGES
p. 119 : Ph. © Rob Brimson / GETTY IMAGES
p. 120 : Ph. © Gyssels / BSIP
p. 122 : *bas* Ph. © Dennis Kunkel / Phototake / ISM
p. 123 : Ph. © Professor P. Motta, Department of Anatomy, University of Rome / SPL / COSMOS
p. 124 : *m* Ph. © Sovereign / ISM
p. 124 : *bas* Ph. © Manfred Kage / SPL / COSMOS
p. 125 : Ph. © Professor P.M. Motta & E. Vizza / SPL / COSMOS
p. 126 : *ht* Ph. © Claude Edelmann / Petit Format / HOA-QUI / HPP
p. 126 : *bas* 3 Ph. © Biophoto Associates / COSMOS / T
p. 130 : *ht* Ph. © Franco / Bonnard / BIOS
p. 130 : *bas* 2 Ph. © Claude FABRE / T
p. 132 et **p. 133 :** Ph. © BIS / Ph. Giacomelli, Venise / Archives Larbor
p. 132 : *m* Ph. © Coll. Part. / AKG
p. 132 : *bas* Ph. © ROGER-VIOLLET
p. 133 : *ht d* Ph. © RUE DES ARCHIVES
p. 133 : *m* Ph. © Costa / LEEMAGE
p. 133 : *bas m* Ph. © CMSP Rawlins / BSIP
p. 133 : *bas d* Ph. © BIS / Jeanbor / archives Larbor
p. 134 : Ph. © CJLP / CNRI / SPL / COSMOS / T
p. 137 : Ph. © Ian Hooton / MBPL / BSIP
p. 138 : Ph. © Eye of Science / SPL / COSMOS
p. 139 : *ht* Ph. © Pascal Goetgheluck / ISM
p. 139 : *m* 2 Ph. © Lennart Nilsson / ALBERT BONNIERS FÖRLAG AB, NAITRE, Hachette Pratique / T
p. 140 : *bas g* Ph. © Mauritius / PHOTONONSTOP
p. 141 : *ht* 3 Ph. © Nikas Yorgos / SPL / COSMOS
p. 141 : *m* Ph. © Lennart Nilsson / ALBERT BONNIERS FÖRLAG AB, NAITRE, Hachette Pratique
p. 142 : 2 Ph. © Claude Edelmann / HOA-QUI / HPP
p. 143 : Ph. © Lennart Nilsson / ALBERT BONNIERS FÖRLAG AB, NAITRE, Hachette Pratique / T
p. 144 : *g* Ph. © Sovereign / ISM
p. 144 : *bas* Ph. © Mona Lisa / Gombergh / Panuel / LOOKAT Sciences
p. 145 : Ph. © R. Jenkinson / MBLP / BSIP
p. 148 et **p. 149 :** Ph. © Robb Darren / Getty Images
p. 148 : *m g* Ph. © Caroline Schiff / GETTY IMAGES
p. 148 : *m* Ph. © Ronnie Kaufman / CORBIS
p. 148 : *bas* Ph. © Raoul Minsart / MASTERFILE
p. 149 : *ht* Ph. © Mauritius / PHOTONONSTOP
p. 149 : *m* Ph. © Krause, Johansen / Archivo Iconografico , SA / CORBIS
p. 149 : *bas* Ph. © James Cavalini / BSIP
p. 151 : Ph. © Dr Najeeb Layyous / SPL / COSMOS
p. 153 : Ph. © M. A. Keller /Zefa / CORBIS
p. 154 : *g* Ph. © Estelle Klawitter / Zefa / CORBIS
p. 154 : *m* Ph. © LWA Dann Tardif / CORBIS
p. 154 : *d* Ph. © J-M Foujols / JUPITER IMAGES
p. 155 : *m g* Ph. © Burger / PHANIE
p. 156 : *d* Ph. © Professors P. M. Motta & J. Van Blerkom / SPL / COSMOS
p. 157 : *m* Ph. © Scott Camazine / BSIP
p. 162 et **p. 163 :** Ph. © INGRAM / BSIP
p. 162 : *m d* Ph. © SGO / BSIP
p. 162 : *ht g* Ph. © Michael Keller / CORBIS
p. 164 : 2 Ph. © F.C. CHRETIEN / T
p. 166 : Ph. © STEPH / VISUAL PRESS AGENCY
p. 171 : Ph. © Joerg Sarbach / AP / SIPA
p. 172 : *ht g* Ph. © Mike Powell / GETTY IMAGES
p. 172 : *ht d* Ph. © Franck Fife / AFP
p. 172 : *bas g* Ph. © Vincent Leblic / PHOTONONSTOP
p. 174 : *ht g* Ph. © Fritz Rauschenbach / Zefa / CORBIS
p. 175 : *ht* Ph. © Mehau kulyk / SPL COSMOS / T
p. 175 : *bas* Ph. © Luttiau / L'Equipe / PRESSE-SPORTS
p. 176 : *ht g* Ph. © James Cavallini / BSIP
p. 176 : *bas* Ph. © Dorothy Riess MD / GETTY IMAGES
p. 177 : *m g* Ph. © Steve Gschmeissner / SPL / COSMOS
p. 177 : *m d* Ph. © Don W. Fawcett / BSIP
p. 178 : *ht* Ph. © David Gifford / SPL / COSMOS
p. 178 : *bas g* Ph. © Lawrence Migdale / GETTY IMAGES
p. 178 : *bas m* Ph. © Du Cane Medical Imaging Ltd / SPL / COSMOS
p. 179 : Ph. © P. Senot, S. Baillet, B. Renault, A. Berthoz LPPA, Collège de France – CNRS UMR 7152 LENA, CNRS UPR 640 Centre MEG-EEG Pitié – Salpêtrière, UPMC, CNRS, INSERM
p. 182 et **p. 183 :** Ph. © Alfred Pasieka / SPL / COSMOS
p. 183 : *ht* Ph. © Anatomical Travelog / BSIP
p. 183 : *bas g* Ph. © Natural History Museum, London UK / BRIDGEMAN - GIRAUDON / T
p. 183 : *bas d* Ph. © Wellcome dept. Of Cognitive Neurology / SPL / COSMOS
p. 186 : Ph. © Sovereign / ISM
p. 187 : Ph. © CNRI / SPL / COSMOS
p. 188 : *ht g* Ph. © Ralph Hutchings / VISUALS UNLIMITED
p. 188 : *ht d* Ph. © P. Derer / INSERM / T
p. 188 : *bas g* Ph. © Visuals Unlimited / CORBIS
p. 188 : *bas d* Ph. © Biophoto Associates / SPl / COSMOS / T
p. 189 : *ht* Ph. © Docstock / Kage / BSIP
p. 189 : *bas* Ph. © Docstock / Kage / BSIP
p. 190 : *ht* Ph. © Dr. Dennis Kunkel / Phototake / ISM
p. 190 : *bas* Ph. © Dr. Pietro de Camilli, avec la permission de Cell-Press / T
p. 191 : *ht* Ph. © Science VU / Lewis-Everhart-Zeevi / VISUALS UNLIMITED
p. 191 : *m* Ph. © Kunkel / Phototake / BSIP
p. 192 : Ph. © Sylva Villerot / REA
p. 194 : Ph. © VVG / SPL / COSMOS
p. 195 : *g* 2 Ph. © Images Jing Wang et Jean-Luc Puel, INSERM U583, Montpellier
p. 195 : *d* Ph. © Jim Craigmyle / CORBIS
p. 196 : *bas d* Ph. © Florence Durand / SIPA
p. 197 : Ph. © Didier Maillac / REA
p. 200 et **p. 201 :** Ph. © Panstock / JUPITER IMAGES
p. 201 : *ht g* Ph. © Hank Morgan / SPL / COSMOS
p. 201 : *ht m* Ph. © Hank Morgan / SPL / COSMOS
p. 201 : *bas* Ph. © Anna Peisl / Zefa / CORBIS
p. 202 : Ph. © Jean-Claude Revy / ISM
p. 204 : Ph. © Don W. Fawcett / BSIP
p. 205 : Ph. © Pete Saloutos / CORBIS
p. 206 : *ht* Ph. © Innerspace Imaging / SPL /COSMOS
p. 206 : *bas g* Ph. © Alain Gougeon / ISM
p. 206 : *bas d* Ph. © Andrew Syred / SPL / COSMOS
p. 207 : Ph. © Sovereign / ISM
p. 208 : Ph. © Ravenna / LEEMAGE
p. 212 : Ph. © Garo / PHANIE
p. 213 : Ph. © Roland Labas / INRA / T
p. 216 et **p. 217 :** Ph. © Ty Allison / Getty Images
p. 216 : *bas* Ph. © Oxford Scientific
p. 217 : *ht* Ph. © Brooker / Rex Feature / SIPA
p. 217 : *m* Ph. © Jesper NORGAARD SORENSEN/ AP/SIPA
p. 217 : *bas m* 3 Ph. © CNRI / SPL / COSMOS
p. 217 : *bas d* Ph. © Steve Gschmeissner / SPL / COSMOS
p. 219 : Ph. © Sovereign / ISM

FSC
www.fsc.org
MIXTE
Papier issu de sources responsables
FSC® C022030

N° Éditeur : 10186370
Dépôt légal : Mars 2012
Imprimé en France
par Clerc